数据分析师手记

数据分析72个核心问题精解

刘林 李朝成 饼干哥哥 著

清华大学出版社

北京

内 容 简 介

本书从底层认知、思维方法、工具技术、项目落地及展望出发，使用问答的形式对数据分析中的72个核心知识点进行讲解，构建了数据分析的知识框架，带领读者认识数据分析背后的奥妙。读者可以用本书作为学习地图，针对具体的方法、技术进行延伸学习。

本书适合想入门数据分析的初学者，也适合有一定基础的从业者。对于想入门或基础较为薄弱的读者，本书从常用的分析指标、分析方法等基本知识出发，为读者梳理出一幅清晰的学习地图；对于有一定基础的从业者，本书对数据的价值及创新模式等进行了探索式思考，帮助读者对数据分析这一工具有更深入的了解。

图书在版编目(CIP)数据

数据分析师手记：数据分析 72 个核心问题精解 / 刘林，李朝成，饼干哥哥著 . —北京：清华大学出版社，2023.4

ISBN 978-7-302-62810-1

Ⅰ . ①数… Ⅱ . ①刘… ②李… ③饼… Ⅲ . ①数据处理 Ⅳ . ① TP274

中国国家版本馆 CIP 数据核字 (2023) 第 032206 号

责任编辑：杜 杨
封面设计：杨玉兰
版式设计：方加青
责任校对：胡伟民
责任印制：宋 林

出版发行：清华大学出版社
    网 址：http：//www.tup.com.cn，http：//www.wqbook.com
    地 址：北京清华大学学研大厦 A 座   邮 编：100084
    社 总 机：010-83470000   邮 购：010-62786544
    投稿与读者服务：010-62776969，c-service@tup.tsinghua.edu.cn
    质 量 反 馈：010-62772015，zhiliang@tup.tsinghua.edu.cn
印 装 者：涿州汇美亿浓印刷有限公司
经 销：全国新华书店
开 本：185mm×260mm 印 张：19.75 字 数：480 千字
版 次：2023 年 4 月第 1 版 印 次：2023 年 4 月第 1 次印刷
定 价：109.00 元

产品编号：093891-01

为什么要学习数据分析

以往在增量时代，每天都有新的领域、新的市场被开发。尤其是在互联网、电商等领域的红利期，似乎只要做好单点的突破就能获得市场。在那个时代，业务运营主要依靠经验和直觉驱动。例如跨境电商领域初期，凭借世界工厂平台的优势，国内厂家只需基于经验选品即可大卖。

但是随着规则的成熟，更多玩家的进入，市场从蓝海变为红海，进入存量期，仅靠经验驱动的增长模式不再有效。还是拿跨境电商举例：由于卖家剧增，海外市场饱和，跨境电商进入存量运营时代，已经不存在绝对的蓝海市场，每个细分领域都有许多竞争对手。

此时，要求商家从粗放运营转为精细化运营，由经验驱动转为数据驱动，而这个转变中最重要的一点就是数据，也就是用数据分析报告决定市场是否值得投入，用数据选品，用数据做经营分析，用数据管理库存。

从这个角度来看，数据分析已然成为了大数据时代各个岗位的通用能力。因此，为了保持竞争力，任何人都有必要用数据分析能力武装自己：**利用数据思维分析问题，依靠数据支撑决策**。

如何开始——数据分析师胜任力模型

由于"数据分析"是一门综合学科，相关的知识点繁杂不一，许多初学者会有一种不知如何开始的迷茫感。

大家都知道《西游记》中孙悟空会 72 般变化，《列仙传》中给出的神仙也是 72 位，传说中黄帝战蚩尤也是经过了 72 战才胜利。可见人们对"72"这个数字的认知和接受程度较深。

因此，有多年数据分析工作经验的笔者团队汇总并撰写了 **72 个数据分析核心问题**，沉淀出了完整的数据分析能力知识体系，帮助读者全面认识"数据分析"。

下图是**数据分析师胜任力模型**，包括底层认知、业务场景、能力三板斧三个部分：

首先，**底层认知**是对数据的基本认知，强调数据思维的应用。

其次，**业务场景**指的是"只有对业务有足够的理解，才能开展分析工作"，而这里包括了用户、产品、场景三个方面。

最后，才是硬实力对应的**能力三板斧**，包括**工具技术、项目能力、思维方法**。

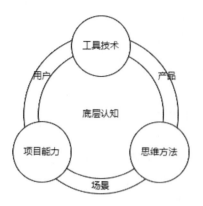

底层认知、业务场景、能力三板斧共同铸造了完整的数据分析能力，相辅相成，而本书则是围绕着它们展开介绍。

本书内容介绍

1. 底层认知

本书第 1 章主要讲解数据分析中的底层认知。

在建立数据分析思维之前，应该先在底层认知达成共识。什么是认知？是对事物底层逻辑的了解，是对世界万物的判断。认知的本质就是做决定，也就是说，为了帮助判断数据分析中每个决策的有效性（选择什么指标、分析方法？接下来做什么？等等），需要先建立底层认知。

本书第 1 章通过 11 个问题对数据分析的底层认知进行详细的讨论。这一步，我们需要对数据分析的概念进行讨论：数据分析是什么？数据分析的价值点在哪里？

（1）数据分析是什么？

大家在求职过程中会发现，同样是数据分析师岗位，但是面试的内容千差万别，有考查机器学习、统计学等专业能力的，也有考查市场 / 行业分析的，还有考查产品分析的。此时就有读者问，这些真的是数据分析该做的吗？

我们从字面上拆解，数据分析 = 数据 + 分析，进一步拆解：

数据能力 = 统计学 + 机器学习 + 建模能力 + 工具使用 + ……

分析能力 = 经营分析 + 用户分析 + 产品分析 + ……

这就是认知上的偏差：当一些读者认为数据分析就是用 Excel 做表、用 Python 写脚本、用机器学习建模时，其实求职市场对数据分析师的要求更为完整。

既然说数据分析 = 数据 + 分析，那分析的本质是什么？当我们在谈论"分析"时，一般会谈论以下几点：

- 发生了什么——追溯过去，了解真相。
- 为什么发生——洞察事物发生的本质，寻找根源。
- 未来可能发生什么——掌握事物发展的规律，预测未来。
- 我们该怎么做——基于已经知道的"发生了什么""为什么会发生""未来可能发生什么"的分析，确定可以采取的措施。

分析的本质，即面临各种问题时，能通过数据找到问题，准确地定位问题，准确地找到问题产生的原因，为下一步的改进找到机会点，也就是所谓的"数据驱动"。

在数据分析相关岗位求职的过程中，读者会发现有许多不同的职位名称，这些职位有什么区别联系？详细内容可参阅"第 6 问：数据分析领域主要的岗位有哪些？"

回过头来看，数据分析到底是什么？笔者团队认为，数据分析是一个利用数据能力做分析的过程：发现问题，分析原因，然后给出落地建议。这还是一个"解构"的过程：从整体到局部，从一般到特殊，从面到线到点，不断下钻剖析，找到具体可落地的点。同时，也是从业务到数据，再回到业务的过程：起点是业务需求，需要专业分析师转换为数据问题，最终的分析结论需要回到业务场景中落地。

在这个过程中，数据分析师需要借助指标，甚至是多指标编制的指标体系进行业务洞察。本书第 3、4 问将围绕指标展开论述。

（2）数据分析的价值点在哪里？

社群中，经常会看到关于数据分析师价值的讨论：数据分析师天花板很低。还有一些劝退数据分析的文章。这些脱离场景、只讲问题不讲解决方案的内容除了徒增焦虑外，别无用处。

为了更好地了解数据分析的定位，有必要对其起源进行讨论，只有了解为什么市场会产生数据分析师岗位的需求，才能清楚这个岗位在业务运营中的作用定位。（详细内容可参阅"第 2 问：数据分析是怎么来的？"）

在业务运营中，定位是重要的起点，理解数据分析价值在企业如何落地，能帮助读者解疑答惑。（详细内容可参阅"第 9 问：数据分析的产出价值是什么？"）

2. 业务场景

前面，我们讨论过数据分析是一个从业务需求出发再回归业务的过程。从这个角度做定义的目的是强调业务场景的重要性：脱离业务场景的分析往往无法落地。

根据业务经验，笔者团队总结了一套便于理解的模型：业务场景 = 用户 + 产品 + 场景。

也就是说，要理解业务，就要了解用户，熟悉产品，明确分析所处的场景。它们决定了分析的目标、处理逻辑以及落地建议。

此部分在第 60~63 问有更详细的介绍。

3. 能力三板斧

对数据分析有了底层认知、了解业务场景后，就需要有看得见、摸得着的"招式"来行动：通过思维方法、工具技术和项目能力这三板斧组成不同的招式以应对多变的问题。

经常看到有人说数据分析如做饭，如果是这样的话，工具技术就是铲子、铁锅、勺子等器皿，思维方法就是切配、烹饪、打荷等手法，项目能力则是最后的装盘上菜。

（1）思维方法。

本书第 2 章主要讲解数据分析中的思维方法。

很多人学做饭，可能是因为在抖音或 B 站看到某个美食视频，然后就开始按照视频展示的步骤备料烹饪。这个过程，也就是数据分析中学习思维方法的过程。数据分析要先有思维方法，才能谈得上分析。

刚开始学做饭时，通常先学基础的煎、炒、炸、烤、煮、蒸、焖、拌等烹饪方式。这些基础的能力在数据分析中就是统计学、相关分析、归因分析等通用分析思维。

正如美食有八大菜系，分别满足不同地域人群的口味，数据分析在不同场景下，也有不同的"分析招式"来满足不同的业务需求：

- 用户分析：同期群分析、漏斗分析、RFM 用户分层模型等；
- 产品分析：竞品分析、帕累托分析等；
- 商业分析：PEST 分析、SWOT 分析等；
- ……

（2）工具技术。

本书第 3 章主要讲解数据分析中的工具技术。

习得了做饭的方法后，就可以选择几件趁手的器皿，来提高烹饪效率。之所以不是先选择器皿再研究做饭流程，是因为工具始终是工具，完成同一个目标或许有多种工具可以实现，再不济用原始的土灶也能烧饭。对于部分复杂的烹饪需求，则需要选择特定的器皿才能完成。

对于初学者而言，建议学习"高性价比"的分析工具，如 Excel、SQL、Python、PowerBI 等。

（3）项目能力。

本书第 4 章主要讲解数据分析中的项目落地。

菜做好后一定要及时出锅、装盘、上菜，项目能力强调的是数据分析项目在业务侧的落地。理论的分析方法如何在业务场景中落地赋能，如何体现数据价值，这是很多企业数据团队在讨论的课题。

首先，理解并刻意练习落地思维对数据分析价值的体现大有裨益（第 54~57 问）。

其次，学习实际场景中数据分析如何落地驱动业务的案例，能为实操提供参考（第 64~67 问）。

数据分析项目价值落地的"最后一公里"是报告呈现，学会用数据讲故事，横向跨部门沟通、向上汇报都依赖结构化思维，"报告呈现"（第68~70问）会有详细的讨论。

小结

本书定位于数据分析的知识框架，更多是横向地补充知识范围，故因篇幅所限，单个知识的纵向深度无法穷尽，但本书已经针对各知识点的核心及高频问题进行回答。在阅读的过程中，倘若对某个知识点有深入学习、探索实践应用的进一步需求，读者可以通过知乎等平台补充学习，在本书的基础上，针对核心方法论，对技术工具做延伸的阅读学习。

此外，笔者团队准备了一份与本书搭配使用的小册子，请扫码获取。本书勘误、知识加餐等内容也会放在小册子中。

可以关注笔者团队的微信公众号：木木自由、数据分析星球、饼干哥哥数据分析，这三个公众号专注于数据分析思维、方法、工具、项目能力及案例的分享。

作者

目录

第 1 章
底层认知

1.1 基础认知

📖 第 1 问：数据分析怎么学？——本书学习指南

1. 如何阅读本书？

对于从 0 到 1 的入门学习，重要的是要先建立对该领域的认知框架，再逐步进行知识的汲取。对于数据分析初学者而言也同样如此，这样的做法有如在学生时代学习时，老师根据教学大纲给学生授课，学生基于考试大纲进行复习以应对考试。

本书说不上是数据分析领域的权威大纲，但内容是基于笔者团队多年实战经验沉淀的知识框架。入门数据分析师可以围绕本书，针对不同方面的内容进行学习与实践。

在第 55 问"数据分析没有思路怎么办？——数据分析中'以终为始'的思考逻辑"中，我们介绍了以终为始的思考逻辑，而它也同样适用在阅读中。这个逻辑建议读者带点"功利主义"去阅读，以便更高效地汲取书中知识，达成自己的目的。所谓的"功利主义"实际上也就是在做目标管理：这本书是在为你的哪些目标做服务？定义好阅读目标后，第二步才开始制订阅读计划：本书的内容如何帮助你实现目标？

而在此之前，需要先对本书的整体有个认识，也就是要做"检视阅读"。

（1）检视阅读：了解一本书的大致轮廓。

检视阅读建议读者先对所有内容进行快速略读，略读的目的是了解这本书的大致轮廓。因此，还没接触过数据分析的读者，对于一些不太能理解或者读不懂的地方，可以先跳过。

另外，目录是书的骨架，本书每个章节的前后逻辑都经过了笔者团队的反复讨论与优化。读者可以结合前言提到的胜任力模型来浏览目录，对本书内容有总体的认知。

了解了本书的大体内容后，可以按目的进行深入的分析阅读与主题阅读。

（2）分析阅读：反复咀嚼、理解一本书，把书中知识变成自己的。

这个阶段需要根据阅读目标，选择需要深入阅读的部分进行重点学习。在阅读过程中遇到不懂的地方，除了进行反复咀嚼外，还可以通过外部知识补充理解。

一本书的价值是作者与读者之间的相互成就。为了达到"把书中知识变成自己的"这个目的，需要读者通过"输出"来倒逼知识的"输入"（费曼学习法）。

读者按目的选择需要深入阅读的部分后，可以输出笔记：

● 结构笔记：全书围绕着初级数据分析师胜任力模型展开，为了能让读者理解这个模型，建议读者能主动输出结构笔记，笔记的重点是数据分析的能力结构，而不是细节知识。

● 概念笔记：在业务实践或者回答业务面试题的过程中，形成自己的分析框架；分析框架的搭建可以参考下文"搭积木"的方法实现。

（3）主题阅读：在一个主题下做延伸阅读。

相比于分析阅读，主题阅读处在更高的阅读层次。什么叫主题阅读？顾名思义，就是带着一个"主题"，或者说带着"解决某个业务问题"的目的来看本书。

在前面阅读步骤的沉淀下，如果已经对数据分析中的大部分知识点有了一定了解，此时为了达成主题阅读的目的，可以借助"搭积木"的方法使用本书。

2. 如何使用本书？——"搭积木"的方法玩转本书

什么是"搭积木"？在理论学习阶段，需要读者通读本书，对数据分析建立全面的认知，搭建起自己的分析"武器库"。在实践阶段，遇到问题，采用类似"搭积木"的方式，在"武器库"中选择合适的"武器"（思维方法、分析工具）解决问题。

对于初学者而言，在分析实践过程中，有个常见的问题：该如何选择分析方法？基于笔者团队的业务经验，有一个重要的技巧，就是先回答"业务需求方是谁？"这个问题，由此基于不同部门得出不同的分析方法：

● 用户运营部门、会员管理部门：从常见的用户分析方法入手（第 32 ～ 35 问）。
● 产品部门、产品经理：从常见的产品分析方法入手（第 29 ～ 31 问）。
● 市场部门、战略部门、产品部门：从常见的行业分析方法入手（第 23 ～ 28 问）。

以上就是简单的"搭积木"方式：根据实际的业务场景，从书中挑选出合适的方法论丰富"武器库"。更进一步，深入数据分析万能流程中，可以按如下方式"搭积木"：

（1）明确问题。

这个阶段重要的是对业务问题进行清晰定义。借助积木可完成以下工作：

● 数据思维的逻辑整理（第 12 ～ 14 问）；
● 描述性分析（第 16 问）；
● 对比分析（第 17 问）。

（2）分析原因。

这个阶段重要的是对前面定义好的业务问题进行下钻分析。借助积木可完成以下工作：

● 数据异常分析（第 15 问）；
● 归因分析（第 19 问）；
● 预测分析（第 20 问）；
● 相关性分析（第 21 问）。

（3）落地建议。

这个阶段重要的是能给出落地（即业务可操作）的有效建议。借助积木可完成以下工作：

- 了解业务（第 58 ～ 63 问）；
- 给出落地建议（第 67 问）。

这些积木能组成一个完整的分析流程"武器库"，当然这也只是一种方案。前面阅读本书的建议中提到分析阅读时，做概念笔记就是要形成自己的分析框架。而选择积木的过程，就是读者形成自己分析框架的过程。由此可见，搭积木没有标准答案，会产生不同的组合方案。而正是这些方案能适应不同的业务场景需求，对业务问题进行分析、解决。

读者从目录可以看到本书的内容非常丰富，但想进入一门学科，或者说想胜任一个岗位所需的知识却远不止这些。受限于篇幅，笔者团队准备了一份与本书搭配使用的小册子，请扫码获取。

读者还可以通过关注微信公众号木木自由、数据分析星球、饼干哥哥数据分析，回复"72 问小册子"获取。此外，本书勘误、知识加餐等内容也会放在小册子中。

小册子主要为实战服务，里面有许多开箱即用的代码。对于初学者而言，最好的学习途径就是"先模仿，再创作。"因此，读者可以阅读小册子，并按照教程进行代码工具的安装。然后把本书及小册子涉及的代码都跟着敲一遍，最后你会很神奇地发现对代码没有了抗拒，并且在持续的学习过程中会逐渐熟悉它们，甚至能用它们来提高工作效率。

第 2 问：数据分析是怎么来的？——数据分析极简发展史

> 导读：为了深刻认识数据分析，有必要对它的来龙去脉进行一番讨论。讨论来龙去脉不是为了考察数据分析的国内外发展史，而是从数据分析的发展中探索本质，建立底层认知。

1. 了解数据分析发展

从游牧时代开始，就已经涉及数据分析了。例如，今天抓了一只野猪，明天抓了一只羊，所以猎物总共有两只，如何分配呢？羊可以养起来，因为羊可以产奶，给孩子补充营养；猪可以杀掉，一天吃不完，那就分两天吃，首领多分一些，其他人少分一些……这正是数据分析的早期应用。可见，数据分析的历史很悠久，可以说在人们开始使用数字的时候就已经有数据分析的意识了。

在过去的十年到二十年里，数据分析一直是非常热门的词汇，但是在更早的生产活动中，数据分析其实就已经存在了，只是那时主流市场并未产生需求。那数据分析是怎么成为咨询公司麦肯锡所说的"重要的生产因素"的呢？换句话说，热门的数据分析岗位是怎么产生的呢？

从下图的阿里发展史中，我们可以看到这样的发展路径：

（1）阿里创立自己的产品——1688 网站；

（2）初创团队的成员开始联系批发贸易商入驻，即开展销售业务及网站运营工作；

（3）随着业务的发展，为满足市场需求，除了对现有产品进行迭代优化外，阿里还推出许多的产品：淘宝、天猫等，这背后需要有专业的产品经理支持，提高业务运营流程效率；

（4）随着规模的扩大、数据的积累，专业数据分析师的需求应运而生，借助数据分析、数据挖掘的方法论优化产品迭代、业务增长策略；

（5）随着数据的使用场景日趋成熟，数据使用需求也越来越大，需要通过衍生的数据产品来优化数据分析流程效率，如数据银行、达摩盘、策略中心。

当然这不是严谨的发展史，例如数据挖掘技术早在 20 世纪 90 年代就存在了，这里的发展路径更多是从主流市场的角度来理解，也可以说是求职市场的变化。例如 2015 年以前很少有专门的数据分析师岗位，后来随着大数据在工业界的普及、落地，市场对数据分析师的需求多了起来。再例如数据产品经理也是随市场的发展而兴起的。

2. 窥探发展路径背后的业务场景需求

从数据分析的发展路径中，我们可以进一步去窥探其背后业务场景需求的变化：

在发展初期，市场还处在"开荒阶段"，那时的产品比较简单，对应的运营玩法也比较简单，此时体系不完善，主要依赖经验、直觉来驱动业务增长，例如之前没有做广告投放，现在做了，效果就有了。

在发展中期，为了追求规模化，品牌需要不断去扩展边界，于是基于现有运营能力，把成功经验复制到其他细分市场的模式就很重要，进而成体系的运营方法论、产品方法论需求应运而生，也就是要从以往经验中沉淀出泛化能力强的业务模型框架，来实现增长。例如以往做用户运营，尝试过用近期消费距离、累计消费频次、累计消费金额来做用户分层运营，效果不错，因此可以把方法论总结成 RFM 模型应用到更多场景中。

度过了"野蛮生长"的增量时代后，市场竞争格局形成，竞争对手运营体系成熟，再想从增量市场抢夺用户成本将变得很高，而且手里的存量客户如果没有及时维护也容易被竞争对手夺去；此时的业务需要更精准的方法来指导决策，于是代表理性、客观的数据登上舞台，数据分析就变得很重要。例如运营中常说的"魔法数字"：利用数据分析方法计算 RFM 模型的特征阈值，能够得到更精准、有效的分层模型。

3. 小结

从数据分析的来源中我们可以看到，数据分析的定位从来都不是"雪中送炭"，而是在发展到一定程度，有了夯实基础之后的"锦上添花"。此外，对数据分析来源的讨论，是为了说明一件事：数据分析并不独立，它来源于业务，最终又在业务落地。所以想做好数据分析一定要懂业务，否则不论是分析逻辑还是最后的赋能建议都无法落地，无法实现数据分析价值。

第 3 问：什么是数据指标？

> 导读：了解完数据分析的发展后，本问开始，将从数据分析的核心——"数据指标"切入，建立全面的数据分析底层认知。数据指标是业务现状的反映，而数据分析也正是基于对业务现状的准确透视才能做出有效决策，因此，数据指标的重要性不言而喻。

为了建立对数据指标的完整认知，我们把数据指标拆成"数据"与"指标"，指标是数据之间的运算，是"衡量"事物发展程度的"模型"。也就是说通过"建立指标"评估"业务发展"是一个建模的过程，是把业务发展从物理世界映射到数据空间，只有这样才能使得"万物皆可计算"，这就是数据分析的基础。

为了厘清从数据到指标的建模过程，我们需要先对"数据"的概念进行讨论。

1. 什么是"数据"？

数据是被存储起来的信息。从应用的角度看，数据是把事物做量化处理的工具。万物皆可数据化，数值是数据，文本、图像、视频等同样也是数据。

（1）按字段类型划分，可以把数据分为：

文本类：常见于描述性字段，如姓名、地址、备注等。

数值类：最为常见，用于描述量化属性，如成交金额、商品数量等。

时间类：仅用于描述事件发生的时间，是重要的分析维度（如同比、环比、累计等）。

（2）按结构划分，可以把数据分为：

结构化数据：通常指以关系数据库方式记录的数据。

半结构化数据：如日志、网页数据。

非结构化数据：如语音、图片、视频等形式的数据。

（3）根据数据连续的属性不同，可以把数据分为：

连续型数据：在任意区间可以无限取值，例如年龄、身高。

离散型数据：常见于分类数据，例如性别、年级。

2. 如何理解"指标"？

指标的作用是"度量"业务，可以从三个角度对指标进行拆解：指标 = 维度 + 汇总方式 + 量度。

维度：从什么角度去衡量问题。

汇总方式：用什么方法去统计问题。

量度：目标是什么。

下面举两个例子。

订单数是指统计周期内，用户完成支付的订单数量总和。从维度、汇总方式、量度三个角度将订单数拆解，如下图所示。

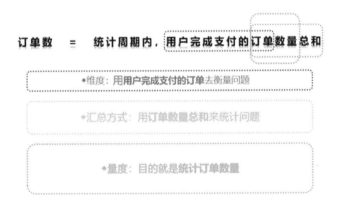

复购率是指统计周期内，重复消费用户数（消费两次以上的用户）在总消费用户数中的占比。从维度、汇总方式、量度三个角度将复购率拆解，如下图所示。

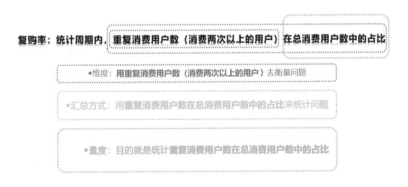

3. 数据指标如何落地使用?

了解完指标的底层逻辑（理论）后，更重要的是将指标在业务中落地。笔者团队结合数据分析经验，总结了以下数据指标的落地建议:

（1）指标基建——确保数据的完整、准确。

为了打下指标模型的稳固基础，需要对数据底层进行检视:

① 检视数据源头:埋点收集的事件数据是否足以支撑所需指标的建模。

② 脏数据清洗逻辑，也就是数据仓库中常见的 ETL（Extract-Transform-Load，抽取 - 转换 - 加载）概念。

（2）从业务层面理解指标。

理解业务是数据分析落地的前提，有效地使用指标也同样如此，要求熟悉数据指标背后的业务含义。例如"会员成单数"这个指标本身有很多含义（针对以购买会员为主要商业模式的 App）:

● 直接含义:整个团队的业务完成能力。

● 会员成单数 + 成本:企业的盈利能力。

● 会员成单数 + 产品:产品畅销程度。

● 会员成单数 + 用户分层:用户的需求。

（3）从指标的变动中做决策。

为了判断业务现状的好坏、趋势，需要建立衡量标准，数据指标的使用同样如此。

通过某个孤立的指标不能反映现实，例如小明身高 165cm，我们看不出小明的身高特征，但是当走来一个身高 180cm 的人时，我们就能判断小明相对比较矮，或者当我们拿到全国平均身高水平是 167cm 时，也能得出同样的结论。这就是利用对比思维建立标准的过程，对比的客体可以是横向的同属性对象、总体平均，也可以是纵向的历史数据。

如果是周期性变化，那很有可能是正常波动，可以初步判作"正常"。如果是"突发 + 下跌"，那很有可能是异常的波动，可以初步判作"问题"。

（4）指标的生命周期——不同阶段使用不同指标。

既然指标的作用在于反映业务，而业务的发展存在生命周期，那指标的使用也应存在时效性，即指标的生命周期。

沿着产品的生命周期来看，不同阶段使用的指标差异如下:

① 导入期:业务目标在于建立知名度，通过口碑引流，着重关注新注册人数、分享率指标。

② 成长期:业务目标在于通过不同渠道布局推广最大限度占有市场，着重关注新会员来源渠道占比等指标。

③ 成熟期:业务目标在于将前期流量变现，确保盈利规模，着重关注付费率、毛利率等指标。

④ 衰退期：此时，市场增量收缩，要求对存量人群精细化运营，着重关注复购率、重购金额占比等指标。

4. 小结

在一定程度上，"数据指标"能揭示出产品用户的行为和业务水平状况。当然，我们也不能完全迷失在数据中，应注意以下几点：

- 数据不等同于实际场景，实际场景往往比数据更加复杂，分析时需要了解具象化的场景，而不是抽象的数据。
- 数据本身没有观点，分析时不能预设观点，只倾向于那些能够支持自己观点的数据。
- 数据具备一定的时效性，不同情况下，一些曾经的数据可能不再适用，需要找到新的数据指标。

总之，精确的数据无法代替大方向上的判断，不要过分迷恋数据，要做到具体问题具体分析，形成发现问题、分析问题、总结问题、解决问题的思路闭环。

第 4 问：常见的指标有哪些？

> 导读：为了帮助读者对数据指标有更直观的认识，本问将介绍常见行业的指标体系。前面我们说指标可以反映业务现状，但"隔行如隔山"，不同领域的业务之间存在明显差异。了解目标领域常用的指标，可以帮助我们快速熟悉业务。

1. 互联网行业

互联网产品具有边际成本低、传播速度快等特点，由此造就了互联网产品用户量大、使用频率高、迭代速度快等优势。这样的业务场景下，数据分析能有更多的落地场景，因此经典书籍《增长黑客》里的增长方法论、案例等都是基于互联网产品展开的。

这里的互联网产品主要指的是 C 端的 App、网站甚至是游戏（本质也是 App）等，虽然不同行业的产品服务的人群、场景不同，例如滴滴服务的是出行场景，而淘宝服务的是购买场景，但它们的底层逻辑是相通的，也就是可以借用同一套指标体系来进行数据分析。只是在具体落地应用时，不同的场景会关注不同的数据指标。请在本书前言扫码获取小册子，查看互联网行业常见的指标及定义。

2. 零售行业

与互联网相比，零售行业显得更传统一些，但是在数据使用场景上，以沃尔玛为代表的大型零售商高度依赖数据对其供应链、选品等方面进行赋能提效。以淘宝为代表的电商行业，从1999年发展至今，已经积累了庞大的数据量，并在电商流程上形成了成熟的数据解决方案，帮助商家提高销售额、优化买家用户体验。

大数据时代产生了"人、货、场"的新零售概念，笔者团队则按该逻辑，为读者展示零售行业的数据指标体系全貌。零售行业常见的指标及定义详见小册子。

3. 金融行业

与互联网、零售行业相比，金融行业的平稳运行特别依赖大数据，因此，找到更有效的数据指标以及分析方法非常重要。"数据分析"也为金融行业重塑业务提供了更多的、更广泛的思路和策略。

例如，金融部门进行风险管理、欺诈检测，识别数据中的异常或不良模式，并指示公司的安全部门采取适当措施降低风险。从金融消费者行为实时分析中获得有价值的见解，有助于改善个性化服务，以增加销售额并衡量客户的生命周期价值等。财务方面，则需要更加积极地运用"数据分析"来保护客户利益并促进金融服务行业的发展。金融行业常见的指标及定义详见小册子。

4. 小结

做数据分析会遇见很多指标，我们应该清楚哪些要着重分析，哪些指标最契合当下的分析需求。注意，具体到不同业务，不同指标的定义可能略有差别，但是思路是一致的。

第5问：对于数据分析领域，统计学要学到什么程度？

> 导读：翻开贾俊平老师的《统计学》教材，400页的信息扑面而来，内容包括图形信息化、数据的集中趋势、概率计算、排列组合、连续型概率分布、离散型概率分布、假设检验、相关和回归等诸多复杂的知识点。初学者时常大呼"难学"，但实际上，学习是有"捷径"的，那就是"以终为始"——根据目标场景需求制订学习计划。那么，对于数据分析领域，统计学要学到什么程度呢？

1. 什么是统计学？

统计学是通过搜索、整理、分析、描述数据等手段，以达到推断所测对象的本质，甚至预测对象未来的一门综合型科学。而数据分析是基于统计方法研究数据，其所用的方法分为描述统计和推断统计。

（1）描述统计。

描述统计是研究一组数据的组织、整理和描述的统计学分支，内容包括取得研究所需要的数据，用图表形式对数据进行加工处理和显示，进而通过综合、概括与分析，得出反映所研究现象的一般性特征。

描述统计主要应用在探索性数据分析阶段（Explore Data Analysis，EDA），在分析之前先对数据的结构、分布等特征进行了解，从而制订数据清洗、特征工程等方案。

（2）推断统计。

推断统计是研究如何利用样本数据对总体的数量特征进行推断的统计学分支，其内容包括抽样分布理论、参数估计、假设检验、方差分析、回归分析、时间序列分析等。

描述统计最经典的应用场景就是 AB 测试、销售预测。

2. 如何开始?

开始学习统计学最重要的是从宏观上有一个初步的认识，如统计学大概包括哪些内容、能够做什么、解决哪些问题等，然后再深入细致地去了解它，这样的话，你在学习每一部分知识时，就能够清楚地知道该部分知识的地位和作用。接着以"搭积木"的思维，从基础开始，层层递进。最后在深入学习的时候，一定要结合自己目前的需求，有所侧重。

（1）推荐教材。

统计学相关的推荐阅读教材如下所示。

书名	作者	特点	使用场景
《深入浅出统计学》	作者：道恩·格里菲思 译者：李芳	结合图像和小例子的形式进行讲解，阅读轻松	入门
《赤裸裸的统计学》	作者：查尔斯·韦兰 译者：曹槟	这本书有生动诙谐的案例，通俗易懂，图文并茂，学习统计学不会那么枯燥	入门
《统计学：从数据到结论》	吴喜之	没有复杂的公式，不过内容讲得很通透。内容不死板，一本小书一天就看完	入门
《大话统计学》	陈文贤、陈静枝	本书前后连贯，各章之间也是先后呼应。可以从零开始接触统计学，并将其真正应用到工作中	入门
《应用统计学》	张梅琳	从实用场景出发的高频统计学知识点，3～4个小时就能看完	进阶
《统计学》	贾俊平	数学原理讲解完整	深入
《统计学习方法》	李航	与机器学习结合	深入

（2）针对数据分析，统计学要学到什么程度？

从广度来看：

首先要了解一些统计学的基本概念，例如描述型统计、假设检验、正态分布，然后再去学习统计学里的数据模型，例如聚类、回归，这些都是业务分析中必备的内容。

大部分的数据分析，都会用到以下统计学的知识，可以重点学习，而且这一部分概念简单，很容易掌握：

- 基本的统计量：均值、中位数、众数、方差、标准差、百分位数等。
- 概率分布：几何分布、二项分布、泊松分布、正态分布等。
- 总体和样本：了解基本概念，如抽样的概念。
- 置信区间与假设检验：学会如何进行验证分析。
- 相关性与回归分析：一般数据分析的基本模型。
- 数据展示图形（8 种基础图形）。

以经典教材《统计学》为例，笔者团队对内容按入门、进阶进行了划分，对大多数初学者而言，仅需学习入门内容即可。随着数据分析工作的深入，对分析能力有拔高要求的读者，可以进一步学习进阶内容。请在本书前言扫码获取小册子，查看统计学入门与进阶目录。

从深度来看：

前面说过知识点的学习需要"以终为始"，从需求场景出发，有落地应用场景的知识点才有必要深入学习，否则即使学习了，无用武之地也很容易忘记。对于初学者而言，重要的是掌握统计学的概念，不需要深究原理，但要知道如何"查看"及"应用"统计结果。

那只知道概念，不知道原理的话，在工作中要如何实践呢？实际上，绝大部分统计学的知识已经被封装成了开箱即用的工具。也就是说，相比于数学原理，实践中更重要的是会使用工具。例如使用 Excel 时，能利用它实现相关性分析、回归分析等复杂方法即可。对于进阶的工作内容，可能更多使用 Python 工具。同样，学会调包、调参即可满足 90% 的应用场景。

但是有一个场景是例外，那就是面试。我们常说"面试造火箭，工作拧螺丝"，尽管实践中能解决问题即可，但面试仍会要求我们懂得统计学高频知识点背后的数学原理。

3. 小结

统计学是一门交叉性和应用性都很强的学科。统计学源于实践并用于实践，通常从实际应用问题开始，经过加工提炼，形成概率统计模型，并最终指导实践。一个问题的完整解决往往需要设计试验、数据处理分析、撰写总结报告等。因此，统计学是一名优秀数据分析人员必须具备的知识。

🎙 第 6 问：数据分析领域主要的岗位有哪些？

> 导读：随着大数据的兴起，数据分析相关的招聘也越来越多，但很多人对该领域的很多职位和工作内容仍然不是很了解。目前，数据分析领域主要有以下几类岗位：业务数据分析师、商业数据分析师、数据运营、数据产品经理、数据工程师、数据科学家等，按照工作侧重点不同，本问将上述岗位分为偏业务和偏技术两大类，并对每个岗位按照下图所示技能栈进行分析，阐述不同岗位的特点。

1. 偏业务方向的数据分析岗位

偏业务方向的数据分析岗位一般归属于业务部门，有业务数据分析师、商业分析师、数据运营、数据产品经理等，该类岗位的职位描述如下图所示。

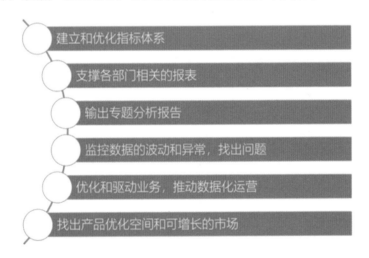

（1）业务数据分析师。

业务数据分析师需要将业务数据体系化，建立一套完善的指标体系，并完成数据提取、清洗、多维度分析及预测等工作，并生成策略推动落地。数据分析师可以基于指标体系进行拆解，逐层细化，抽丝剥茧，找到问题的根因。指标体系如果需要自动化监控，还需要进行 BI 报表开发，所以数据分析师也需要了解一些 BI 工程师的知识。

该岗位所要具备的技能栈如下图所示。

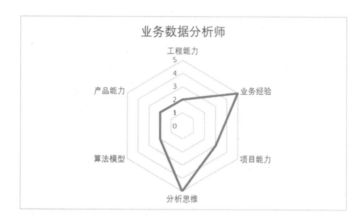

（2）商业分析师。

商业分析偏向经营和战略方向的分析，一般更加宏观，通常涉及业绩目标制定、各个渠道经营状况监控、业绩指标异常监控和量化归因并为决策者提供决策依据，同时还需要有敏锐的商业嗅觉，对市场、竞对有较为全面的认知，能快速察觉政策、竞对、市场风向等，并及时做出响应。

例如，想要开一家快递驿站，首先需要考虑在哪里开，这就要调查居民密度、居民消费能力、竞争对手、线上消费能力等因素。这些分析更加宏观，数据来源广泛，而且需要一些调研进行定性研究，和业务数据分析这种微观的分析有一些差异。

该岗位所要具备的技能栈如下图所示。

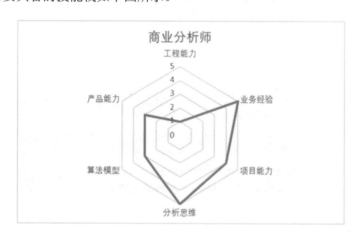

（3）数据运营。

数据运营主要负责运营相关数据的分析，为日常运营提供数据支持，协助运营人员制定运营策略和方案落地。

以活跃指标的下跌为例，需要分析的问题有：活跃指标下跌了多少？是属于合理的数据波动，还是异常波动？什么时候开始下跌？是整体的活跃用户下跌，还是部分用户？为什么下跌？是产品版本迭代，还是运营效果不佳？怎么解决下跌的问题？

该岗位所要具备的技能栈如下图所示。

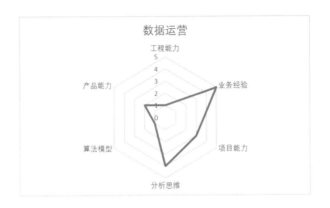

（4）数据产品经理。

这个岗位比较新，要求同时具备产品经理和数据分析师的技能。它有两种定位：一种是具备强数据分析能力的产品经理，另一种是公司数据产品的规划者。

前者以数据为导向优化和改进产品。产品经理有更多的机会接触业务，可以顺便把数据分析师的活也干了，属于一专多能的典型。大到页面布局、路径规划，小到按钮的颜色和样式，数据产品经理都可以通过数据指标评估，擅长用分析进行决策。

后者是真正意义上的数据产品经理。随着数据量的与日俱增，会有不少与数据相关的产品项目，如大数据平台、埋点采集系统、数据可视化系统等。这些也是产品，但是更注重数据呈现，也需要提炼需求、设计、规划、项目排期，乃至落地。

该岗位所要具备的技能栈如下图所示。

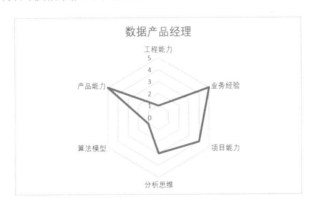

2. 偏技术方向的数据分析岗位

偏技术方向的数据分析岗位有数据开发工程师、数据挖掘工程师、算法工程师等，该类岗位有的归属研发部门，有的则单独成立数据部门。与偏业务方向的数据分析岗位相比，偏技术方向的数据分析岗位要求有更高的数理知识以及开发能力。

（1）数据开发工程师。

数据开发工程师更偏数据底层，其工作内容有数据采集、清洗、存储、建设数据仓库、数据应用、建设数据平台等。这个岗位基本不涉及数据分析的能力，而对大数据处理能力要求较高，需要较强的编程及架构设计能力。

在很多中小型公司，由于人力有限，数据分析师还会承担一部分数据开发工程师的工作，兼做一部分数据清洗、ETL 和数据表开发的工作。

该岗位所要具备的技能栈如下图所示。

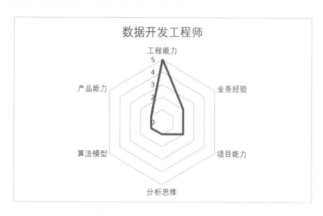

（2）数据挖掘工程师。

从概念上说，数据挖掘是通过一些数据挖掘算法（如分类、聚类、回归、预测、协同过滤、关联规则等）挖掘海量数据背后的业务价值。

如寻找共享单车最大效率的投放策略就是数据挖掘的工作范畴。数据挖掘工程师除了需要掌握算法基本原理，还需要很强的编程能力，如 Python、Scala、Java，往往也要求具备 Hadoop/Spark 的工程实践经验。单看工作内容，数据挖掘对分析能力没有业务型数据分析那么高，但这不代表业务不重要，尤其在特征选取方面，对业务的理解很大程度会影响特征的选取，进而影响模型效果。

该岗位所要具备的技能栈如下图所示。

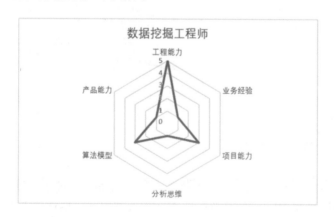

（3）算法工程师。

数据挖掘工程师可以继续精进成为算法工程师，后者对理论要求更高，不局限于简单的分类或者回归，还包括图像识别、自然语言处理、深度学习等领域。深度学习更前沿，它由神经网络发展而来。因为各类框架、模型较多，算法工程师除了要求熟悉

TensorFlow、Caffe、MXNet 等深度学习框架，对模型的应用和调参也是必备的，后者往往是普通"码农"和"大牛"的区别之处。

该岗位所要具备的技能栈如下图所示。

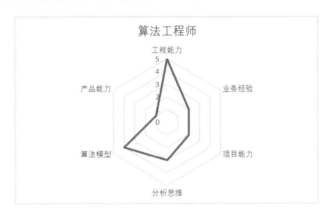

3. 小结

上面介绍了数据分析相关岗位的主要工作内容，以及不同岗位之间的区别，大家可以基于自己的兴趣和特长选择相应的岗位。一般来说，对于新人，比较适合的发展路线是先成为一名业务数据分析师，积累一定的经验后，再决定是向商业分析、数据挖掘方向发展，还是精进成为数据运营经理、数据分析经理等管理层。但无论是偏业务的岗位还是偏技术的岗位，要想借助数据驱动业务产生价值，必须是业务和技术并重，业务是终极目的，技术是实现业务的手段，两者相辅相成，缺一不可。

1.2　底层逻辑

第 7 问：如何建立完整有效的数据指标体系？

> 导读：清楚了什么是指标，了解了常见的指标，接下来就需要建立一个完整、有效的数据指标体系来帮助数据分析人员更好地梳理、理解业务，发现业务过程中出现的问题，进而推动业务的迭代优化。本问就从什么是指标体系、为什么需要指标体系、如何建立数据指标体系这三个方面介绍指标体系的基本概念和构建方法。

1. 什么是指标体系？

指标体系，即相互之间有逻辑联系的指标构成的整体，所以一个指标不能叫指标体系，几个毫无关系的指标也不能叫指标体系。好的指标体系有如下特点：

（1）能体现当下业务的关注点。

我们知道，业务在不同时期的重心不同，关注的核心指标也会不同。例如，一般在业务初期会重点关注新用户的增长和留存；中期会关注用户的活跃和转化复购；后期会关注用户的流失和召回。不同阶段关注的核心指标不同，所对应的指标体系也必定有所差异，所以不能指望一套指标体系从头用到尾，每个阶段都应该针对当下的业务关注点搭建指标体系，这样才能够和业务保持一致，真正起到指标体系的价值。

（2）同时包含结果性指标和过程性指标。

我们习惯通过指标体系监控业务的发展趋势和出现的问题，但更重要的是，我们希望了解问题背后的原因，知其然更要知其所以然，对症下药才能够针对性地进行改进和优化。所以一个好的指标体系除了要有表征现状问题的结果性指标，还要有影响这个结果的过程性指标，这样才能在出现问题时有据可循，快速找到出现问题的原因。

（3）有对应的业务抓手。

在前面两点的基础上，我们除了希望通过指标体系反映业务现状、定位问题原因外，更希望它能够指导业务动作，告诉哪些部门应该在哪些环节进行改进，这个就是我们说的"要有对应的业务抓手"。要有具体到人、具体到策略的指导性意见，否则就算定位到了问题的原因所在，没有对应的人和策略跟进，问题依然得不到解决。

注意：建立指标体系不是一个人能够完成的，需要业务部门（市场、运营、产品部门等）、数据部门、开发部门相互协作，共同讨论确认。一个人闭门造车建立的指标体系很容易和业务脱节，也很难落地。在日常工作中，业务部门、数据部门、开发部门也需要紧密合作。

2. 为什么需要指标体系?

指标体系的作用如下：

（1）全面诊断业务现状。

没有指标对业务进行系统衡量，就无法明确业务现状，也就无法把控业务发展，尤其现在很多业务比较复杂，单一数据指标容易片面化。因此，搭建系统的指标体系，才能全面衡量业务发展情况，针对性地制定业务策略，促进业务良性增长。

（2）快速定位业务问题。

一个完整的指标体系能够明确结果型指标和过程型指标的关系，不仅能监控结果，更能分析过程。通过结果型指标回溯到和用户行为相关的过程型指标，找到解决问题的核心原因。如转化率这种结果型指标，影响它的可能是浏览次数、停留时长等过程型指标，通过指标体系，能明确转化率和浏览次数、停留时长的关系。

（3）有效驱动业务发展。

产品、运营、市场营销等部门都是促进公司发展的重要组成部分，而这些部门都需要通过数据发现业务上的问题，针对性地提升改进。产品需要通过数据评估版本迭代效果；运营需要通过数据验证运营策略；市场营销需要通过数据洞察用户的消费习惯。通过完整的指标体系和数据分析，可以有效指导各部门的工作，通过数据找到业务当前痛点和瓶颈，以数据驱动找到优化方向，进而实现业绩的提升。

3. 如何建立数据指标体系？

一个指标体系的构建通常需要先确定一个核心指标作为一级指标，然后将核心指标进行逐层拆解，得到一个完整的指标体系。这里涉及几个关键的问题：如何确定这个核心指标？如何进行业务拆解？拆解后的过程如何进行衡量？这里介绍一种常用的构建指标体系的模型——OSM（Object Strategy Measure）模型，这个模型的含义如下：

O（Object，目标）：在建立数据指标体系之前，一定要清晰地了解当下的业务重点和目标，也就是模型中的 O。换句话说，业务的目标对应着业务的核心指标，了解业务的核心指标能够帮助我们快速厘清指标体系的方向。

S（Strategy，策略）：了解业务目标和核心指标之后，就需要在此基础上根据用户行为路径进行拆解，这个拆解一定对应着业务策略，也就是模型中的 S。把核心指标拆解成一个个过程指标，每个过程指标对应着相应的行动策略，这样就可以在整条链路中分析可以提升核心指标的点。

M（Measure，指标）：针对上面拆解的每个业务过程，制定对应的**评估指标**，也就是模型中的 M。评估指标的制定是将产品链路或者行为路径中的各个过程指标进行下钻细分，这里用到的方法就是麦肯锡著名的 MECE 模型，需保证每个细分指标是完全独立且相互穷尽的。

下面通过一个电商行业的案例来了解如何基于 OSM 模型构建指标体系。

（1）明确核心指标。

构建指标体系的第一步，需要明确当下业务的目标（Object）是什么，找到核心指标作为一级指标。例如当下的业务目标是增加营收，对应的核心指标就应该是总营收（Gross Merchandise Volume，GMV）。

（2）拆解业务过程。

明确了核心指标或者一级指标是 GMV，接下来就要对业务过程进行拆解，影响到GMV 的各个环节有哪些？用户到最终付费贡献营收一般需要经历以下完整过程：注册产品→登录产品→商品曝光给用户→点击商品浏览详情→收藏加购→成交转化。

这样一来就把核心指标对应的中间过程梳理出来了，同时，针对每个中间过程也有对应的策略（Strategy），例如在注册环节，可以通过广告投放和优惠激励的形式进行拉新、提高注册量等。

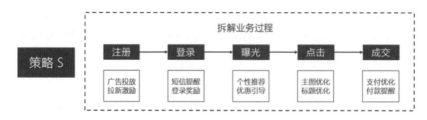

（3）指标体系细分。

对这些中间过程建立指标，并向下进行逐层拆解，这个过程我们称为指标体系分级治理，用到的模型是 MECE 模型。MECE 模型的指导思想是完全独立、相互穷尽，根据这个原则拆分可以逐层细化，暴露业务本质，帮助我们快速地定位业务问题。

例如，针对第（2）步拆解的每个环节，建立对应的指标进行评估。在注册、登录、曝光、点击、成交各环节，可以通过各环节的 UV（Unique Visitor，独立访问数）去衡量。

同时，还可以建立相邻环节之间的转化率，用于评估整个环节中各个漏斗的转化率，例如点击率（点击人数 / 曝光人数）用于衡量从曝光到点击环节的转化率。

经过以上一步步的拆解，最终形成初步的指标体系，如下图所示。

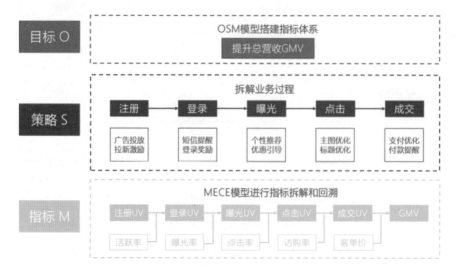

当然这个指标体系还比较简单，因为只进行了一层拆解，实际上针对以上每个过程，可以进一步拆解细分。例如，我们可以对点击 UV 按照来源渠道等进行逐层拆解，拆解成自然流量点击和付费流量点击，自然 / 付费流量点击又可以进一步细分为 PC 端和移动端的点击，以此类推，逐层拆解。

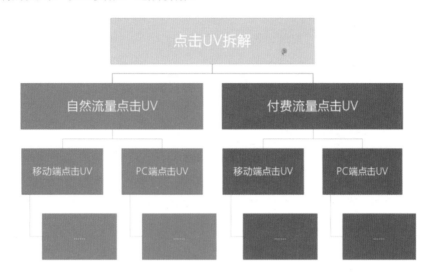

4. 小结

数据指标体系搭建的方式不拘一格，拆解方式也多种多样，但原则一定是结合着业务进行，因为数据指标体系最终一定是指导业务，帮助业务发现和解决问题，脱离了业务的指标体系只能是纸上谈兵，毫无意义。

第 8 问：数据指标体系如何应用？——数据监控体系

> 导读：数据指标体系指导业务，帮助业务发现和解决问题，那么实际工作场景中如何应用数据指标体系呢？此时，就需要配合"数据监控体系"，通过业务数据监控、分析、复盘等找出问题，寻求解决方案，为业务下一阶段目标进行预测和决策，有效地发挥出"数据指标体系"的作用。

1. 什么是数据监控体系？

"数据监控"即"采集 + 呈现"，也就是将用户全链路行为数据以及业务数据采集过来，并用可视化的图表呈现出来。"数据监控体系"就是将这些单一的数据指标体系与管理流程结合起来，来满足复杂的产品业务线的监控需求。

数据监控体系的重要性如下：

（1）反映过去产品和业务情况。

能够反映过去产品和业务的情况，对现在情况做对比和参考。

（2）现有业务线的状态监控。

对目前产品业务线的状态进行监控。

（3）发现数据异常等问题。

及时发现业务指标升高或降低，以及产生的原因。

（4）预测业务发展。

反映产品业务线未来可能发生变化的趋势，再根据指标数据控制成本等。

2. 数据指标体系的应用思路是什么？

（1）明确产品业务目标、KPI 和所处的产品阶段。

需要认清和明确目标（量化以及拆分目标是数据分析的灵魂）。一个业务目标的达成可能是多个团队、多个地区、多个渠道共同促成的，所以，在了解整体目标的同时也要关注局部目标，增加分类维度，明确局部的好坏状态。而判断业务走势正常还是异常，探索解决问题的办法，都是从计算目标和现状的差距开始的，这一点非常重要。不同的产品阶段有不同的产品目标业务。

目标细分可以有多种类型，常见的有以下几种：

- 按达成时间细分：年、季度、月。
- 按服务对象细分：各个部门、整个公司。
- 按流程位置细分：结果型目标、过程型目标。

（2）根据业务目标，确定判断标准。

依据判断标准，查看数据指标体系中的核心指标是否达标。没达标的话差多少，是亏空还是差一些，是什么原因造成的，问题大不大；达标了超出多少，为什么会超出，有没有更多的机会。判断标准的维度如下图所示。

（3）根据业务需求，从数据指标体系中挑选相应数据指标，进行拆解。

数据指标体系里有很多数据指标：日活（DAU）、月活（MAU）、下载量、激活量、新增注册量、次日留存率、次人均时长、首页访问率、停留率、人均充值金额（ARPU）、商品交易总额（GMV）、客单价，等等。

针对不同的指标，拆分不同的层级。不一定要拆得很细，否则层级会过深，基本上3 个层级就能够指导我们去做一些动作。

（4）查看不同层级的数据指标，找出原因。

确定哪些数据指标没达标，是什么原因，是推广少、成本高、用户少，还是转化率低或者付费率低等。

（5）搭建以日、周、月为单位的数据指标监控体系报表。

监控每日、每周，以及上周、上月同周、上上月同周的数据报表，以图表展示，来反映产品的变化趋势，通过过去一周的数据反映产品现状，通过过去三个月的产品业务线数据变化趋势预估未来的变化趋势。

数据监控指标体系的基本逻辑是先看一级指标，再结合二、三级指标预测未来趋势。

（6）根据数据监控结果 / 数据指标体系进行多维度分析，明确管理流程，实现控制。

具体操作步骤如下：

①进行多维度分类分析。如：

● 哪些区域、团队、渠道，完成目标是下降还是持续上涨；

● 哪里没做好，是什么原因；

● 看看是谁能力大，是谁影响了整体。

②确定指标异常状态，明确运营策略执行者。如：

● GMV 降了 → 客单价降低了 → 用户运营想策略；

● GMV 降了 → 某类商品降幅大了 → 商品运营想策略；

● GMV 降了 → 外部流量太少了 → 渠道运营想策略。

③明确执行时间，要有时间状态和走向判断。如：

● 过去 + 负向 → 关注什么问题；

● 过去 + 正向 → 发现什么经验；

● 未来 + 负向 → 警惕什么风险；

● 未来 + 正向 → 提示什么机会。

④明确需要多大力度。如：

● 注意出现异常；

● 提高、降低、保持等动作；

● 立即执行。例如，"客单价不能在 3 天内得到改善提高，本月 KPI 将不达标，要立即优化商品组合，提升客单价"。

⑤复盘改善后效果。最主要环节就是效果的复盘，而且要先看是哪个层数据指标的效果，再看具体效果并进行改善。

3. 小结

"数据指标体系"应用要配合"数据监控体系"，这需要我们不断地总结过往经验，了解未来产品业务计划，甚至收集一些竞品的情况，把整体现阶段的目标具体到某个人，有明确指向，不断地完善"数据监控体系"，发挥出"数据指标体系"的应用价值。

第 9 问：数据分析的产出价值是什么？

> 导读：随着大数据时代的到来，商业市场对"数据分析"相关岗位的就业需求也水涨船高。尽管如此，在与数据分析新人交流的过程中，仍会听到许多人对该岗位有"容易被替代""发展前景窄""价值难体现，沦为工具人"等疑虑。本问通过对数据分析价值的阐述，为心存顾虑、犹豫不决的读者提供一个参考。

在"第 2 问：数据分析是怎么来的？"这部分内容中，我们了解了数据分析的起源，明确了数据分析这个职能在经营全局中的定位。在此基础上，我们把镜头拉到微观的经营活动中，讨论数据分析是如何影响业务流程、产生价值的。

1. 描述现状——发现问题

有时业务可能并不存在确切的"问题"，需要通过加深对现有业务场景的理解、关键数据指标的监控（如每日新增用户数、DAU、转化率、复购率等），将数据可视化，用数据报告的方式呈现，来描述当下业务的现状，让业务相关人员对整体业务现状有所了解，以此来产出有效策略，优化业务现状。

例如，现在业务使用的是客单价平均值，将客户分为高、低两类人群进行营销，此时数据分析师通过对消费者进行洞察分析，给予更精准的人群划分方案：利用客单价分位数，将客户分为三类人群，这样业务利用更新后的策略进行营销设计，提高转化效果。分析过程可能是做相关分析、回归分析，甚至是无监督的聚类，来对现状进行解释，发现问题。

2. 解释原因——解决方案

通过数据发现某一指标异常的现象，需要进一步确定业务异动具体的原因。对产品或者用户行为中一些现象或者数据变化进行解释，让业务相关人员了解发生现象或者数据异常波动的原因，并针对性地给出解决方案。

例如，最常见的数据分析场景，就是业务相关人员发现销售额下降、用户流失、产品跳失率高，也就是业务层面出现了一个待解决的问题，此时需要数据分析师介入，从数据层面挖掘原因、给出解决建议。分析过程可能是做一些探索性数据分析、统计分析、机器学习建模，甚至是做 AB 测试试验，最终交付分析报告，或者部署上线模型。

3. 总结原因——支持诊断

引起问题的原因是多方面的，要多方位思考，将关键指标逐层拆解，抽丝剥茧，从中找出问题的蛛丝马迹。此时，需要找到主要矛盾，让业务相关人员了解问题的根源，从而支持业务诊断。而支持诊断的内容主要集中在自动化报表，甚至是商业智能（Business Intelligence，BI）体系的搭建中。

例如，为了找出销售额低的原因，需要进行更多维度的拆分：销售额 = 客流量 × 客单价 × 转化率 × 复购率，要想分析销售额，就得从客流量、客单价、转化率、复购率这几个不同的维度去思考。数据分析师也可以通过交付"客单价预警报表"来优化该流程效率。

4. 进行预测——探索发现

业务中还存在一种需求，就是对未知的探索和预测。不同业务形态对需要探索和预测的指标不一样。社交类产品比较关注日活、新增等数据，电商类产品比较关注订单量、销售额、转化率等数据。而预测是对业务未来发展趋势的判断，有了精准判断可以让业务相关人员了解业务未来的走向，并制定针对性的防御措施（若进行深层次的建模，就要高层次的机器学习等技术作为支撑）。

例如，针对电商类产品，通过对比往年数据以及针对性的活动预期效果，在"双十一""618"预测可能产生的流量的峰值，事先对服务器进行扩容，避免大流量冲击对业务造成影响。同时针对广告投放效果进行预测，有针对性地进行广告投放，确保流量，并根据数据指标的实时变化对投放进行动态调整。

5. 决策支撑——降本增效

所有数据分析产出的最终价值就在于指导业务决策，实现增长、降本增效。利用对比分析、描述性分析、多维分析、趋势分析等诸多分析方法对各种维度数据进行分析，挖掘数据潜在价值，为业务相关人员提供决策支持，提出解决方案，创造商业价值。

例如，可以利用数据分析筛选优质渠道。通过渠道分析，对比各个渠道新用户的留存，再结合各个渠道的推广费用算出 ROI，对比各个渠道费效比，筛选出优质、性价比高的渠道，从而加大在该渠道上的投放费用。

6. 小结

通过数据分析挖掘业务中的问题，并定位原因、给出方案建议，实现增长、降本增效，是数据分析最重要的价值。但数据分析最终是否能产生价值，除了上述的发现问题、定位问题、给出方案和建议外，还要注重项目的落地，这里涉及的能力有项目能力（需求管理、定义问题、落地计划、部署上线）、资源协调、向上汇报、横向沟通等。

第 10 问：数据分析的常见陷阱有哪些？

> 导读：我们都知道数据驱动业务的时代，要拿数据说话。数据是反映业务、辅助决策的重要手段，但这些都建立在准确的数据分析结论上。在数据分析的过程中，尤其是对于刚入门的数据分析师，对数据来源、统计口径、分析方法、业务经验、思考方式等掌握不牢，很容易产生一些"陷阱"，以致分析的结论出现偏差。

本问将探讨在数据分析过程中几个常见的"陷阱"，给读者提供一些实用的经验，帮助读者在工作中规避这些"陷阱"。

1. 不了解数据来源，不确保数据的正确性

很多人在数据分析中十分重视分析方法，却忽略了数据本身，这是数据分析最大的"陷阱"：不了解数据来源，不确保数据的正确性。错误的数据是得不出正确的结论的，因此，数据分析的第一步就是了解数据来源，确保数据正确性。

例如，某 App 上线了新版的落地页，在不同渠道投放。数据稳定后，数据分析师发现某个渠道落地页的点击率、转化率等数据明显要好很多，建议加大这个渠道的投放。然而，突然接到研发人员的反馈，在数据埋点的时候不小心埋错了，这个渠道的数据是其他两个渠道数据的总和。因为错误的数据得出了错误的分析结论，还差一点做了错误的决策。

2. 未清洗数据，数据抽样出现偏差

梳理数据来源，确保数据的正确性是前提。但在正式开始分析之前，我们还要保证数据的质量和数据抽样的合理性，少数脏数据和异常值可能会使分析人员得出相反的结论，不合理、不均匀的抽样也可能使得分析结论与整体情况背道而驰。

由于程序错误、第三方攻击、人为等原因，数据采集中很容易出现极端异常值、缺失值等情况，这些脏数据会对分析结论造成很大影响，所以在进行数据分析之前，需要检查各字段的空值、数据分布等情况，并进行异常值剔除、缺失值填充等处理，保证数据质量后再进行分析。

另外，如果受限于数据样本量，要从总体样本中抽样进行分析，想要保证群体样本能够代表整体，就要保证样本均匀随机，避免人为主观的选择性偏差导致结论的偏差，进而得出真实可靠的结论。

例如某 App 升级后，想通过新版本和老版本用户的活跃情况对比，判断新版本是否优于老版本，但这里实际就隐藏了选择性偏见，升级新版本的用户往往本身就是较为活跃的用户，其活跃情况大概率优于未升级用户，这就是分析样本导致的结论偏差。

3. 需求不匹配，分析目的不明确

在了解数据来源并确保了数据质量后，接下来就要明确业务方真实的需求，问题到底是什么，明确了这个才能明确分析的目的，然后针对分析目的，搭建分析框架，选择分析方法，抽取特定的数据进行分析。避免为分析而分析的误区，才能得出正确而有价值的结论。

例如，某 App 的产品经理觉得目前产品转化率较低，想让数据分析师进行分析。如果数据分析师没有进一步确认是哪些用户 / 哪个环节转化率低，就开始拉取数据进行分析，很容易乱撞一通抓不到重点。其实产品经理说的是"新用户成单"的转化率低，明确了这个分析目的，数据分析师才可以继续分析是新用户来源不精准，还是引导不够等。

4. 指标不合理，评估出现偏差

明确了分析目的，下一步就需要选择合适的指标去定量评估问题，也就是要定义合适的数据指标。每个指标都有特定的统计逻辑，反映事物某一方面的特点。因此，在进行数据分析时，如果指标定义不当，很容易得出错误的结论。

例如，我们经常使用平均值来描述一组数据的集中趋势。但是，有些场景并不适合使用平均值，如果把我和世界首富的财富取平均值，我也是富翁，但很明显，这个平均值没有任何意义，因为个人财富并不服从正态分布，使用分位数、加权平均数可能更有意义。

5. 轻视业务，生搬硬套方法论，与实际场景脱节

定义好合适、准确的数据指标后，接下来就是使用各种数据分析方法来分析数据，得出结论，辅助业务决策。数据分析方法论是对一个数据分析项目起到指导作用的思路框架，掌握一些常用的分析方法论可以帮助我们高效地开展分析工作，但实际工作中切忌生搬硬套，不同行业、不同业务、不同阶段，适用的分析方法都有所区别。

例如，同样是用户分析，To B 业务和 To C 业务就有很大的区别，To B 的产品一般是解决系统化、流程化问题，关注更多的是效率、功能性等。而 To C 产品则偏向用户体验，要做到让用户"爽"，更多关注的是用户痛点、产品的交互和使用习惯等。所以，在数据分析过程中，不能完全生搬硬套历史案例的分析方法，而应重视对业务的理解。

实际业务往往比数据更加复杂，分析时需要了解具象化的业务场景，而不只是抽象的数据。数据分析师极易犯的错误就是只懂工具，没有真正理解业务需求。数据分析师

一定要多去一线了解业务，多站在业务的角度思考问题，想他人所想，急他人所急，这样才能及时甚至提前帮助业务方解决各种问题。

同时，数据分析师还要及时与业务方沟通，共享数据分析的成果，及时吸取业务方的反馈，不断地更新迭代分析结果，完成"从业务中来，到业务中去"的完整闭环，这样才能体现数据分析的真正价值。

6. 小结

以上都是工作中常见的一些数据分析"陷阱"，随着大数据时代的到来，数据量急剧增长，业务场景和数据分析也变得越来越复杂，我们要抱着敬畏的态度，谨慎地使用数据，大胆假设，小心求证，确保数据分析每个环节的可靠，避开数据分析中的"陷阱"，做出准确而有价值的数据分析。

第 11 问：如何让数据驱动业务？——数据分析流程

> 导读：将决策方向从"业务经验驱动"向"数据量化驱动"转型，可以更好地管理企业、驱动业务线的改进、挖掘业务的增长点。本问从业务解决问题的流程出发，探讨关于数据驱动业务增长的底层逻辑。

虽然我们一直说数据赋能业务，但是这个过程是如何落地的呢？回到业务层面，借助黄金思维圈模型，可以把解决问题的过程抽象成明确问题（What）→ 分析原因（Why）→落地执行（How），贯穿这个过程，数据驱动的逻辑可以对应为业务解构 → 建模分析 → 变革提效。

1. 明确问题

何为问题？问题是当前课题下，现状与预期之间的差距。

业务场景下，所见即为现状，例如本月销售额 100 万元，消费人数 1 万人，客单价 100 元，这些都是数据现状。一旦预期与现状不符，例如本月预期目标销售额 300 万元，消费人数 1.5 万人，客单价 200 元，这中间的差距（销售额 -200 万元，消费人数 -5 千人，客单价 +100 元）就是问题，这里的"问题"是广义的：针对表现不好的地方，提出解决方案；针对表现好的地方，提炼成功经验。这些都是分析的起点。

业务问题的产生往往依据的是直观的结果：本月销售额不达标、领导要求提升客单价等，而这些原始的需求往往是模糊且无从下手的。只有明确真正的问题是什么，才能解决它。

因此，在该阶段，**数据真正发挥价值的地方在于通过"业务解构"定位核心问题点**。我们说数据分析一定是从业务出发，最终再回到业务落地的过程，而明确问题阶段，对应的就是"从业务出发"：在业务场景下，定义业务现存的问题，或者明确业务期望此次分析能达到的目标，只有明确了目标，才能给分析过程带来明确的方向。

但对业务问题的定义又不能局限在业务层面，之所以是数据分析，是因为需要借助数据的力量，把业务问题转换成数据分析需求，这样才能应用"武器库"里的分析方法解决问题。也就是说，在明确问题阶段，我们需要做以下事情：① 从业务层面明确问题；②将问题转换成具体的数据分析需求。

这里有一个问题拆解的逻辑，业务方给数据分析师的问题大多是笼统定性的，容易让人无从下手。该怎么办呢？解决方案就是上述的②：从数据层面定义（或拆解）业务问题，把大问题拆解成可解决的小问题，然后在分析原因阶段一个一个解决。

例如，逻辑树方法（详见第 25 问）就将需求来源的业务拆解，根据生意公式：销售额 = 消费人数 × 客单价，把销售额指标的变动拆解到更具体的层面。假设销售额（-30%）= 消费人数（-40%）× 客单价（-30%），此时可以能看到，面对销售额不达标的场景需求，真正需要解决的是消费人数下降的问题。

2. 分析原因

在明确问题阶段，我们能得出此次数据分析项目要达成的分析目标，以及从大问题拆解而来的小问题。除了解决这些问题外，在分析原因阶段有一个重要的任务：追溯数据变动的原因。只有"知其所以然"，才能扩大成功经验、汲取失败教训。

在以往，很多情况下仅能依据业务经验解决问题。这种反馈形式，有如《思考，快与慢》中"系统一"的快思考，建立在个人业务经验基础上，很容易产生偏见。当然不排除存在经历大量刻意练习，或者有丰富实战经验的专家，仅凭感性的认知就能做出正确决策。但是对于大部分人来说，直觉支撑的决策往往站不住脚。

因此，更需要《思考，快与慢》中"系统二"的慢思考，通过深思熟虑的分析、验证，寻求解决问题的方案。数据分析提供基于数据支撑的框架思考能力，就属于这种反馈形式。

在该阶段，**数据发挥价值的地方在于"建模分析"**。例如为了解决上述"消费人数下降的问题"，可以搭建 AARRR 漏斗模型（详见第 33 问），通过提升上游留存（Retention）阶段的人数，进而提升消费人数（Revenue）。假设对用户行为数据分析发现，只要用户邀请超过 10 名好友，用户 30 天留存的概率就会从 30% 提升到 70%，因此，就能给出解决问题的业务策略：通过分享游戏刺激用户邀请超过 10 名好友。在这个案例中，数据分析通过找到业绩提升的"魔法数字"驱动业务增长。

当然，这仅是其中的一种分析框架、一种驱动路径。概括来说，帮助驱动业务的数据分析方法可以概括为四种：比较分析、相关分析、预测和发现。

（1）比较分析。

指标的好坏、特征是否显著等都可以通过比较分析的方法来实现，例如常见的归因业务场景，本质就是做比较，通过横向、纵向的比较找出原因。

分析方法：T 检验、方差分析、同比、环比、同期群分析等。

（2）相关分析。

分析变量之间的相关性是重要的分析场景。例如，业务中想知道提高广告预算能否或者能提升多少销售业绩，运用相关性分析或许能找到最优投放 ROI 的配置方案。

分析方法：卡方、皮尔逊（Pearson）相关系数、斯皮尔曼（Spearman）相关系数、结构分析等。

（3）预测（有监督）。

不论是对企业销售的预测，还是对用户行为的预测，都能帮助提升业务效率。例如常见的预测用户流失分析，得到高概率流失的人群名单后，运营及时通过提前营销干预，提高用户留存率。常见的销售预测则能帮助企业在供应链侧做准备。这类场景主要应用的是机器学习中的有监督分类模型。

分析方法：线性 / 逻辑回归、决策树、时间序列分析、贝叶斯等。

（4）发现（无监督）。

前面三种分析方法都是基于企业已知模式的分析逻辑，还有一种分析方法——无监督的机器学习模型，可以应对未知模式的分析。例如，不知道应该把现有人群分成多少个组来进行营销最合适，就可以对人群基于核心特征做无监督的聚类分析，得出有效分组的界限。

分析方法：Kmeans 聚类、DBScan 聚类等。

接下来的第 2 章会为读者带来这些方法更多、更具体的介绍。

3. 落地执行

至此，我们在分析原因过程中得到一系列的数据结论，这些数据结论最后还需要通过结合业务场景的定性分析形成业务结论。在业务结论的基础上，我们才能给出落地的业务建议。

什么叫"落地"？即保证业务方可以操作且愿意执行。

"可以操作"说明所给的建议的颗粒度足够细。例如，"要提高客单价"就不可操作，业务方不知道要怎么做才能提高客单价，而"通过促销活动提高某产品系列销售占比至 40%" 就可以操作, 业务方马上就可以围绕该产品系列给出方案。

"愿意执行" 说明所给的建议是符合业务方利益的。实际工作中, 每个部门都有不同的工作, 假设我们给用户运营部门提了产品优化的建议, 那用户运营的同事也无法马上对产品做任何操作, 因为这超出了他们的权限。所以, 要给用户运营部门提用户活动相关的建议才是正解。

面对业务问题, 不论分析的过程是复杂还是简单, 最重要的是要做出行动, 完成数据驱动的 "最后一公里", 在该阶段, 数据发挥价值的地方在于 "变革提效"。借用《数据分析即未来》里的观点: 判断一个组织的数据能力强不强, 并不在于它的算法模型有多复杂, 而是数据模型能否融入业务流程中, 在不同部门间形成协同。为了达成数据驱动过程, 在最后的落地阶段, 需要数据分析师完成两项工作: 数据故事与模型实施。

（1）数据故事。

分析项目的落地需要多方参与, 即使是业务实践经验丰富的分析师, 由于流程边界的存在也不可能每步都参与执行。因此, 确保项目有效落地的一个必要条件是和业务方达成共识。

为了与业务方达成共识, 需要讲数据故事, 阐述起因（需求定义）、过程（分析逻辑）, 确保结局（重要结论）引人入胜（被认可）。这个过程需要制作 PPT 向上汇报、与业务方沟通, 甚至是做跨部门的演讲。

（2）模型实施。

不论是业务模型还是算法模型, 最终都需要落地实施、部署上线。到这一步, 数据分析结论对业务流程则会产生实质性的影响。

- 对于业务模型, 如 RFM, 则是部署到业务流程中, 应用在会员管理、活动营销等环节;
- 对于算法模型, 如推荐算法, 则是部署到产品功能上线, 可以通过内置算法、REST 接口等形式落地。

4. 小结

数据驱动业务增长是一个厚积薄发的过程, 需要在日常业务工作中做好数据收集、数据清洗、数据监控、数据可视化分析、数据产出在内的每一个环节。其底层逻辑体现在基于数据思维进行的业务解构、建模分析, 并最终将分析结论在业务流程中落地, 实现变革提效。

第 2 章
思维方法

2.1　数据思维

第 12 问：什么是数据思维？

> 导读："思维"这个词是指具有意识的人脑对客观现实的本质属性、内部规律的自觉的、间接的和概括的反映，这是人类独有的能力！稻盛和夫在书中提到"人生成功方程式"：成功的结果 ＝ 思维方式 × 热情 × 能力。具备正确思维，所获得成功会成倍增加。一个人的思维方式，决定了他看待世界的角度；一个人的思维方式，决定了一个人的人生高度。

在数据分析中，拥有数据思维，会帮助你更好地描述、思考、拆解问题，更灵活地运用方法论得出结论。既然数据思维这么重要，那它到底是什么？

1. 什么是数据思维？

数据分析技能大同小异，而思维决定高度。**数据思维是一种借助数据思考的逻辑思维**。而逻辑思维是人们在认识过程中借助概念、判断、推理反映现实的过程，是一种确定的、有条理、有根据的抽象思维。在逻辑思维中，要使用比较、分析、拆解、综合、抽象、概括等方法。

也就是说，数据思维是基于"数据"进行认知以及表述，并借助数据工具做判断、推理业务事实，这其中要运用到各种数据分析方法模型。由此，可以归纳出数据思维的几个核心要素：**数据概念表述、判断分析能力、逻辑推理能力**。

2. 数据思维要素之一：数据概念表述

数据概念表述反映了对业务数据的掌握，要具备数据意识，让数据呈现出画面感，就像简历或者工作总结中，要体现出数据概念，如活动营销转化率提升 5%、创建企业率提升 5%、会员业绩提升 8%。此外，拿到业务需求时，基于特定业务场景，要知道业务说的指标背后是什么含义，其波动意味着业务层面的什么情况。

数据有两大作用，一个是了解现状，还有一个是快速拉齐信息。

数据分为定性数据和定量数据：

- 定性数据描述事物的属性、名称等，它是一种标志，没有序次关系，例如"性别"数据中"男"编码为 1，"女"编码为 2。

● 定量数据描述量化属性，或用于编码，如交易金额、商品数量、积分数、客户评分等。

3. 数据思维要素之二：判断分析能力

什么是判断分析能力？可以理解为分析决策和做结论，能找出部分现象的本质属性和彼此之间的关系，对其进行剖析、分辨、观察和研究。

那么，该如何做？

（1）明确目的。充分的准备工作是做任何事情的前提，要洞悉分析的真正目的，才能采取行之有效的应对办法。

（2）全面了解信息，尽可能消除信息不对称。从数据的角度去挖掘尽可能多的业务事实，假象并不可怕，可怕的是看不透假象。只有经过认真的分析研究，才能做出正确的判断，进而把握主动权。

（3）借助分析方法、模型框架。当我们面对大量的信息以及数据的时候，需要有一种信息处理的方法，这些分析方法、模型就是我们进行初始分析的"抓手"，可以说就是找支点、立杠杆、看模型。

（4）落地场景。分析不同结果，考查落地实现可能性。

4. 数据思维要素之三：逻辑推理能力

逻辑推理注重的是客观事实，是指一个人对于某件事件进行观察、分析、判断之后，进行推理、论证的一种综合能力。从数据分析的视角来看，其核心就是"讲数据故事"的过程，如议论文有论点、论据、论证。

（1）论点：分析结论、落地建议是什么？

（2）论据：层层深入，多角度击破，考查指标变动、分析方法、模型框架的数据结果等。

（3）论证：如何基于论据推出论点？强有力的论证必须基于业务场景。

5. 小结

要彻底把"数据思维"说通透并非一件容易的事，只能意会，很难言传。分析工具是数据分析必备的硬件模块，它就像双手；而数据思维是数据分析必备的软件模块，它就像大脑。在如今人人都谈大数据的时代，只有抛开浮躁，静下心去洞察数据才有机会去培养自己的"数据思维"。如果你没有耐心去面对杂乱的数据，那又如何有底气解读数据，顶多是了解几个核心指标而已。

通过数据思维分析能帮助我们找到更加合适的业务场景，甚至构建出一个可持续、可复制、恒增长的商业模式。总的来说，拥有数据分析思维，就是能站在多方角度用数据来精确描述现状、分析问题、解决问题。

第 13 问：怎么使用数据思维？

> 导读："数据思维"能够让工作更加客观、更加结构化和更具延展性，让决策更理性，通过深刻洞察业务线存在的问题以及产生问题的原因，厘清业务，并找到有效的方法提高业务数据指标，驱动增长。不同行业有不同的情况或者属性，数据思维是一种底层的思维模式，一种借助数据思考的逻辑。那么，数据思维应该如何使用呢？

1. 如何使用数据思维？

使用数据思维需要结合数据分析流程：明确问题（What）→ 分析原因（Why）→ 落地执行（How）。

（1）明确问题（What）。

明确问题就是利用数据思维的要素，掌握业务数据，让数据呈现出画面感，明确数据分析的问题以及目标。具体如下：

① 明确目标。查看数据波动，明确数据来源在哪里？目标是谁？

② 理解数据。需要知道数据的意义，例如，数据提升或者下降代表什么？

③ 确认目的。要明确分析的目的，例如，活跃用户数同比、环比波动较大，是什么原因造成的？

④ 预期效果。明确通过分析达到什么效果，例如，通过分析会员付费用户，找到问题、解决问题，从而提升收入。

（2）分析原因（Why）。

分析原因需要利用数据思维要素之一——判断分析能力，找出部分现象的本质属性和彼此之间的关系。具体如下：

① 明确需要。需要什么维度的数据？如会员付费总额、付费企业数、客单价、会员付费次数、会员各等级占比。

② 拆解指标。需要找到核心数据指标进行拆解，为后续明确收集哪些数据，这里可以采用结构化分解的方法"MECE 法则"，即"相互独立、完全穷尽"，也就是"不重叠，不遗漏"。

③ 数据采集 / 处理。拆解指标后，对数据进行采集，确定是直接调取数据库还是提前让技术埋点。

④ 数据分析。完成数据整理后，如何对数据进行综合分析？是相关分析还是对比分析？还要考虑用什么分析方法，如 5W2H 分析法、4P 分析法、杜邦分析法等。

（3）落地执行（How）。

落地执行，即利用数据思维之一——逻辑推理能力，从数据分析的视角，用数据讲故事，明确论点、论据、论证，使分析结果落地。具体如下：

① 数据展现。找到问题后，让数据呈现出画面感。如新增渠道的付费转化率较低，那么转化率低代表什么？此时就需要考虑用什么图表表现，是柱状图还是趋势图等。（详细可参考第 70 问 如何制作一个图表？）

② 输出价值。找准问题，就要进行决策，考虑如何输出，例如，怎么说服技术人员？怎么说服运营策划人员？

③ 执行方案。确定具体执行方案是什么？预期达到的效果如何？最后通过不断迭代，降本提效，驱动增长，最终创造价值。

2. 数据思维应用案例

数据思维可以应用在工作和生活的不同场景中。

在工作中：

● 在广告投放时，若具备数据思维，就会从广告的受众群数量大小、渠道数量、成本和效果回收情况，想办法拆解出各种影响因素、预期效果、投入成本等信息。

● 在优化产品时，若具备数据思维，就会梳理其商业模式、面对的用户群体、群体的使用场景，以及可能设置的付费点并验证，同时想到可改进的价值点，并观察后续运营动作是否验证了改进点。

在生活中：

● 若具备数据思维，当看到你的打车价格高，就会观察并思考原因，可能是你周围叫车用户多而司机少，也可能是其他原因。

● 若具备数据思维，当看到每个超市都鼓励办会员卡后，就会观察并思考原因，可能是想要留住你，增加你选择去本店消费的机会，减少去竞争商家消费的机会。

总之，数据思维的应用非常广泛，还有管理的应用、人力的应用等，这里就不一一赘述了，其应用基本都是大同小异，只要掌握基本思路，再不断地提升工具的使用效率，结合实际的业务场景来应用数据思维，就能在工作和生活中发现问题、解决问题、总结问题。

现在以投放渠道选择与预算分配最优的广告投放案例，来简单了解一下数据思维的应用。

在制订渠道投放计划时，如何有效地筛选广告投放渠道？如何合理地分配投放的预算呢？对于这两个问题，都需要从数据思维的基本思路着手。

下面以考勤类 App 的新增渠道投放为例，如下表所示，假设现在有小米、华为、苹果等五个应用市场拉新投放渠道，通过一段时间的广告投放后，获取了各个渠道的新增数据、下载量、消耗费用及获客成本等数据。

渠道	消耗费用/元	付费下载量	自然下载量	总下载量	总激活量	总注册量	创建企业数	企业获客成本/元	用户获客成本/元
小米	9144.87	3147	1109	6519	3725	1369	98	177.50	10.63
华为	10402.19	3229	1101	6318	3786	1693	166	111.85	6.40
苹果	15827.69	4717	1314	6362	3751	1619	164	121.75	7.54
OPPO	15622.84	4653	984	12330	5569	2231	222	152.39	9.28
vivo	19723.64	5174	746	7793	4268	1707	162	111.67	12.45
总计	70721.23	20920	5254	39322	21099	8619	812	87.10	8.21

首先，在对这几个渠道的数据有了基本的认知之后，明确其分析目标，可以根据广告投放的实际情况进行预算的控制和调整。例如，在缩减预算的情况下，应该如何优化投放费用的最优分配呢？

其次，理解数据，从上表五个渠道中可以看出，小米和 OPPO 的企业获客成本最高，是做预算控制的首选渠道，应该削减这两个渠道的预算，这样能够快速产生成本压缩的效果。

进而，通过各个渠道的转化漏斗分析查看各个渠道的转化率，环比往期数据优化新增渠道。其目的是测试不同策略和素材的效果，还可以横向对比不同投放方式的渠道拉新成本，择优选择。我们按小米渠道的各环节转化为例，转化环节可以简单地分为下载→激活→注册→创建企业，如下图所示。

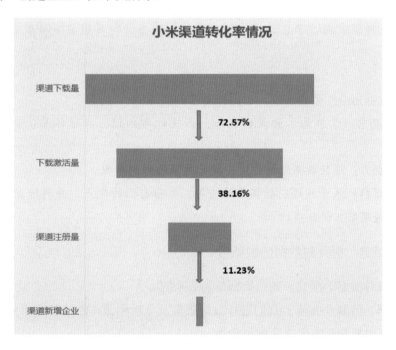

小米渠道人群受众、广告页面、落地页以及注册方式等实际内容都可以通过测试数据进行调整优化。衡量优化效果的核心指标是漏斗对应层级的转化率是否得到提高。在增加投放费用时，快速增加拉新量的情况下，又应该如何优化预算分配呢？这时，从数据上看将预算全都使用到企业获客成本最低的 vivo 渠道。但从实际的广告投放经验以及过往数据来看，vivo 渠道的新增用户数相对最低，用户精准度并不高，无法快速扩量。

最后，输出结论。根据往期数据以及用户质量和企业转化来看，苹果和华为渠道的用户精准度较高，是扩大预算投放的首选渠道。从拉新量来看，这两个渠道也是大流量渠道，在平均拉新量较低的情况下，可以轻松扩量。

当然，在实际做用户拉新的广告投放时，数据比上述例子复杂得多，考虑的因素也较多，我们需要能够通过实际数据对比，不断地优化预算分配，以获得性价比更高的渠道投放策略。

3. 小结

数据思维不同于数据知识和数据技能，是用数据提出问题和找到解决办法。其次，数据思维要发挥作用，需要与其他的能力组合，如问题意识、行动能力等，这样才能创造更高的价值。

第 14 问：怎么训练数据思维？

> 导读：数据思维并不是一日形成的，是需要结合日常工作生活来刻意练习、实践的，是发现问题、解决问题、总结问题的一个不断积累经验的过程。不过，对于刚刚入门数据分析的人来说，还是可以通过一些方法和习惯去训练数据思维，培养逻辑能力。

可以从数据思维的要素出发，去做针对性的训练：
- 数据概念：掌握基本的数据认知，如统计学知识、指标体系，针对性地了解业务。
- 判断能力：借助数据分析方法，提升对事物的判断力。
- 推理逻辑：基于问题、数据、结论等，给出自己的观点，并利用数据进行论证，也就是用数据讲故事。

1. 数据概念：提升对数据的敏感度

（1）养成对数据的深究，知道数据是怎么来的。

理解数据、理解业务便于我们进行数据采集及分析溯源，结论和成果要有一定的数据保证，同时也要判断数据来源的可靠性。

（2）梳理数据指标的维度。

理解评估标准，不同业务有不同的关键业务指标，可以利用思维导图积累相关业务的指标体系，多总结、多问为什么。指标体系经常用于数据细分查找原因，知道数据构成才能更快地拆分数据，找到异常原因。

（3）养成对数据指标的拆解习惯。

拆解能力决定了能否有效处理和解决复杂事务，简单来说，就是把一个复杂问题拆解成一个个基础元素，通过研究这些元素，控制和改变基本变量进而解决复杂的问题。

以结构化拆解为例，简单地说，就是按照各不同维度进行拆分，定位当前问题，从问题核心出发拆解影响因素，最终确定验证角度，再通过指标、公式、模型的方式找到验证影响因素的量化标准。例如销售额下滑了，销售额＝销售数量×客单价，拆分后的结果比拆分前清晰得多，这样就可以区分是线上销售量下降还是线下销售量下降，还可以进一步发现是哪一个渠道下滑，这样分析更具针对性，如下图所示。

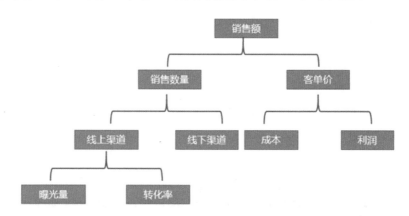

（4）了解数据是如何说明业务的。

找到业务背后的基本逻辑。在数据的日常工作中带入业务思维，从而知道数据指标在业务中代表什么，业务数据正常水平是怎样的，受节假日或者活动营销影响的数据又是怎样的，要多对比，结合环比、同比明白数据高低的意义。

2. 判断能力：多熟悉各种数据分析模型

数据模型其实是各种数据分析经验的抽象集合，拥有了更多的数据模型，也就拥有了更多认知"数据"世界的工具。例如在斯科特·佩奇的《模型思维》一书中，就提到了 20 多个思维模型。要熟悉哪些分析模型？第 15 ～ 35 问会给出建议。

3. 推理逻辑：用数据说事实而不是观点

（1）说事实，而不是观点。

《原则》一书中提到：大部分人不是真正地寻找事实，而是寻找那些能证明自己观点的事实。大部分人表达的事实，可能已经是带有自己价值取向的观点。因此，我们要注意自身的观点，用事实说话。

（2）用客观标准代替主观判断。

主观是指人的意识、思想、认识等；客观是指人的意识之外的物质世界或认识对象。我们不能主观判断数据的好坏，而是应以符合实际业务场景的客观事实的标准来判断，可以根据竞对数据、往期数据、目标数据等维度来制定标准。

（3）利用演绎法中的核心思维方式：三段论。

演绎法就是由"因"推导出"果"，由"一般"推导出"特殊"的思维方式。演绎法是逻辑思维的基础。什么是三段论呢？就是"大前提→小前提→结论"的推理过程，其基本逻辑是，如果大前提是什么，且小前提是大前提的一部分，那么小前提也是什么，例如著名的"苏格拉底三段论"：

- 所有的人都是要死的（大前提）。
- 苏格拉底是人（小前提）。
- 苏格拉底是要死的（结论）。

（4）具备一定的好奇心。

美国心理学家布鲁纳认为好奇心是人类行为的原始动机之一。它常由人们所接触的不明确的事物或未完成的事情引起。当事态尚未明确，人们时常受好奇心的驱使去探索这些未知的行为过程或结果，并从中得到满足。在锻炼数据思维时，一定要有好奇心，有兴趣去探索数据背后的逻辑。

（5）多看、多练、多记数、常总结。

首先，我们可以多看些权威、专业的数据分析报告，梳理以及了解他人的分析过程。要有意识地记住一些关键数字，如平均数、极值等，例如在分析报告中，每日的新增、活跃、留存等，方便能更快地发现异常。去不同行业看看不同数据报告，发现问题，总结经验，还可以多看自己业务的数据和每天的各种数据报表，整理出来，研究走势，发现异常及时分析。其次，还要多去尝试用同样的分析方法去分析类似的数据，可以套用别人的分析思路去尝试分析自己的业务问题。最后，总结分析过程中的问题以及经验。总之，就是多看、多练、常总结。

4. 小结

为了训练数据思维，要有数据敏感性，要能够合理怀疑，确认数据是否准确，对一些异常敏感的数据尤其如此，这就需要通过时间培养数据常识，刻意去练习。

数据思维需要结合日常工作生活去培养、去实践，发现问题、解决问题、总结问题是积累经验的一个过程，其核心价值在于是否指导了你的决策行为。可以在生活工作中利用以上建议，从一个广告数据、一个活动数据、一个产品数据、一组访问数据、一个数据报告等进行刻意练习。

2.2　通用分析方法

第 15 问：什么是数据异常分析？

> 导读：在日常工作中，我们经常会遇到"×× 数据指标出现异常波动，或上升或下跌"的问题，"×× 指标"包括但不限于日活、次日留存率、注册转化率、GMV、客单价等。这类问题不但在工作中常见，也是面试中常被问到的问题。

1. 数据异常分析是什么？

一般来讲，数据指标都有固定的波动周期，而且每个周期内数据的变化应该趋于稳定。当某数据指标出现不符合预期的变化，这就是所说的数据异常波动，需要去分析数据异常的原因。

因此，数据异常分析的核心是结合以往业务经验及各种业务信息，做出最有可能的假设，通过对数据指标的拆分，从多维度交叉分析，逐个验证假设，最终定位问题所在。在该过程中可能会在原假设基础上建立新的假设或者调整原来的假设，直到定位出原因。

先来明确数据异常的几种类型：

- 一次性波动：只在某个时间节点发生波动。一次性上升／下跌背后的原因一般都是短期／突发事件，例如系统更新导致数据统计错误，突发的渠道投放冻结等。
- 周期性波动：周期性发生上升／下跌，例如"双十一"、周末、节假日等因素。一般业务开展都有周期性，例如考勤工具类 App，工作日和周末就有明显差异。
- 持续性波动：从某时间点开始，一直出现上升／下跌趋势。持续上升／下跌背后原因往往都是深层次的，例如用户需求转移、渠道投放长期暂停、大环境改变等。

以上三种波动对应着不同的严重程度和处理方式。周期性下跌一般不需要做特殊处理；一次性下跌往往来得比较突然，要关注事件持续性；持续性下跌，总是不见好转，持续的时间越长问题越严重，需要重点关注。

2. 数据异常分析应用的基本思路

以"某 App 的日活显著下降"为例，进行数据异常分析。

第一步：确认数据源的准确性。

数据真实性是根基。实际工作中很多指标异常问题都是因为数据源出了问题，如客户端埋点出错、服务接口报错请求失败等都会导致指标异常。所以，开始分析前，要先和产品研发确认数据源是否有问题。

第二步：评估指标异常程度及影响。

明确以下问题：

① 日活究竟下跌了多少？波动幅度是否在合理的范围内？持续的时间是多久？

② 比昨天、上周同一天情况如何（同比、环比）？

③ 日活下跌对相关业务方 KPI 影响的程度如何？

明确了指标下跌是否是真正的异常，并且有了轻重缓急的判断，下一步就可以进行指标的拆解，建立假设逐个验证，进一步逼近真实原因。

第三步：拆解数据指标。

例如，日活 = 新增用户 + 老用户留存 + 流失用户回流，将这些指标进一步拆解如下：

① 按新增用户来源渠道拆解：应用市场，百度搜索等；

② 按老用户留存渠道拆解：华为、vivo 应用商店等；

③ 按新老用户登录平台拆解：安卓、iOS 等；

④ 按新老用户的区域拆解：天津、北京等；

⑤ 按新老用户使用版本拆解：新、老版本；

⑥ 按新老用户活跃时间拆解：节假日、周期性等；

⑦ 按回流用户类型拆解：自然回流、回访干预回流等。

分别计算每种拆解下的不同指标，通过以上拆解可以初步定位到哪个 / 哪些细分用户的下跌导致了整体的下跌。例如定位到是新用户增长下跌，按渠道拆分后发现渠道 1 的新增用户数下降明显，下一步就可以基于此现象做出假设，分析原因。

第四步：做出假设，分析验证。

初步确定异常发生的问题点后，接下来可以分别考虑"内部—外部"事件因素进行假设和验证。"内部—外部"事件在一定时间内可能会同时存在，万变不离其宗，主要关注数据指标的起点、拐点、终点即可。

- 数据指标起点：数据指标刚下跌时，发生了什么事件，往往起点事件是问题发生的直接原因。
- 数据指标拐点：在指标持续下跌过程中，是否某个事件的出现让问题变得更严重，或者开始改善。拐点意味着可以通过运营手段改善指标。
- 数据指标终点：当某个事件结束后，指标恢复正常；或当开始某个事件后，指标下跌结束。终点事件的两种形态，代表着两种改善指标的方法：等问题自己过去，或者主动出击解决问题。

内部事件因素分为用户获取渠道（渠道转化率降低）、产品功能迭代（功能迭代等引起某类用户不满）、运营策略调整（最近新上的运营活动没达成目标）、突发技术故障（突发的产品技术问题导致产品使用故障）。

外部事件因素采用 PEST 分析（宏观经济环境分析），包括政治（政策影响）、经济（短期内主要是竞争环境，如竞争对手的活动）、社会（社会舆论、用户生活方式、消费心理、价值观变化等）、技术（创新解决方案的出现）。

遵循短期变化找内因，长期异动找外因的原则。结合业务经验确定几个最可能的假设，并给出假设的优先级，通过数据逐一排查验证，最终定位到原因。

第五步：预测趋势，制订方案。

定位到原因后，还要预测指标接下来的走势，下跌会持续到什么时间，最坏能下跌到何种程度。将以上分析结论反馈给业务方后，探讨解决方案，并落地执行，最终解决问题。

3. 小结

数据指标异常波动的分析框架如下：

第一步：确认数据源的准确性。

第二步：评估指标异常程度及影响。

第三步：拆解数据指标。

第四步：做出假设，分析验证。

第五步：预测趋势，制订方案。

在实际业务中，数据异常波动类问题比较常见，而且原因可能是多方面的，这就需要我们在平时工作中多留意数据变化，随着对业务的熟悉和数据敏感度的提升，对于数据的异常分析也会越来越熟练，可以更快地找到问题所在。

第 16 问：什么是描述性分析？

> 导读：在开始数据分析之前，首先要了解数据的大致情况，对数据进行一些统计性描述，这样不仅可以了解数据的整体概况，还能观察到数据的分布特征和异常问题等，这个过程就是描述性分析。

1. 描述性分析是什么？

先来理解描述性分析的一些指标。常用的描述性统计分析指标如下，我们将重点讲解各个指标的优缺点和使用场景。

（1）平均值。

平均值顾名思义就是计算数据的平均数是多少，可以了解到数据的整体水平。

平均值计算简单，容易理解，可快速了解整体平均水平。但当数据差距很大，存在极端值时，就可能会出现平均值陷阱。

（2）众数。

众数是统计分布上具有明显集中趋势的数值，代表数据的一般水平。

（3）中位数。

中位数是描述数据中心位置的数字特征。大体上比中位数大或小的数据个数为整个数据量级的一半。对于对称分布的数据，均值与中位数比较接近；对于偏态分布的数据，均值与中位数不同。中位数的另一显著特点是不受异常值的影响，具有稳健性，因此它是数据分析中相当重要的统计量。

（4）方差、标准差、标准分。

样本中各数据与样本平均数的差的平方和的平均数叫作方差；方差的算术平方根叫作标准差。方差和标准差都是用来衡量一个样本波动的大小，方差或标准差越大，数据的波动就越大。

标准分也叫 z 分数，它是将原始分数与团体的平均数之差除以标准差所得的商，是以标准差为单位度量原始分数离开其平均数的分数之上多少个标准差，或是在平均数之下多少个标准差。用公式表示为：$z=(x-\mu)/\sigma$；其中 z 为标准分数；x 为某一具体分数；μ 为平均数；σ 为标准差。标准分是一个抽象值，不受原始测量单位的影响。在质量管理中，常常听到的六西格玛管理就是标准分的典型应用。

（5）四分位数。

四分位数是指把所有数值由小到大排列并分成四等份，处于三个分割点位置的数值。分割后会通过 5 个数值来描述数据的整体分布情况，还可以识别出可能的异常值。

下边缘：最小值，即 0 位置的数值；

下四分位数：Q1，即 25% 位置的数值；

中位数：Q2，即 50% 位置的数值；

上四分位数：Q3，即 75% 位置的数值；

上边缘：最大值，即 100% 位置的数值。

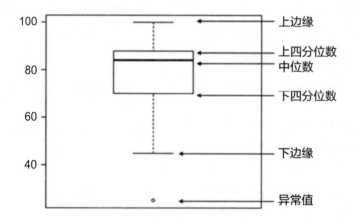

（6）极差。

极差=最大值–最小值，是描述数据分散程度的量。极差描述了数据的范围，但无法描述其分布状态，且对异常值敏感，异常值的出现使得数据集的极差有很强的误导性。

（7）偏度。

用来评估一组数据的分布的对称程度，即以正态分布为标准描述数据对称性的指标。当偏度=0时，分布是对称的；当偏度>0时，分布呈正偏态；当偏度<0时，分布呈负偏态。

（8）峰度。

用来评估一组数据的分布形状的高低程度，即描述正态分布中曲线峰顶陡峭程度的指标。当峰度=0时，分布和正态分布基本一致；当峰度>0时，分布形态高狭；当峰度<0时，分布形态低阔。

在日常的数据分析中，经常使用以上指标对数据的集中趋势、离散程度、分布形状进行分析：

- 平均值、中位数、众数体现了数据的集中趋势。
- 极差、方差、标准差体现了数据的离散程度。
- 偏度、峰度体现了数据的分布形状。

描述性分析，即对数据样本所有变量做统计性描述，主要包括数据的频数分析、集中趋势分析、离散程度分析、分布和一些基本的统计图形等。

2. 描述性分析应用的基本思路

首先，描述业务概况，根据分析目的，计算关键字段的描述性指标，如平均数、标准差、方差、分位值等。

其次，描述分布规律，如正态分布、长尾分布等。

再次，制定参考标准，根据业务经验或是之前制定的标准，制定参考标准。

最后，综合现状和标准输出有价值的结论，并进行可视化，如柱状图、条形图、散点图、饼状图等。

结合业务概况和分布规律可以明确业务现状，有了参考标准作为对比的对象，才能得出"是什么"以及"怎么样"的结论，最后一个准确合适的可视化图表可以方便呈现结论。

例如，对于一家线下零售门店，通过描述性分析评估近一个月的业务情况：

整体上看，该门店每天销售量/销售额的平均值是多少？四分位数是多少？标准差是多少？该门店客单价的分布如何？用户组成如何？是否存在二八现象？该门店每天客流量趋势怎么样？哪个商品销量最高，卖得最好？细分的品类中卖得最好的是什么？一天中哪个时间段购买最集中，卖得最好？

3. 小结

描述性分析主要回答业务现状"是什么"以及"怎么样"的问题,这是最直观的数据分析手段,也是数据分析最基础的工作,但描述性分析重在描述和呈现现状,无法解释"为什么","知其然,不知其所以然"。所以,在实际的工作中,我们还要借助更多的数据分析工具去回答"为什么"的问题,例如我们后面篇幅重点讲解的细分分析、对比分析、漏斗分析等,通过探索影响结果的主要因素,"知其然并知其所以然",这样才能针对性地制订方案,让业务朝着我们预期的方向发展。

第 17 问:什么是对比分析?

> 导读:"对比、细分、溯源"可以说是数据分析的"六字真言",而"对比"虽然是最简单的数据分析方法,却是数据分析中非常重要的一环。对比分析是一种挖掘数据规律的思考方式,将两个或以上相关数据比较,直观地反映变化趋势,精准量化出数据之间的差异,洞察数据背后业务信息。一般来说,会涉及目标对比、时间前后对比(同比环比)、竞争对手对比等。孤数不证,只有经过对比,才能判断业务情况的好坏,才能找到业务迭代优化的方向,这样的数据分析才有意义。

1. 对比分析是什么?

对比无处不在,它已经成了我们的一种潜在思维,以至于有时候我们忽略了它的存在。就像笔者团队写这本书一样,会对比很多类似的书籍,然后才知道应该怎样系统而全面地把书写好。

一般情况下对比分析并不是单独存在,而是与其他分析搭配使用,例如细分分析、象限分析、漏斗分析等,交叉对比达到数据分析的目的。

常见的对比对象如下图所示。

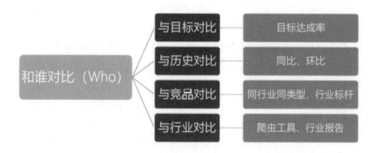

对于业务问题的评估一般都基于指标体系,所谓指标体系就是一些相互之间有逻辑关系的指标构成的一个系统的整体。可以通过指标体系中的宏观指标去监控业务的发展趋势,同时也可以通过拆解宏观指标挖掘当前业务的问题。常见的对比指标如下图所示。

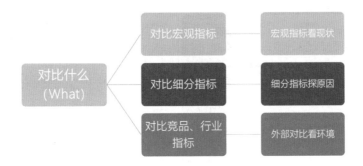

确定了上面这些要对比的指标，那采用哪些统计量进行对比呢？也就是说，用哪些统计量来表征高低好坏？一般来说，涉及的统计量如下图所示。

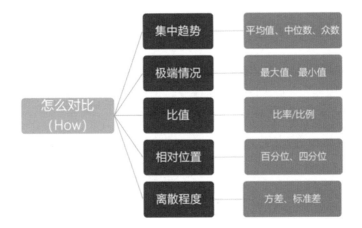

2. 对比分析遵循哪些原则？

对比分析要遵循的原则如下：

- 对比对象要一致；
- 对比时间属性要一致；
- 对比指标的定义和计算方法要一致；
- 对比数据源要一致。

例如有这样一个场景："日销售报表"分析中，2022 年 8 月 1 日的零售额同比 2021 年 8 月 1 日下降 30%，所以 2022 年 8 月 1 日的销售可能存在问题。

实际上，结合具体行业思考，如果是在季节 / 周期性较强的零售业，这样的对比并没有实际意义：因为 2022 年 8 月 1 日是工作日，而 2021 年 8 月 1 日是周末（如下图所示），根据常识，周末的人流一定会更多，进而各方面的销售指标也更优。

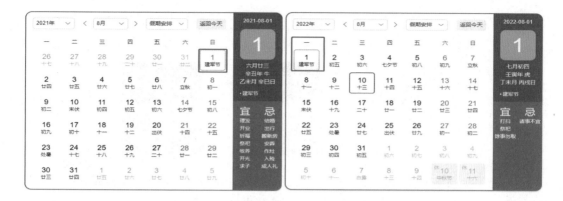

也就是说对于零售企业，这两个日期处在不同业务场景，所以不能直接比较。同样的原则（"是否周末"）可以延展到"是否节日"，如情人节与情人节同比、圣诞节与圣诞节同比。

此外，还有隐藏比较深的"放假周期"：今年国庆节放七天假，上一年是否也同样放七天假。"活动周期"：尤其是在电商行业，每年的活动周期都不一样，例如 2022 年"双十一"与 2021 年相比，11 月多了 1—3 日的正式销售高峰，所以在做同比时，数据指标期望上应该有所调整。

3. 小结

对比分析是一种非常基础的分析方法，在实际的数据分析工作中，它往往是搭配着其他的分析方法一同出现。一个合格的对比分析需要明确几个问题：比什么？怎么比？和谁比？然后通过系统的横向对比（和行业、竞品比）和纵向对比（和历史同比、环比），才能发现问题的内在规律，得出一个比较准确和可靠的结论，进而帮助我们制订、优化方案。

🔖 第 18 问：什么是细分分析？

> 导读："细分是一切数据分析的本源！不细分无分析！"是学习数据分析时总说的一句话，在数据驱动精细化运营的时代，需要对用户行为的每个点进行细分，才能挖掘到隐藏在其行为背后的真正影响因素，如 RFM 模型、漏斗分析最基础的原理就是细分分析。

1. 细分分析是什么？

数据分析很重要的一个工作就是基于数据对当前的业务现状进行诊断，业务是在良性扩张还是低迷萎缩？当前的业务发展是否与预期一致？

为了回答以上问题，我们就需要用一套标准去评价业务现状，这一套标准也就是我们常说的业务指标体系，何为体系呢？单个指标不能称为体系，多个不相关的指标也不能称为体系，所谓体系，一定是多个相关的指标以一定的形式组织在一起，而这种形式，一般是金字塔或者逻辑树的形式，体现的是一种总分的思路。

有了完善的业务指标体系，就可以清晰地知道业务的现状，做到知其然——当前业务到底是好还是不好？好的话到底有多好？不好的话到底有多差？发展的趋势怎样？

但是仅仅"知其然"就够了吗？肯定不够，我们还要知其所以然。因为老板肯定还会问：为什么突然就好了？背后的原因是什么？这个好的态势是否可持续？为什么突然变差了？哪些环节出了问题？是否可以优化改进？相关部门应该背上多少 KPI？也就是说，对于业务，我们不仅要知道现状，还要知道导致现状的原因，只有知道了原因，才能让数据指导业务的方向，提供可落地执行的方案。

而这个过程中最重要的一个环节就是对指标细分拆解。只有对关键指标拆解后才能找到问题的症结，进而制订对应的方案，形成抓手，完成从业务中发现问题，再回到业务中解决问题的完整闭环。

因此，细分分析是一种非常重要的分析思维，多问一些"为什么"，才能得到关键的结论。而一步一步拆分，就是在不断问"为什么"的过程。

2. 细分拆解应用案例

下面以小红书账号的涨粉为例，详细说明细分拆解的实现过程。

薯薯是某公司的新媒体运营，负责公司旗下 10 万粉丝的小红书账号。老板让她在接下来的 3 个月内（2022 年 3—5 月）做到 25 万粉丝，这意味着 3 个月要净增 15 万粉丝。结果，3 月的工作开启了 2 周，薯薯分析了一下账号的粉丝数据，发现 2 周内的粉丝净增数只有 2000，按照这个趋势发展下去，根本完成不了指标。薯薯打算从数据分析入手，希望能找到线索，让自己的工作计划更加清晰。那么，15 万的指标该如何达成呢？

目标：3 个月粉丝数从 10 万涨到 25 万，总计吸引 15 万的新粉丝，平均每个月吸引 5 万的新粉丝。

拆解：新增粉丝数 = 自然增长粉丝数 + 内容增长粉丝数 + 活动增长粉丝数，如下图所示。

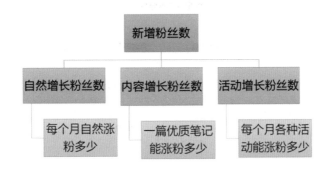

基于以上拆分，我们把过去三个月的自然增长、内容增长和活动增长的粉丝数据进行分析，各细分项目的粉丝数据如下所示。

日期	自然增长粉丝	内容增长粉丝	活动增长粉丝
2021年12月	180个/天	月产出21篇笔记，2篇超过1万观看量，共带来4800个新增粉丝	1个年末个人回顾活动，带来1000个新增粉丝
2022年1月	150个/天	月产出22篇笔记，1篇超过2万观看量，共带来4600个新增粉丝	无活动
2022年2月	220个/天	月产出25篇笔记，4篇超过2万观看量，共带来5200个新增粉丝	1个新年创意短视频活动，带来1500个新增粉丝

那么接下来就要思考：

自然增长：参考历史数据预估3—5月，每天自然增长粉丝200个。

内容增长：保证产出内容数量，提高内容质量，预计每月带来5000个新粉丝。

活动增长：由于投入产出较复杂，下面展开细说。

日期	自然增长粉丝	内容增长粉丝	活动增长粉丝
2021年12月	180个/天	月产出21篇笔记，2篇超过1万观看量，共带来4800个新增粉丝	1个年末个人回顾活动，带来1000个新增粉丝
2022年1月	150个/天	月产出22篇笔记，1篇超过2万观看量，共带来4600个新增粉丝	无活动
2022年2月	220个/天	月产出25篇笔记，4篇超过2万观看量，共带来5200个新增粉丝	1个新年创意短视频活动，带来1500个新增粉丝
2022年3月	200个/天	月产出至少20篇笔记，5篇超过2万观看量，预计带来5000个新增粉丝	待规划
2022年4月	200个/天	月产出至少20篇笔记，5篇超过2万观看量，预计带来5000个新增粉丝	待规划
2022年5月	200个/天	月产出至少20篇笔记，5篇超过2万观看量，预计带来5000个新增粉丝	待规划

以上自然增长和内容增长基本上是常规的增长方式，只要保证正常的产出数量和质量，基本上能够达成目标，且投入较低，无须过于担心预算费用问题。而对于活动涨粉则变数较大，因为一般活动投入费用较大，且效果浮动区间较大。为此，专门对活动涨粉进行细分拆解。

活动涨粉细分为以下几种方式：
- 裂变活动：参考行业数据。
- 付费推广：参考预算。
- 流量置换：参考历史数据。
- 创意活动：参考历史数据。

各种方式的涨粉预估如下图所示。

至此，经过以上的层层细分拆解，对接下来 3 个月的涨粉目标进行了细化，对应的自然涨粉、内容涨粉和活动涨粉的目标如下表所示。

分类	数量	执行动作		
月新增自然涨粉总数	6000	保证账号正常运营		
月新增内容涨粉总数	5000	保证每月产出25篇笔记，5篇以上超过2万观看量		
月新增活动涨粉总数	39000	高优先级	裂变活动	20000
			付费推广	9000
		低优先级	流量置换	5000
			创意活动	5000
月总涨粉总数	50000			

对比现状和目标发现问题后，再对关键指标进行细分，有了这个细分的目标和执行计划，涨粉就变得清晰多了。

除了上面的案例之外，还有一些非常经典的指标细分拆解的案例，方法和思路类似。例如，收入指标 GMV 可以按照下图的方式进行拆解，GMV= 流量 × 付费转化率 × 客单价。

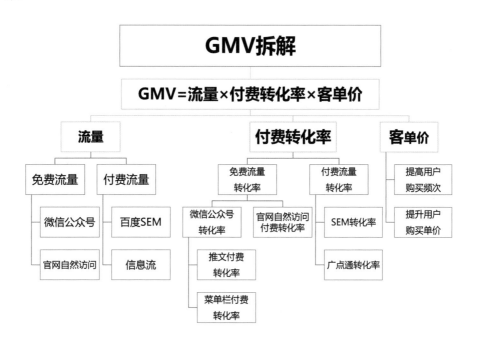

对于社交类 / 工具类产品的 DAU，可以按照下图所示的几种不同的方式进行拆解。

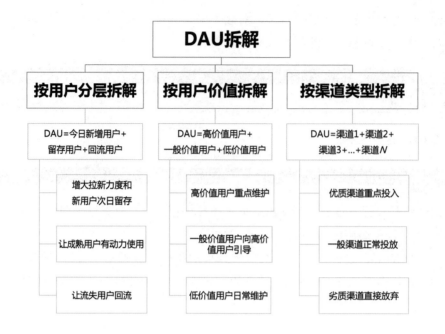

3. 小结

细分拆解的思维方式并不是固定不变的，不同的拆解方式对应不同的执行动作，所以当我们不知道如何拆解的时候可以反过来想一想，拆解后有哪些对应的动作，毕竟没有动作的拆解毫无意义。细分拆解的方式有很多，但万变不离其宗，拆解都是为了更清晰地分析问题、制订方案。注意，拆解只是手段，优化才是目的。

"对比、细分、溯源"基本包含了数据分析最基础的思维方式。无论是数据处理、数据可视化、数据分析等，都需要不断地去做对比，做细分，找趋势（溯源），才能得到有效的结论。

第 19 问：什么是归因分析？

> 导读：归因是描述因果关系的一种思维方式，我们需要明确影响因素，在影响因素的范围下进行归因分析。在各个领域中应用时，必须结合业务具体情况，设定一些基本的假设，确保因果关系的准确性。

1. 什么是归因分析？

业务中，老板可能经常会问你：为什么会出现这个问题？哪个因素最重要？这时就要用到归因分析。在介绍归因分析之前，先从以下两个案例入手，了解归因分析的使用场景。

案例 1：

早上，小明在刷头条的时候看到新款的苹果手机发售了，觉得很不错。午休的时候刷抖音看到了自己关注的大 V 正在评测这款手机，便更加心动了。下午下班在地铁上刷朋友圈的时候，发现自己的朋友小王已经买了手机并在朋友圈晒图了，实在忍不了了，于是晚上到家喝了一杯白酒壮壮胆跟老婆申请经费，最后老婆批准了，小明在京东和淘宝上对比了一下，发现京东上新品有活动，价格和质保更放心，于是在京东下单了。那么问题来了，头条广告、抖音大 V、朋友圈各个站外渠道对这次成交分别贡献了多少？

案例 2：

乔小丹想在淘宝上买一双篮球鞋，通过首页搜索看到了 AJ，点进去看了款式和颜色，觉得很不错，无奈囊中羞涩就作罢。五一期间，乔小丹再次打开了淘宝，看到首页的优惠活动，点击进入活动分会场，再次看到 AJ，想想下个月的生活费，又忍痛退出了首页。但是，不久后乔小丹在首页的"猜你喜欢"页面再次看到了 AJ，点击进去看了一下评论和买家秀，确实不错，最终决定下单。那么问题来了，淘宝内首页搜索、活动会场和"猜你喜欢"这些站内的资源位对这次成交分别贡献了多少？

以上是两个比较常见的经典业务场景，随着移动互联网的兴起，业务场景越来越复杂，类似上述的归因分析需求也日趋增多。上面两个案例分别是站外渠道和站内资源位两个经典场景下的归因分析。场景虽有所区别，但是目的都是相似的，即针对当前的场景和目标，怎么把"贡献"合理分配到每一个坑位上。

实际上这类问题并没有标准答案，因为真正的业务错综复杂，很难精准地把贡献进行合理的分配，但归因分析的需求又是如此高频，且时效性很强，所以以需要一些方法论的支撑来进行尝试，快速定位问题而不至于面对问题无所适从，不知何处下手。

因此，广义的归因分析是指找到事情发展的原因，识别所有对最终转化有贡献的过程，并确定每个过程的贡献度。通过一定的逻辑方法，计算每个用户路径或者触点对最终结果的贡献程度，帮助我们看清影响结果的关键因素，从而不会轻易被表象所迷惑。

2. 常见的归因分析模型

下面就来介绍几种常见的归因分析模型，供读者在不同的业务场景中参考使用。

1）末次归因模型

也称最后点击模型，这种归因模型将功劳 100% 分配给转化前的最后一个渠道，即不管用户发生了什么行为，只关注最后一次。这是最简单、直接，也是应用最为广泛的归因模型。

适用场景：短期的投放，转化路径少、周期短、迭代快的业务，按照末次归因模型，

能比较好地了解到底是哪个渠道对于最终的转化有比较好的促进作用。

2）首次归因模型

也称首次点击模型，这种归因模型将功劳 100% 分配给第一个渠道，即不管用户产生了多少行为，只关注第一次。如果末次归因模型是认为"不管之前有多少次互动，没有最后一次就没有成交"，那么首次归因模型就认为"没有第一次的互动，剩下的渠道连互动都不会产生"。换句话说，首次归因模型强调的是驱动用户认知的、位于转化漏斗最顶端的渠道。

适用场景：公司处于市场开拓和品牌宣传时，更关心用户是在哪里第一次接触公司，进而把更多的用户先吸引过来，用首次归因模型可以看出来哪些渠道更有效。所以首次归因模型对于没什么品牌知名度，且重点在市场拓展、渠道优化的公司比较适用。

3）线性归因模型

线性归因模型是多触点归因模型中的一种，也是最简单的一种，它将功劳平均分配给用户路径中的每一个触点。

适用场景：根据线性归因模型的特点，它更适用于企业期望在整个销售周期内保持与客户的联系，并维持品牌认知度的公司。在这种情况下，各个渠道都起到相同的促进作用。

4）时间衰减归因模型

对于路径上的所有渠道，距离最终转化时间越近，就可以获得更多的功劳权重。时间衰减归因模型基于一种假设：它认为渠道越接近转化，对转化的影响力就越大。这种模型基于一个指数衰减的概念，例如，以转化当天为基准，转化前 7 天的渠道分配 50% 的权重，前 14 天的渠道分配 25% 的权重，以此类推。

适用场景：和末次归因模型比较类似，适用于客户决策周期短、销售周期短、引导用户完成转化的场景。例如，做短期的促销时就打了两天的广告，那么这两天的广告理应获得较高的权重。

5）位置归因模型

也叫 U 型归因模型，它综合了首次归因模型、末次归因模型和线性归因模型，第一个和最后一个渠道各贡献 40%，中间的所有渠道平分剩下的 20%。

U 型归因模型也是一种多触点归因模型，实质上是一种重视最初带来线索和最终促成成交渠道的模型，一般它会给首次和末次互动渠道各分配 40% 的权重，给中间的渠道分配 20% 的权重，也可以根据实际情况来调整比例。

6）自定义模型

可以根据自己对于业务的理解，创建自己的模型，给各个渠道自定义贡献比例，让其具有特定的业务性和目的性，并将其和其他归因模型做对比。

在这种模型下，可以使用线性归因、首次归因、末次归因、时间衰减归因以及位置归因模型作为基准线，通过不断测试调整各个渠道的权重。自定义模型不仅可以个性化地评估当前的业务，还可以随着时间的推移进行优化。

以电商用户购物场景为例，用户从进入 App 到最终产生购买行为，中间可能会有以下关键的渠道和坑位：

- 点击搜索栏进行搜索进入商详页；
- 点击首页运营位进入商详页；
- 点击推送消息进入商详页；
- 通过参与限时活动进入商详页；
- 通过微信公众号推送消息进入商详页；
- 通过购物车等坑位直接转化。

对近 30 日成交订单进行归因分析，此处选用的归因计算方式是"末次归因"。归因窗口期设为 1 天，即观察用户在发生订单行为之前的 24 小时之内点击了哪些坑位。然后再找到离"提交订单"最近的一个坑位点击行为。

最终得到的结果如下图所示，App 内多个坑位中，点击搜索栏和直接转化对于成单的贡献分别占 52.67%、27.56%。运营位、活动、推送消息（Push 点击）和微信公众号分别只带来不足 10% 的成单贡献。

| 分析模型 | Q 末次触点归因 ▾ | 归因窗口期 | 自定义 ▾ | 1 | 天 ▾ | | 查询 |

📅 过去 30 天 | 2021-04-04 至 2021-05-03 ⓘ   ⬆ 导出

待归因事件	点击规模			目标转化		
触点	总点击数 ⇅	有效点击用户数 ⇅	有效转化点击率 ⇅	支付订单的总次数 ⇅ 切换指标		贡献度 ⇅
点击搜索栏	18,805	8,728	10,783(57.34 %)	9,692		52.67 %
直接转化	--	--	--	5,072		27.56 %
运营位点击	32,040	962	2,537(7.92 %)	963		5.23 %
活动参与	17,488	930	4,995(28.56 %)	930		5.05 %
Push 点击	32,667	883	2,563(7.85 %)	883		4.8 %
微信公众号接收用户消息	12,921	862	2,103(16.28 %)	862		4.68 %

这个结果可以清晰地反映如下几点信息：最终的贡献度反映了不同坑位对最终成单转化的贡献及互相之间的差异。对比不同坑位的有效转化点击率，可得知不同坑位对用户的吸引程度。

3. 小结

理论上来说，归因分析应当是一个非常有用的分析方法。但在实际应用时存在一些难以克服的问题，这其中最大的问题是数据质量的问题，一个模型再好，如果数据质量不行，那也是不准确的。

🔘 第 20 问：什么是预测分析？

> 导读：努力发展分析能力，不仅能了解过去的表现，而且能预测趋势和未来事件，以提高公司敏捷性。预测分析是实际工作场景中必备的分析方法，有助于提高公司产品的服务效率、发现潜在威胁、优化未来工作模式等。

作为公司业务的策略官，这类预测的工作一般都是由数据分析师完成，所以，对于数据分析师而言，掌握科学的预测方法，无疑是非常重要的。

1. 什么是预测？

什么是预测？用最简单的话来说，它是基于过去和现在的数据，来预测未来的过程。数据在时间维度上呈现出一定的变化规律，基于这个规律才可以进行预测，这个过程一般叫作时间序列预测。在正式开始之前，先了解一些时间序列相关的术语。

时间序列数据通常是随时间推移而收集的数据，它的变量是时间。例如，下图是某国每年接纳游客数量（单位：百万）的时间序列数据。

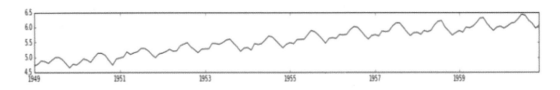

时间序列数据中包含了一些重要的组成部分，我们需要将这些组成部分拆解：

● 趋势性：趋势是事物发展或变化的总体方向。在上图中，我们看到时间序列呈增长趋势，这意味着游客数量整体上呈上升趋势。我们将其中的趋势剥离出来，如下图中第一张图所示。

● 季节性：在上述时间序列中可以看到另一个清晰的模式，该模式以固定的时间周期重复出现，称为季节性。这里的季节性不一定是春夏秋冬的季节，在特定时间周期内重复出现的模式都可以说是季节性，如下图中第二张图所示。

● 随机性：去除趋势性和季节性后，剩下的就是一些随机的、无任何规律的白噪声，如下图中第三张图所示。

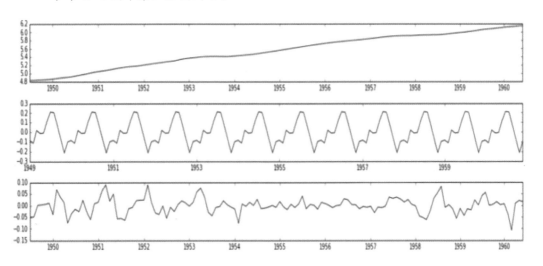

因此，预测分析是使用企业数据来预测企业在业务领域中的变化，将统计建模、预测和机器学习等技术应用于描述性和诊断性的分析输出结果，以对未来进行预测的一种分析思维。

预测分析的应用案例，限于篇幅不在此呈现，请在本书前言扫码获取小册子查看。

2. 小结

预测很复杂，因为预测涉及很多业务。预测很重要，因为它关乎后续业绩的发展和政策的制定。但是，预测也很简单，简单到用 Excel 操作就能轻松实现。对于一些简单的案例非常方便、适用。

对于复杂的时间序列预测还需要借助更复杂的模型，如 AR/MA/ARIMA 等实现，感兴趣的读者可以深入研究。机器学习提供支持的预测分析，具有利用大量数据并基于该数据做出更准确预测的能力。

第 21 问：什么是相关性分析？

> 导读：数据分析过程中，通常要判断两个数据之间是否有关系，即一个数据变化，另外一个数据是否会随之变化。如果随之变化，就认为两个数据之间具有相关性。反之，就认为没有相关性。相关性分析可以帮助我们找到影响问题的关键因素，同时定量地给出相关性的大小，对于定位问题原因十分有帮助。

1. 什么是相关性分析？

1）相关性定义

相关性是描述两个变量之间相互关系强弱和方向的度量。它不仅能够研究两个变量之间的相互影响的强弱，还能表征影响的方向（正负），是数据分析中较为常见的研究变量关系的方法。

例如，摄入的卡路里数量和体重存在着正相关，即卡路里摄入得越多，体重也会随之增加，此长彼长。外界温度与暖气费也存在着相关性，只是两者是负相关，即外界温度越低，暖气费用就会越高，此长彼消。

要了解相关性，最重要的一点是，它仅显示两个变量之间的相关性如何。但是，相关性并不意味着因果性。一个变量 a 的变化可能会引起另一变量 b 的变化，我们认为变量 a 和变量 b 相关，但这并不意味着另一个变量 b 的变化是由变量 a 导致的。

2）皮尔逊相关系数

在相关性分析中，会根据使用的数据类型不同选择不同的相关系数，如皮尔逊相关系数、斯皮尔曼相关系数、肯德尔相关系数等，下面将重点介绍最常见的一个。

皮尔逊相关系数用于评估一个变量的变化与另一个变量是否呈比例变化的线性关系。注意，这里着重强调是用来评估是否具有"线性"关系，简单来说，皮尔逊相关系数可以回答以下问题：相关性可以通过直线展示吗？

下面是皮尔逊相关系数 r 的公式：

$$r = \frac{\sum(x_i - x_{average})(y_i - y_{average})}{\sqrt{\sum(x_i - x_{average})^2 \times \sum(y_i - y_{average})^2}}$$

虽然公式看起来很复杂，但实际上 Excel 提供了相关性分析所需的函数和工具，我们只需要学会使用它们即可。

相关性分析主要解决以下两个问题：

- 判断两个或多个变量之间的统计学关联；
- 如果存在关联，进一步分析关联强度和方向。

2. 相关性分析应用的基本思路

1）Excel 函数计算相关性

要手动计算相关系数，还要记住上述皮尔逊相关系数的烦琐的公式，不过万能的
Excel 早已经帮我们准备好了函数，在 Excel 中用 CORREL() 函数或 PEARSON() 函数在
一秒内就可以获得想要的结果。

- CORREL() 函数

CORREL() 函数返回两组数据的皮尔逊相关系数。它的语法非常简单明了：

CORREL（数组 1，数组 2）

假设在 B2：B13 中有一组自变量（x），在 C2：C13 中有一组因变量（y），则相关
系数公式如下：

=CORREL（B2:B13, C2:C13）

或者，交换位置仍然可以得到相同的结果：

=CORREL（C2:C13, B2:B13）

无论哪种方式，该公式都表明每月平均温度与热水器的销量之间存在很强的负相关
性（约 -0.97）。

月份	温度(℃)	热水器销量(台)		相关系数：	-0.97237731
2020年1月	-5	98			
2020年2月	-7	100			
2020年3月	5	75			
2020年4月	10	67			
2020年5月	18	24			
2020年6月	22	26			
2020年7月	28	25			
2020年8月	25	27			
2020年9月	16	40			
2020年10月	10	55			
2020年11月	2	88			
2020年12月	-3	95			

公式栏：=CORREL(B2:B13,C2:C13)

- PEARSON() 函数

Excel 中的 PEARSON() 函数也可以执行相同的操作，用来计算皮尔逊相关系数，语
法与 CORREL() 函数类似：

PEARSON（数组 1，数组 2）

因为 PEARSON() 函数和 CORREL() 函数都计算了皮尔逊线性相关系数，所以它们
的结果应该一致，但是，在 Excel 2003 和更早版本中，PEARSON() 函数可能会显示一

些四舍五入的错误。因此，在旧版本 Excel 中，建议优先使用 CORREL() 函数而不是 PEARSON() 函数。

在我们的样本数据集上，两个函数都显示出相同的结果，如下图所示。

A	B	C	D	E	F	G
月份	温度(℃)	热水器销量(台)		相关系数1:	-0.97237731	=CORREL(B2:B13,C2:C13)
2020年1月	-5	98		相关系数2:	-0.97237731	=PEARSON(B2:B13,C2:C13)
2020年2月	-7	100				
2020年3月	5	75				
2020年4月	10	67				
2020年5月	18	24				
2020年6月	22	26				
2020年7月	28	25				
2020年8月	25	27				
2020年9月	16	40				
2020年10月	10	55				
2020年11月	2	88				
2020年12月	-3	95				

2）散点图进行相关性分析

在进行相关性分析时，还可以绘制散点图，通过添加散点图的趋势线进行相关性分析，具体步骤如下：

（1）选择包含待分析数据的两列，列的顺序很重要：自变量应在左列中，在 x 轴上绘制；因变量应在右列，在 y 轴绘制。

（2）在"插入"选项卡的"图表"组中，单击"散点图"图标，即可在工作表中插入散点图。

（3）右击图表中的任何数据点，然后在弹出的菜单中选择"添加趋势线"，并在选项设置中选择"显示公式"和"R^2"。

对于以上数据集，除了绘制的趋势线外，还显示了 R^2，也称为"决定系数"。此值表示趋势线与数据的对应程度，R^2 越接近 1，拟合越好。根据散点图上显示的 R^2 值，对其进行开方即可以轻松计算出相关系数。

如下图所示，根据上述数据计算出的 R^2 值为 0.9455，且整体趋势是向下的，相关系数为负。因此，对其进行开方，可以得到相关系数 R= −SQRT（0.9455）= −0.97，与之前计算的结果完全一致。

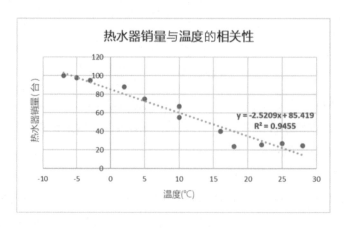

3. 小结

虽然皮尔逊相关性分析非常方便，但在使用时需要注意以下几点：

（1）皮尔逊相关系数仅可以表征两个变量之间的线性关系，这意味着，如果两个变量是以另一种非线性（如曲线）形式强烈相关，皮尔逊相关系数可能等于或接近于零。

（2）皮尔逊相关性并不能区分因变量和自变量。例如，当使用 CORREL() 函数查找每月平均温度与热水器销量之间的相关性时，得到的系数为 -0.97，这表明负相关性很高。但是，如果交换两个变量的位置仍获得相同的结果，这意味着相关性是没有先后关系的，更不能说明因果关系。因此，在 Excel 中进行相关性分析时，还要注意所提供数据的逻辑关系。

（3）皮尔逊相关系数对异常值非常敏感。如果数据中存在着明显的离群点和异常值，皮尔逊相关系数可能会计算不出变量之间的相关性。在这种情况下，可以使用斯皮尔曼相关系数。

第 22 问：什么是二八定律 / 帕累托定律分析？

> 导读：你知道吗？世界上不足 20% 的人拥有 80% 以上的财富。企业中 80% 的销售额是由 20% 的产品或客户贡献的。这些现象暗合帕累托定律，即在任何一组事物中，最重要的只占其中一小部分，约 20%，其余 80% 尽管是多数，却是次要的。

1. 什么是帕累托定律？

帕累托定律是意大利经济学家帕累托在 1897 年提出的，也叫二八定律。很多人认为多数很重要，可帕累托却不那么认为，他认为 20% 的少数是重要的，而 80% 的多数是不重要的。他从大量的经济学统计中发现，80% 的营收来自 20% 的人的投入！例如，80% 的营收来自于 20% 的客户；80% 的车流量集中在 20% 的道路上；80% 的工作由 20% 的人在承担；80% 的医疗资源被 20% 的疾病消耗。

他的结论是 80% 的结果归于 20% 的起因，多数往往只会造成少许影响，少数则往往造成关键的影响。遵循"二八定律"的企业在经营和管理中往往能抓住关键的少数顾客，精确定位，加强服务，达到事半功倍的效果。如美国的普尔斯马特会员店始终坚持会员制，就是基于这一经营理念。

因此，二八定律分析要求数据分析师在数据分析工作中要善于抓主要矛盾，善于从纷繁复杂的数据工作中理出头绪，把资源用在最重要、最急迫的事情上。

2. 帕累托定律应用的基本思路

在实际业务中，帕累托定律如何去使用呢？其中一个典型的场景就是产品分析中的

ABC 分析。ABC 分析是通过产品的累计指标，对产品进行区别和分类，即将商品划分为不同策略产品，进而采用不同的行动方案提高商品管理效率。计算过程如下：

（1）对评估指标（如销售额、利润等）进行排序；

（2）求出每个商品的累计数据；

（3）求出每个商品的累计数据占比；

（4）对每个商品的累计占比进行等级划分（如累计销售占比≤ 70% 的为 A 类款，累计销售占比在 70% ～ 90% 的为 B 类款，累计销售占比在 90% ～ 100% 的为 C 类款）。

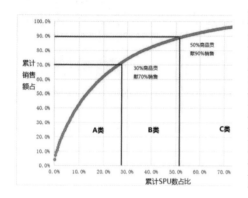

商品ABC分析				
SPU号	销售金额 (元)	累计销售额 (元)	累计销售占比 (%)	商品分级
A00001	1596	2117.6	54.01%	A类款
A00002	1426	1196.2	50.07%	A类款
A00023	956	1123.4	42.75%	A类款
A00078	654	2201.2	65.69%	A类款
A00089	563	1316	59.90%	A类款
A00098	255	2197.9	72.62%	B类款
A00112	245	2193	75.76%	B类款
A00246	213	2100.8	82.27%	B类款
A00249	203	1263.5	72.46%	B类款
A00250	145	1424.5	95.22%	C类款
A00251	123	2769.2	91.41%	C类款
A00264	120	2150.9	93.42%	C类款
A00266	89	1255	95.85%	C类款

这些计算结果可以如何使用呢？例如，销售占比 70% 的 A 类商品（约 30% 数量占比）可以定位为品牌的畅销核心款；B 类产品可以定位为一般销售款；而 C 类产品可以定位为滞销款。在对产品进行分类的业务定义后，就能实施不同的库存计划。

可以在本书前言扫码获取小册子，查看 Python 绘制帕累托图的代码。

帕累托定律的使用误区：

误区 1：数字不必精确到 "20" 和 "80"，它可能是 80/20、90/10 或 90/20，而且数字加起来不一定是 100，80/20 法则只是描述分布的粗略指导。

误区 2：不要以为帕累托定律意味着只做 80% 的成果。正如 80% 的楼房是在前 20% 的时间内建造的，但仍然需要完成楼房的其余部分才能完成工作。著作《百年孤独》80% 的篇幅是在前 20% 的时间里完成的，但如果没有考虑到其他的细节，它就不会是杰作。帕累托定律是一种对事物主次关系的认知，但次要的部分并非不必要。

3. 小结

帕累托定律的关键是可以让你选择并专注于重要的 20%。20% 的努力产生 80% 的效益，但是，20% 的效益却会消耗 80% 的努力。我们不应该只顾着非常努力地工作，而应该把主要精力集中在产生大多数结果的努力上，尽量减少其余低产出的努力。这样，就有更多的时间专注于更重要的任务。

2.3 商业分析方法

随着企业规模的增大，商业分析的需求以及重要性就会开始显现。需要做宏观分析、行业研究等，需要有综合性技能和多方面获取数据的能力。

商业分析主要侧重于商业问题和商业场景（具体可参考第 6 问中的商业分析相关岗位职能介绍）。与数据分析相比，商业分析主要从商业角度出发，基于具体商业场景、逻辑，通过数据分析进行相应经营和战略方向的分析。同时，能快速察觉政策、竞争对手、市场风向等，洞察商业问题，并及时做出响应，找到发展机遇点，提供数据支持。

数据分析更像是为企业的具体业务服务，并且数据分析能渗入企业各个业务线里。而商业分析是为企业大方向的战略层服务，提高管理者决策的准确性、效率和能力。

🕮 第 23 问：什么是 PEST 分析？

> 导读：如果想分析内外部环境的关键影响因素，对总体的宏观环境有个大致的把握，从而更好地制订战略规划的话，PEST 分析方法就是企业决策者或战略咨询顾问帮助企业分析其外部宏观环境的一种方法。其主要围绕政治（Politics）、经济（Economy）、社会（Society）和技术（Technology）四大类影响企业的外部环境因素进行系统分析，进而精准地判断宏观环境的现状及变化趋势，抢占先机或是规避风险，帮助企业做出正确的战略决策。

1. 什么是 PEST 分析？

"PEST"指四个维度：政治（Politics）、经济（Economy）、社会（Society）、技术（Technology）。

1）政治（P）

政治是指国家的制度、政策和法规等，具体的影响因素包括企业和政府的关系、环境保护法、外交状况、产业政策、专利法等。

政治环境对行业的影响是最大的，也是最宽泛和最不好把握的。对于政治环境的分析，不需要把所有相关的法律法规和政策都罗列出来，只需要关注对企业有较大影响的关键政策就可以了。例如，"一带一路"的税收补贴政策对很多企业来说就是个很大的利好，如果能对关键政策未来的演变做出一定预判，可以帮助企业抢占先机。

2）经济（E）

与政治环境相比，经济环境对企业生产经营的影响更直接、更具体。构成经济环境的关键战略要素包括GDP、利率水平、财政货币政策、通货膨胀、市场需求等。一般分为宏观、微观两个方面。宏观是国民收入、GDP、CPI等关键指标的变化，这些指标往往表征着国家经济发展的趋势，通过这些指标可以识别出当前经济周期是处于波峰还是波谷、上行还是下行，然后顺势而为，才能享有经济的红利。

微观经济环境主要指企业所处行业的周期情况，例如企业所在地区或所服务地区的消费者的收入水平、消费偏好、储蓄情况、就业程度等因素，这些因素直接决定着企业目前及未来的发展情况。例如，随着互联网流量成本的增加，各大电商的经营效益大不如前，这个时候，新零售又兴起了。

3）社会（S）

社会环境的分析是比较困难的，因为社会环境涵盖的内容非常广泛，包括人口规模、年龄结构、人口分布、种族结构以及收入分布等因素，很容易令人陷入琐碎和繁冗的罗列，建议对社会环境的分析聚焦在影响行业收入和成本的社会因素，然后采用拆解的思路逐项分析。

例如，分析企业收入的相关社会因素，就可以把收入拆分为价格乘以数量，进一步探讨社会因素如何影响行业内主要企业的产品或服务的价格和销售数量：价格方面分析社会因素如何影响行业产品的供需变化；销售数量关注潜在客户数量和渗透率水平。

4）技术（T）

科学技术是第一生产力。技术环境不仅包括那些引起革命性变化的发明，还包括与企业生产有关的新技术、新工艺、新材料等。大多数企业都能罗列出该领域内技术的发展趋势和路线，但技术环境分析的关键不在于罗列，而在于回答关键问题：众多技术中，什么技术对行业的发展至关重要？例如对电动汽车来说，其他零部件技术固然重要，但真正的核心是电池技术，因为它决定了续航里程。

技术创新是一项复杂而艰巨的工程，技术成果产业化也非一日之功，只有专业的科研院所，或部分实力雄厚的龙头企业才具备大规模研发投入的条件，但是技术革新的成果对行业的影响是深远的，甚至是颠覆性的，所以企业必须密切关注。

2. PEST 分析应用的基本思路

首先，要确定分析的目的，然后才能有侧重地从政治、经济、社会、技术等环境因素入手分析。例如我们要了解移动办公市场的发展潜力，有了这个目的我们才能去了解移动办公方面的政策、行业竞争现状等。

其次，找出各方面的影响因素。例如在分析社会环境时，就要找出人口因素、社会性、消费心理（从众、求异、攀比、求实）、生活方式变化、价值观、伦理道德等等。

再次，确定哪些因素对目标起重要作用。影响的因素很多，我们不能只是简单地罗列，要能够从中找出关键因素，并收集相关信息，研究这些因素。推荐大家到中国政府网站（http://www.gov.cn/index.html）了解新发布的政策和经济数据。

最后，对信息进行整理分析，得出最终结论。

在整个分析过程中还要注意：

● 留意国家的政策和监管。如果政府介入意味着行业开始规范，例如，政府非常支持新能源，拿资金、政策来鼓励新能源，所以新能源汽车行业开始飞速发展。

● 特殊经济环境可以让一个行业飞速发展。例如，2003 年的"非典"疫情推进了电商的蓬勃发展，京东/淘宝逐渐嗅到了机会；2020 年的新冠疫情同样改变了经济模式，使得在线办公、在线教育、远程协作相关行业逐渐发展，这些都是顺势而为的成功典例。

● 社会环境本质上是研究人的需求层次，要关注用户需求的变化。例如，现在大家已经摆脱了基础的温饱问题，如何提升生活的质量，满足精神层次的需求是目前社会环境中需要重点考虑的问题。

● 科技的进步会对行业的发展产生深远的影响。随着大数据、物联网、5G 等技术的兴起，各行各业都在发生巨大的变化，例如产品的销售就经历了从传统的线下零售到线上电商，再到当前火热的兴趣趋动时代。人类社会的发展史，就是一部科技史。

3. 小结

PEST 分析确实非常实用，但是许多人其实并没有真正搞明白它的用法，往往这种分析最后都会沦为一个烦琐且无效的情报收集和罗列工作。因此，应该将 PEST 分析与 SWOT 分析思维、波特五力分析思维结合起来使用，始终围绕研究目的进行分析，着力点在于分析 PEST 中各要素对于企业营收、战略等的影响。

第 24 问：什么是 SWOT 分析？

> 导读：SWOT 分析是互联网人最常用的分析方法之一，也是耳熟能详的一种思维，无论是做竞品分析，还是工作述职，抑或是商业、战略等分析，以这个模板为框架，对研究对象进行全面系统的梳理，在此基础上制定针对性的策略。

1. 什么是 SWOT 分析？

SWOT 分析又称态势分析，是一种通过分析对象内外部因素从而得出战略结论的分析方法。主要有四个维度：优势（Strengths）、劣势（Weaknesses）、机会

（Opportunities）、威胁（Threats）。核心在于通过对这四个维度的梳理，在不同的维度交叉下得出不同的结论和应对方案。

这四个维度分为外部因素和内部因素：**外部因素包括机会（Opportunities）和威胁（Threats）；内部因素包括优势（Strengths）和劣势（Weaknesses）。**

1）机会（O）

具体包括：新产品、新市场、新需求、外国市场壁垒解除、竞争对手失误等。例如市场趋势效应、产品互补环境、拉新渠道多元化、良性的竞争循环等，这些外部环境的机会往往具有不稳定性。企业如果想在其中寻找机会，需要具备极度敏锐的嗅觉，才能抓准时机，带领企业不断壮大。

2）威胁（T）

具体包括：新的竞争对手、市场紧缩、行业政策变化、经济衰退、突发事件等。例如市场压力逐渐增大、份额开始稀释、恶劣的竞争环境、行业内卷、新的竞争者加入、同业替代品增多、成本逐渐升高、顾客多元化需求无法被满足等，这些因素都需要企业结合实际情况做出合理的应对策略。

3）优势（S）

具体包括：有利的竞争态势、充足的财政来源、良好的企业形象、技术力量、产品质量、市场份额、成本优势、财务资源的充足保障、管理层的能力保障、市场上的业绩口碑、策略的远瞻和适应性等。

4）劣势（W）

具体包括：设备老化、管理混乱、研究开发落后、推广营销的能力不足、内部管理不佳、资金链断裂、成本过高等。例如市场竞争上的劣势、设备或产品老旧问题、思维陈旧、产品业务线狭窄、人员储备不足等。

2. SWOT 分析应用的基本思路

SWOT 分析成本较高，所以，需要严格按照分析的步骤，逐项拆解，去伪存真地分析出那些真正关键的因素，得到真正有价值的方案。基本思路如下：

（1）选择相应的分析范围，确定目标以及战略。

SWOT 分析从本质上讲是一种分析和洞察，而任何分析和洞察都是具有边界的，否则会陷入迷失而得不到可落地的结论。往往从痛点入手，确定分析目标，就可以围绕目标来进行分析了。

例如，刚入行数据分析的新人可能存在如下痛点：不知道如何规划自己的职业方向，不知道如何开展工作，不知道该学什么东西等，根据这些痛点的严重程度进行评估，可以决定先选择职业规划这个方向来进行 SWOT 分析的目标。

（2）梳理 SWOT 各项因素，并标记紧急程度。

接下来，可以开始梳理因素了，即优势（Strengths）、劣势（Weaknesses）、机会

（Opportunities）、威胁（Threats）。梳理的时候要注意优势和劣势是可以相互转换的，没必要考虑得那么严格，机会和威胁的评估是需要相对性分析的，不能完全靠主观臆断。

还是对数据分析新人进行分析，例如：

- 优势：PPT 能力、沟通汇报能力、思维能力等；
- 劣势：项目管理能力、业务能力、报告能力等；
- 机会：重点项目、可以和领导直接汇报等；
- 威胁：和各个团队的人脉不熟、项目的核心难点没有攻破等。

结合优势和劣势去进行思考：

- "我"现在所处的行业 / 领域发展潜力如何？
- "我"的专业技能在市场上是否有竞争力？
- 在这个岗位上再干 5 年或 10 年会是怎样？
- 外部环境有哪些对"我"有利的因素？
- "我"身上有哪些别人不具备的能力 / 技能？

在发现机会和威胁因素时，可以进行以下思考：

- 外部环境有哪些对"我"不利的因素？
- 现实中有哪些阻碍？
- 有哪些即使"我"不断提升和改进仍无法改变的环境因素？
- "我"的经验和技能是否足够？
- 行业 / 领域中有哪些阻碍"我"个人发展的因素？

以餐厅运营为例，还可以使用下图所示的表格进行分析。

	优势	弱点
	1. 使用当地新鲜食材 2. 主要提供日式料理，但也能视需要供应意式或法式料理 3. 建筑物落成至今一年，外观与内装都很新 4. 停车场很大 5. 许多客人由他人介绍而来	1. 开店至今不满一年，知名度不足 2. 缺乏吸引回头客的措施或制度 3. 翻台率过低 4. 离车站太远 5. 没有与所属集团的其他企业合作
机会 1. 店面所在位置不是住宅区，而是商业区 2. 周边有大学，也有许多婚宴会馆 3. 经常举办联谊活动 4. 正值日式料理流行 5. 简约婚宴可能成为未来的主流	1. 汇集使用当地食材制作的创意日式料理与丰富日式、西式饮料，让客人享受欢聚时刻 2. 继续在锁定新游客的当地刊物、优惠情报杂志上宣传 3. 通过举办活动吸引团体客人与新客人	1. 锁定本公司的客户与相关企业的客户进行促销活动，以期销售量与客户双双增加 2. 利用持续性的活动提升知名度
威胁 1. 婚宴会场合作的聚会增加 2. 接待文化式微 3. 人们的饮食习惯逐渐从外出用餐变为在家下厨 4. 低价位餐厅增多 5. 注重成本的客人逐渐转为在连锁店用餐	1. 营造让客人从白天待到晚上的环境 2. 将促销对象从团体客转为单独客 3. 增加店员接待客人时的沟通量	1. 推出以30～59岁主妇为客户群的新产品 2. 与集团企业合作，有效运用资源 3. 寄送纪念明信片等，彻底执行追踪客户策略 4. 强化结婚季的需求

（3）进行整体分析，组合各种策略方案。

考虑在不同组合下的可行性方案，例如：

- "优势＋机会"：在这种情形下，企业可以用自身内部优势撬起外部机会，最大限度地发挥优势。
- "劣势＋威胁"：自身的劣势能否快速弥补？如果不能，能否尽量规避这一劣势带来的威胁，充分发挥自身的优势，在某个细分赛道碾压对手。
- "劣势＋机会"：如果发现机会，但竞争处于劣势，这个时候需要加大内部投入，尽快促进劣势向优势转换，打造更多核心竞争力。
- "优势＋威胁"：在这种情形下，需要时刻警惕自己的优势地位，保证拥有核心的竞争力，应对外部环境的威胁，尽量做到少犯错。

（4）按照矩阵或类似的方式，进行优先级排序。

整合分析之后，我们已经得到了所有的该做的策略以及应该注意的地方。可以将分析出来的内容按照轻重缓急和影响程度进行排序，那些对公司发展有直接的、重要的、大量的、迫切的、久远的影响因素优先排出来，而那些次要的、间接的、少许的、不急的、短暂的影响因素排在后面。

（5）根据战略目标，进行评估，得出最终方案。

根据二八定律，选出最合理的、最可行的、最有价值的方案纳入执行计划里。要列出各个方案的价值和工作量情况，看看是否超出了我们的周期总工作量。总工作量超出的情况下，就要按照价值和紧急程度来进行取舍。

3. 小结

SWOT 分析运用了拆解思维、整合思维、结构化思维等，主要解决以下问题：

- 通过对内外机会劣势的列举，梳理问题的因素；
- 通过对各个因素的整体搭配，得出行动计划，即任务拆解；
- 考虑各个方案的效果和价值，得出优先级顺序。

SWOT 分析不只是一种数据分析方法，它也是一种很普适的思维架构，大到职业规划，小到求职应聘，它都可以帮助我们更清晰地认识自己和外部环境，而且这个过程是动态的，是不断定位问题、拆解问题、聚合策略、价值评估、落地执行的一个循环更新的闭环。

第 25 问：什么是逻辑树分析？

导读：数据分析工作中有很多复杂的业务问题，无法直观地分析出原因所在，需要抽丝剥茧、逐层拆解深入，才能挖掘出问题的症结所在。这个时候就需要用到逻辑树分析，逻辑树分析是数据分析中最基础的一种方法，常常与其他分析方法一起使用。

1. 什么是逻辑树分析?

逻辑树又称问题树、演绎树或分解树等。麦肯锡分析问题最常使用的工具就是"逻辑树"。逻辑树是将问题的所有子问题分层罗列,从最高层开始,逐步向下扩展。把一个已知问题当成树干,然后开始考虑这个问题和哪些相关问题或者子任务有关。每想到一点,就给这个问题(也就是树干)加一个"树枝",并标明这个"树枝"代表什么问题。一个大的"树枝"上可以有小的"树枝",以此类推,找出问题的所有关联项目。

逻辑树是所界定的问题与议题之间的纽带,它能在解决问题的小组内建立一种共识。逻辑树满足三个要素:

- 要素化:把相同问题总结归纳成要素,找出关键因素。
- 框架化:将各个要素组织成框架,遵守不重不漏的原则。
- 关联化:框架内的各要素保持必要的相互关系,简单而不孤立。

当面对一个复杂的问题时,逻辑树可以帮助我们厘清自己的思路,提供一个分析和思考的切入点,不进行重复和无关的思考。

2. 逻辑树分析应用的基本思路

第一步:确定需要解决的问题。

将原本模糊笼统的问题,确定为一个个具体的、单纯的问题。

第二步:分解问题。

将问题的各个结构拆分成一个个更细致的、互相独立的部分。

第三步:剔除次要问题。

针对各个部分依次进行分析,找出问题的关键点,剔除那些不重要的。

第四步:进行关键分析。

针对关键驱动点,集思广益找出解决问题的方案。

第五步:制订方案。

将思维过程转化为可执行的计划。

逻辑树分析法最经典的案例就是费米问题,在求职面试中,经常会考查下面这类问题:

- 上海有多少辆出租车?
- 全国有多少个加油站?
- 纽约一天有多少人穿红色衣服?

诸如此类的估算问题,被称为费米问题。一般人拿到费米问题这样的题目就会觉得已知条件太少,摸不着头脑,不知道怎么解决,干脆凭感觉瞎猜一个数字。这其实忽视了面试官考查这类问题的目的,他不是要你计算一个确定的数字,而是想考查你分析问题的思路。所以,你需要把自己的思路说出来。

我们来扩展一下费米问题的案例:某 CBD 有一家奶茶店,面积约为 40 平方米。请预估该门店每周的营业额。

基于上述逻辑树的 3 个要素，我们把这个问题逐层拆解，首先奶茶店产品以饮品为主，我们主要估算奶茶的销售额。

营业额 = 消费人数 × 平均消费金额（区分工作日和周末）。

消费人数 = 营业时间 × 单位时间消费人数（区分高峰时段和低峰时段）。

我们可以从需求端和供给端两个角度进行估算，整体思路如下：

1）从需求端估算

（1）每天多少人喝咖啡。

● CBD 一共有多少人；

● 喝咖啡的比例。

（2）每人每天喝几杯。

2）从供给端估算

（1）工作日供给。

● 忙时供给：

忙时每小时多少杯；

一天多少忙时。

● 闲时供给：

闲时每小时多少杯；

一天多少闲时。

（2）周末供给。

● 忙时供给：

忙时每小时多少杯；

一天多少忙时。

● 闲时供给：

闲时每小时多少杯；

一天多少闲时。

估算过程如下：

每天按照 12 小时营业时间计算，其中客流量大 4 小时，客流量小 8 小时（正常估）。

休息日平均营业额 ×4– 工作日平均营业额（正常估）。

工作日流量大的时候，每 3 分钟接待一人，人均消费 30 元（高估）。

一个店 40 平方米，假设 50% 的比例待客，那就是 20 平方米，可以站下 10 个人（低估）。

这样工作日高峰时间段每小时消费人数 = 60/3×10=20×10=200 人，非高峰时间段每小时消费人数估算为 60 人。

那工作日一天营业额 =4×200×30+8×60×30 = 38400 元。

一周营业额 = 38400 × 5 + 38400/4 × 2 = 211200 元。

3. 小结

通过上述一个费米问题估算的案例，直观地展示用逻辑树分析拆解问题，得出结论的过程。其实，对于很多业务问题，都可以用逻辑树分析解决，例如常见的 "DAU 下降问题" "支付转化率下降问题" 等，都可以用逻辑树完全穷尽、相互独立地梳理出影响因素，并逐个进行假设，通过逻辑树分析出原因之后，就可以根据分析的结果，制订具体的解决方案。

📖 第 26 问：什么是 "STP+4P" 分析？

> 导读：在考虑完公司的战略方向后，数据分析要了解业务，就要考虑具体的营销任务。没有一个产品是能卖给所有人的。通过 "STP+4P" 的营销策略即可做出市场的分析：你的目标受众是谁？你公司产品的定位是什么？等。

1. 什么是 "STP+4P" 分析？

STP 是市场细分（Segmentation）、目标市场（Targeting）和定位（Positioning）的缩写。

● 市场细分（Segmentation）

对市场进行划分，可以根据人口学数据划分，例如性别、年龄、学历、家庭结构（单身、新婚、小家庭或三代家庭等）、收入进行划分；可以根据生活方式划分，例如追求潮流、保守传统、崇尚天然、追逐高科技等；可以根据心理因素划分；等等。

● 目标市场（Targeting）

在细分完市场之后，就要为产品或者服务选择一个具体的细分市场。例如运动鞋的购买群体，可能是 "追求结实又有个性" 的中学生；可能是 "追求舒适厚底防水" 的老年人；可能是晨跑的上班族；可能是看重有设计感的刚毕业大学生；可能是追求新潮款式的打工年轻人。

● 定位（Positioning）

选好了细分的市场，产品（一个公司针对不同细分市场可以有多个子品牌）需要清楚的定位。定位有两层意思：一是确定该产品在市场中的位置；例如耐克、阿迪达斯、特步和 361°，它们在市场上的定位是不同的。另一个定位，是在消费者心中的定位，也就是在消费者心里，产品是在一个什么位置。

4P 就是教科书里的 "营销组合"，也是营销最基本的四个元素：产品、价格、渠道与宣传。以星巴克4P理论为例：

● *产品*（Product）

星巴克主打第三空间的"产品+服务"概念，不仅仅局限于卖咖啡，更像是售卖概念，并且在产品规格上也有很多选择。

● *价格*（Price）

星巴克在国外可能只是一个很寻常的咖啡店，为什么能够在国内形成风潮？这是因为早些年，没有奶茶只有饮料的消费者市场中，一杯咖啡卖到30元以上，算是都市白领的消费水平，星巴克也抓住了大家喜欢分享美好事物的心理，将空间、咖啡在视觉上做到大牌感，价格自然就上去了（如今星巴克的价格较某些网红茶便宜很多）。

● *渠道*（Place）

星巴克不仅在多个国家有门店，在中国更是不断地开店，而且线上也有售卖，开始了"线上+线下"的模式。

● *宣传*（Promotion）

星巴克主打线上营销，在消费者的心中将品牌故事和品牌价值不断深入，让他们成为星巴克品牌的忠诚用户，通过不断的品牌价值输出达到营销的效果。

可以说，"STP+4P"是营销策略分析框架，西方营销理论很多，如4C、4R、IMC、CRM等各种品牌营销理论都比"STP+4P"深刻、精辟，但"STP+4P"恰恰最受欢迎。因为"STP+4P"架构是一个"顺其自然"的架构，不用刻意去记忆。市场部、销售部、研发部都可以用"STP+4P"理论。

2. "STP+4P"应用的基本思路

STP是市场营销战略；4P是市场营销策略，是为了实现战略而实施的计划和执行。"STP+4P"应用的基本思路如下：

（1）进行市场分析，也就是市场细分（S），需要结合市场调研来完成，了解市场方面的具体需求有哪些。

（2）当细分出几个市场后，现在的问题在于选择哪些市场开展业务，即选择目标市场（T）。

（3）针对目标市场，确定提供什么解决方案，这就是市场定位（P）。

（4）有了以上这几个方面的划分，市场战略就会很清晰明了了。

（5）根据战略及市场定位，设计品牌产品及定价。

（6）确定如何实现交易的问题。

（7）确定渠道和传播推广方面的方案。

企业通过消费者洞察与市场调查，了解消费者有哪几类（市场细分，S），自己最有优势的是哪类消费者（目标市场选择，T），自己要在这类消费者大脑中占据什么方面"第一"（定位，P）。完成STP之后，企业以独占目标消费者大脑中的目标位置为出发点和目标，消费者制造产品与品牌价值（4P 之产品与价格）、提供产品与品牌价值（4P 之渠道）、传播产品与品牌价值（4P 之宣传）。

特别说明，国内多数市场营销教科书将 4P 中的"Promotion"翻译为"促销"与"销售促进"是错误的，因为"促销"本身只是 Promotion 的一个组成部分，而"销售促进"则不包含传播品牌价值。

3. 小结

通过"STP+4P"的结合，依次细分市场、选择目标市场、确定定位，接着塑造产品价值、制定价格、选择合理渠道及合理营销方式。

第 27 问：什么是波士顿矩阵分析？

> 导读：波士顿矩阵（BGG Matrix）又称市场增长率 - 相对市场份额矩阵、产品系列结构管理法等，是一种非常经典的象限分析方法，由美国著名的管理学家、波士顿咨询公司创始人布鲁斯·亨德森于 1970 年提出。

1. 什么是波士顿矩阵？

波士顿矩阵认为，绝对产品结构的主要因素有两个，分别是市场引力和企业实力。

● 市场引力包括"整个市场的销售增长率""竞争对手强弱""利润高低"等。其中"销售增长率"是决定企业产品结构是否合理的"外在因素"，它是反映市场引力的综合指标。

● 企业实力包括"市场占有率""技术、设备、资金利用能力"等，其中"市场占有率"是决定企业产品结构的"内在要素"，它直接显示出企业竞争实力。

通过以上两个因素相互作用，会出现四种不同性质的产品类型，对应不同的产品发展前景，如下图所示。

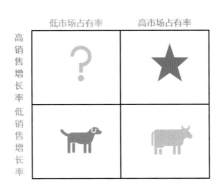

1）明星产品：销售增长率和市场占有率"双高"的产品
位于该象限的产品，由于它们具有较高的市场份额和较高的增长率，因此具有很高

的收入增长潜力。它们的开发成本可能很高，但由于产品生命周期较长，因此值得花钱进行促销。如果成功，当类别成熟时（假设它们保持相对的市场份额），明星产品将成为摇钱树。

战略选择：纵向整合、横向整合、市场渗透、市场开发、产品开发。

2）瘦狗产品：销售增长率和市场占有率"双低"的产品

由于市场份额低，这些产品面临成本劣势，因此它们可能会产生足够的现金以达到收支平衡，但是很少值得投资，因此获得市场份额的机会更少（经济规模低：很难获利）。它们位于产品生命周期的下降阶段，因此，公司应优化其当前的运营，砍掉所有非增值的产品和功能，使瘦狗产品数量减至最少，以产生正现金流。

战略选择：裁员、剥离、清算。

3）问题产品：销售增长率高、市场占有率低的产品

大多数企业起初都是问题产品，它们需要巨大的投资来获取或保护市场份额。问题产品有可能成为明星产品，最终成为摇钱树，但也有可能成为瘦狗产品而被淘汰。对于问题产品，投资应多一些，否则可能产生负现金流。

战略选择：市场渗透、市场开发、产品开发、资产剥离。

4）金牛产品：销售增长率低、市场占有率高的产品

该类产品通过投入尽可能少的成本来产生利润，因此需要对其进行管理以获取持续的利润和现金流。金牛产品需要保持强大的市场地位并捍卫市场份额。公司应充分利用金牛产品的销售量及业务规模来支持其他业务。

战略选择：产品开发、多元化。

波士顿矩阵分析用来确定业务发展方向以保证企业收益，核心在于要解决如何使企业的产品品种及其结构适合市场需求的变化，关键是如何协助企业分析与评估其现有产品线，利用企业现有资金进行产品的有效配置与开发。

2. 波士顿矩阵分析应用的基本思路

1）明确对象

波士顿矩阵可用于分析业务部门、品牌、产品或公司等不同粒度的商业单元，所以首先要定义好研究的对象——是要优化业务部门架构还是产品结构，否则会影响整个分析。

2）定义市场

错误地定义市场可能导致产品分类不佳。例如，如果我们在乘用车市场中对戴姆勒的梅赛德斯·奔驰汽车品牌进行分析，它最终会变成一个"瘦狗产品"（它持有的相对市场份额不到20%），但实际上它在豪华车市场上却是"金牛产品"。因此，准确定义市场是更好地了解现状的重要先决条件。

3）计算市场占有率

市场占有率可以分为绝对市场占有率和相对市场占有率，绝对市场占有率是公司产

品销售额占整个市场销售额的比例，相对市场占有率是指公司产品销售额与同类产品领头公司的销售额的比例。

绝对市场占有率 = 今年的产品销售额 / 整个行业的销售额。

相对市场占有率 = 今年的产品销售额 / 今年的领头公司的销售额。

确定横坐标"市场占有率"的一个分界线，从而将"相对市场占有率"划分为高、低两个区域。需要考虑的情况较多，一种比较简单的方法是，高市场占有率意味着该项业务是所在行业的领导者的市场份额，基本在顶端的位置。当然，如果本企业是市场领导者时，这里的"最大竞争对手"就是行业内排行第二的企业。

4）计算销售增长率

这一指标用来表示业务发展前景，可以用本企业的产品销售额增长率，时间可以是一年或三年乃至更长时间。销售增长率通常由以下公式给出：

销售增长率 = （今年产品的销售额 − 去年产品的销售额）/ 去年产品的销售额。

例如，今年产品销售额为 300 万元，去年产品的销售额为 200 万元，则销售增长率为（300-200）/200=50%。

确定销售增长率的分界线，进而把销售增长率划分为高、低，主要有以下两种方法：

（1）把该行业的平均销售增长率作为分界线；

（2）把多种产品的销售增长率（加权）平均值作为分界线。

需要说明的是，高市场增长定义为销售额至少达到 10% 的年增长率（剔除通货膨胀因素）。

5）在矩阵上绘制圆

计算完上述指标后，现在只需要在矩阵上绘制品牌即可。x 轴显示市场占有率，y 轴显示销售增长率。给每个产品绘制一个圆，通过圆所处的象限位置即可判断产品所属的类型。

现在，我们基于以上基本步骤，以欧莱雅为例，通过波士顿矩阵分析欧莱雅的业务构成，进而促进业务组成优化和整体增长。

（1）选择产品 / 公司 / 品牌。

选择欧莱雅公司进行分析。

（2）确定市场。

选择的市场是化妆品行业，主要类别包括护肤、彩妆、护发、染发和香水。

（3）计算相对市场占有率。

对欧莱雅各类别计算其相对市场占有率，其中选取各个类别下的头部竞争对手进行计算，如下表所示。

欧莱雅类别	市场份额	头部竞争对手	头部竞争对手份额	相对市场占有率
护肤	316亿美元	联合利华	240亿美元	129%
彩妆	271亿美元	宝洁	275亿美元	98.50%
护发	215亿美元	联合利华	634亿美元	33.90%
染发	90亿美元	汉高	60亿美元	150%
香水	320亿美元	香奈儿	351亿美元	91%

（4）计算销售增长率。

2020 年化妆品行业的整体增长率 4.8%，欧莱雅各产品的销售增长率如下表所示。

欧莱雅类别	今年市场份额	去年市场份额	销售增长率
护肤	316亿美元	296亿美元	6.50%
彩妆	271亿美元	252亿美元	7.14%
护发	215亿美元	208亿美元	3.10%
染发	90亿美元	83亿美元	8%
香水	320亿美元	312亿美元	2.50%

（5）绘制波士顿矩阵。

根据以上的计算，绘制波士顿矩阵，如下图所示。

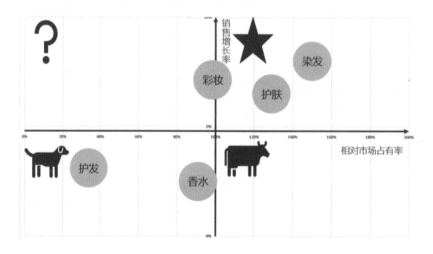

3. 小结

波士顿矩阵有助于对各公司的业务投资组合提供一些解释，如果同其他分析方法一起使用会产生非常有益的效果。通过波士顿矩阵可以检查企业各个业务单元的经营情况，通过挤"现金牛"的"奶"来资助企业的"明星"，检查有问题的产品，并确定是否卖掉"瘦狗"。它是一种简单易操作的分析思维，能够快速地帮助公司梳理产品的组成，进而优化资源分配，实现更高的盈利。

第 28 问：什么是 5W2H 分析？

> 导读：5W2H 是指 Why（何故）、What（何事）、Where（何地）、When（何时）、Who（何人）、How（何法）、How much（多少），5W2H 是对目标计划进行分解和决策的思维框架，它对要解决的问题进行完整的刻画，以便清晰地界定问题并找到解决方案。

1. 5W2H 相关维度

1）5W 的内容

① Why——何故：为什么会发生？可能的原因是什么？为什么要这么做？

② What——何事：问题是什么？目的是什么？

③ Where——何地：问题在哪里发生？从哪里入手？

④ When——何时：问题在何时发生？目标在什么时间完成？

⑤ Who——何人：问题发生在哪些人身上？由谁来承担负责？

2）2H 的内容

① How——何法：怎么做？如何解决问题？如何提高效率？

② How much——多少：做到什么程度？数量如何？质量如何？投产比如何？

2. 5W2H 分析应用的基本思路

1）帮助提出问题

提出疑问对于发现问题和解决问题是极其重要的。善于解决问题的人，都具有善于提问题的能力，提出一个好的问题，就意味着问题解决了一半。那么怎么才能提出好问题呢？

例如发明者在设计新产品时，常常会问自己：

- 为什么要做（Why）？
- 做什么产品（What）？
- 给何人做（Who）？
- 用户何时用（When）？
- 用户在哪里用（Where）？
- 产品怎么做（How）？
- 做的成本是多少（How much）？

这就构成了 5W2H 的思路框架。回答了这些问题，产品就已经成功了一半。

相反，实际工作中，很多人对问题不敏感，看不出问题所在，这与平时不善于提问有密切关系。对一个问题刨根问底，才有可能发现新的知识。所以从根本上说，解决问题首先要学会发现问题，而 5W2H 就是一种发现问题、提出问题的完整的框架。

2）帮助梳理业务流程

梳理业务流程是一个复杂的过程，需要以实际的业务场景为基础获取业务信息，然后抽象出一个以参与对象为节点的业务流程。这类流程使用 5W2H 梳理起来就非常清晰直观。

（1）Who：用户，整个业务流程中所有涉及的相关人员。

需要注意的是，这里的用户不只是客户、商家，可能还会涉及平台侧的服务人员。而且，对于 B 端产品，客户、商家可能不仅仅是单一角色，可能还会涉及多个角色，如业务人员、行政人员、财务人员等。

（2）What：目标，即用户需要完成哪些事。

这里需要按照前后流程列出用户需要完成的关键动作。针对 To C 电商类产品，有发布商品、选择商品、购买商品、处理订单、配送货品、接收货品等。针对 To B 类产品，有发布需求、对接需求、签署合同、支付货款、履约交付等。

（3）Why：原因，了解用户为什么需要完成目标。

这涉及流程是否可以优化和调整，是否可以从流程上进行节点删除。我们知道，在流程中每增加一个节点，用户流失的可能就会增加，需要分析现有场景中各节点的必要性，把无关的节点尽可能删减，在流程完整的基础上，尽可能保证流程的简洁。

（4）Where：地点，用户会在什么场景完成目标。

场景是提供给用户完成目标的入口，如行政人员的办公地点多在办公室内，工作环境多数通过计算机操作完成，如果仅提供移动端产品则不符合场景。

（5）When：时间，用户会在什么时间完成目标。

时间可能影响提供给用户完成目标的交互设计等，例如，如果是工作中用到的产品，用户完成目标可能由于本职工作需要，提供的信息需要尽可能详细，甚至对信息的真实性、来源等都有所考虑。另外，在视觉设计环节，夜晚和白天使用的页面设计是不同的，例如高德地图在夜间就有夜间导航模式。

（6）How：如何完成目标，用户如何完成目标。

这个过程需要了解当前场景下用户是如何操作、处理的，需要特别注意用户习惯，在后续的设计中最好是契合用户习惯或仅做细微调整，若无强制政策要求，最好不要逆用户习惯而行。

（7）How much：用户完成目标所需要花费的成本代价。

这是打动用户的一个很重要的方面。如果可以把收费升级为免费，把货真价实变成物超所值，或者在等价值的基础上给用户更多更好的体验，这将是产品的杀手锏。

3）帮助定位分析问题

很多时候，我们遇到一个问题无从下手，不知道问题究竟是什么，导致问题的原因是什么，应该怎么去应对解决。这个时候，我们可以借助 5W2H 的思维框架厘清这些要素，进而帮助我们描述问题现状，探索问题原因，制订应对方案。

① What：何事？出现了什么问题？这里的问题最好是客观可量化的，避免主观臆断导致的判断错误。

② When：何时？在什么时候发生的？问题发生的时间往往也是问题出现的关键因素。

③ Where：何地？在哪里发生的？这里的地点可以是实际的地理位置，也可以是特定的场景。

④ Who：何人？哪些人出现了问题？问题可能只影响到部分群体，明确群体的特点有助于定位问题产生的原因。

⑤ Why：何故？为什么会出现这个问题？对问题发生的原因进行假设猜想，在明确上面几个问题的基础上可以做出猜想并验证，定位问题的原因。

⑥ How：何法？明确上面的问题和原因后，要制订什么样的方案去解决和避免此类问题。

⑦ How Much：多少？做到什么程度？任何问题的解决都需要成本，我们要评估方案的投入产出比，确定要把问题解决到什么程度。

3. 小结

5W2H 分析法简单方便，易于理解使用，富有启发意义，是一套科学完整的分析框架，广泛用于企业管理和技术活动，对于决策和执行性的活动措施也非常有帮助，有助于弥补考虑问题的疏漏。

但是，在实际应用过程中可能会遇到各种各样的业务场景，针对不同的业务场景，虽然整体的思路是一样的，但分析的维度就需要根据不同的产品形态和业务特性来调整。

2.4　产品分析方法

"产品分析"是产品决策的重要支撑并评估用户喜好产品功能程度，因此做好产品分析十分重要。产品就是满足用户需求、解决用户问题的一个载体，是一系列功能的集合。思维是思考问题的方式，不同的人思考问题的方式有所不同。产品思维是一种解决问题的综合思维，是进一步把问题解决方案产品化的过程。其中，解决问题和问题解决方案产品化，这两个点是要站在产品的角度去思考问题，结合自身拥有的资源，对产品进行最大效益化，最大化利用身边的资源去做出最好的产品，以满足用户的需求。

🖊 第 29 问：什么是生命周期分析？

> 导读：任何事物的发展都有一定的过程，到了某个特定的时间节点，就会出现某种"周期性"的规律，称为"生命周期"。生命周期思维在数据分析中也有很多经典的运用。以"产品生命周期"为例，系统地介绍生命周期分析，了解生命周期不同阶段的特点及关键策略。

1. 什么是生命周期分析？

生命周期分析，即通过对产品或业务的不同阶段进行划分，理解各个阶段的特点和策略侧重，因地制宜、因时制宜地使用正确的发展策略。一个典型的生命周期要经历 5 个阶段——研发期、引入期、成长期、成熟期及衰退期。我们要做的就是想办法提高研发和引入阶段的效率，加速成长的步伐，延长成熟周期，减缓衰退的进程。

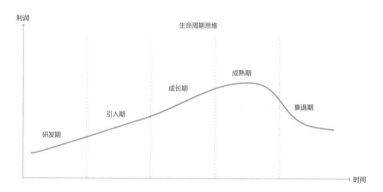

准确来说，任何一个新产品从开始进入市场到被市场淘汰的各阶段的产品特点如下表所示。

生命周期各阶段中产品特点					
	研发期	引入期	成长期	成熟期	衰退期
顾客	创新用户	种子用户	早期重要用户	晚期重要用户	忠实用户
价格	—	高	较高	下降	看实际情况
利润率	—	低或无	最高	下降	看实际情况
风险	高	高	较高	较低	低
竞争者	少	少	增多	最多	减少
投资需求	大	大	适中	少	少或无

1）研发期

该阶段是指产品引进市场之前的研发阶段，即公司引入投资者，设计产品、开发原型、测试产品有效性，并制定营销策略以及战略规划的过程。这个阶段需要大量的市场需求调研，并确定产品的卖点。

需要关注的数据指标：

研发技术指标和核心用户特征，例如 bug 数量、响应率、服务期承载量、核心用户群的特征（用户的性别比例、年龄、使用时间段、设备类型等）、关键行为（单次使用时长、使用页面数量等）等。

2）引入期

该阶段是指产品投入市场，开始建立产品认知，并接触到潜在客户，销量通常较低，需求建立速度也较为缓慢。此时需要快速迭代去寻找产品的核心方向，在小范围的市场投放以进行产品验证。这个阶段要考虑"产品能否解决用户痛点"以及"用户体验到底如何"等问题。

需要关注的数据指标：

产品上市后的用户反馈数据，例如通过用户回访和问卷的方式调研用户对产品是否满意，是否愿意再次购买，是否会推荐给朋友或亲人购买，认为产品还有哪些地方需要改进，等等。

3）成长期

该阶段产品已经比较成熟，市场不断扩大，用户体量和营收快速增长，竞争者们也逐渐进入市场。企业利润增长速度逐步减慢，最后达到生命周期利润的最高点。这个阶段要重点关注产品的核心功能和核心竞争力，快速提升流量和品牌力进行变现，并保证产品走在正确的方向，不能与业务脱节。

需要关注的数据指标：

用户和营收增长相关数据，例如新增用户数、获客成本、增长率、转化率、GMV、DAU、留存率、活跃率、新增活跃比等关键指标，通过这些数据来最大化增长的 ROI。

4）成熟期

该阶段产品开始大批量生产并稳定地进入市场销售，经过成长期之后，随着购买人数增多，产品开始到达利润最高点。但产品用户增长也已步入平缓期，目标市场已被基本占领，市场需求趋向饱和，研发成本增加，竞争环境加剧。

这个阶段要重点关注核心功能的优化与新的兴奋点寻找，在进行商业变现实现盈利的同时，找到新的增长点。成熟期是产品商业化的重要阶段，要提升用户终身价值，因此要将关注的重点放到利润规模上。重心开始从拉新、促活、提留存逐渐转向降低流失、用户召回、用户价值挖掘上，延长用户生命周期。

需要关注的数据指标：

用户的活跃度以及营收相关数据。如销量、利润、付费转化率、用户终身价值、复购率等。

5）衰退期

由于市面上新产品或替代品出现导致用户转向其他产品，用户量开始衰退，产品进入衰退阶段。产品的销量和利润持续下降，竞争力不足，随后渐渐停止维护，开始走向死亡。

这个阶段，产品即将退出市场，产品的生命周期即将结束。这时要做好存量用户的维护和转移，转移到其他的产品或者流量池中。

需要关注的数据指标：

流失相关数据，主要是沉默唤醒、流失召回，尽一切努力延缓衰减速度，并找到新的增长点。不同的产品需要关注的数据指标是不同的，产品的不同生命周期关注的数据指标也是不同的，要根据产品本身的特点和产品的生命周期阶段有侧重地选择数据指标进行关注，保证当前战略的精准性和针对性。

2. 不同生命周期策略

仅仅认识到产品所处阶段以及对应的数据指标是不够的，如何在不同的生命周期中制定针对性的策略，帮助产品更好地成长发展，才是核心价值所在。

1）研发期策略

这个阶段的主要目标：迅速完成原型，快速开发，做好产品测试，保证用户体验。通常有以下几种策略可供选择：

- 进行市场调研，找到用户痛点，做好功能分析，准备好市场推广前的工作。
- 选取少量种子用户进行体验，并且投入宣传费用提前造势，而不是等到产品上市才有所行动。

2）引入期策略

这个阶段的主要目标：做好"用户教育"，不断提升产品体验。同时，由于产品知名度低，销量低成本高，需要大量的促销费用进行产品宣传，使市场尽快接受产品，更快地进入成长期。通常有以下几种策略可供选择：

- 采用高价格、高促销费用策略。可在单位销售额中获取最大利润，目的是尽快收回投资，高促销费用能够快速建立知名度，占领市场。
- 采用高价格、低促销费用策略。目的是以尽可能低的费用开支求得更多的利润。
- 采用低价格、高促销费用策略。目的在于先发制人，以最快的速度打入市场，取得尽可能大的市场占有率。然后再随着销量和产量的扩大，使单位成本降低，取得规模效益。
- 采用低价格、低促销费用策略。低价可扩大销售，低促销费用可降低营销成本，增加利润。

3）成长期策略

这个阶段的主要目标：应对竞争对手的挑战，对产品进行功能、性能增强，通过产品差异化吸引客户，维持乃至拓展市场占有率。通常有以下几种策略可供选择：

- 提升产品品质：如增加新功能，开发新的款式、型号，优化已有功能等。
- 寻找新的细分市场：找到新的尚未满足的细分市场，迅速进入这一新市场。

● 改变市场营销重点：把重心从介绍产品转到建立产品形象上来，以品牌力量维系老顾客、吸引新顾客。

4）成熟期策略

这个阶段的主要目标：采取主动出击的策略，应对异常激烈的竞争环境，使成熟期延长，或使产品生命周期出现再循环，实现商业化。通常有以下几种策略可供选择：

● 产品功能优化。通过产品自身的调整来满足顾客的不同需要，吸引有不同需求的顾客。产品整体概念的任何一层次的调整都可视为产品再推出。

● 营销策略调整。即通过对产品、定价、渠道、促销四个市场营销组合因素加以综合调整，刺激销售量的回升。常用的方法包括降价、提高促销水平、扩展分销渠道和提高服务质量等。

5）衰退期策略

这个阶段的主要目标：延长产品生命周期，减缓衰退进程，在此期间找到第二增长曲线。通常有以下几种策略可供选择：

● 集中策略。把已有资源集中在最有利润的细分市场和分销渠道上，从中获取利润。这样有利于缩短产品退出市场的时间，同时又能为企业创造更多的利润。

● 寻找第二增长曲线。做好老用户的维系和流失用户的召回，并同时拓展其他的赛道，开发新产品，并将之前的用户导入新产品，找到新的增长点。

3. 小结

生命周期是业务发展过程中一个很重要的概念，它拉长视线从整体审视整个业务，清晰地描绘了各个阶段业务的特点，以及需要着重进行的策略。这种分析思维对不同行业不同产品都适用，大家可以仿照上面的架构建立各自业务的生命周期分析体系。在实际场景中，生命周期的整体目标是最快占领市场、延长最大盈利周期、提高产品寿命、减缓衰退进程。

📖 第 30 问：什么是 AB 测试分析？

> 导读：在工作中，尤其是在很多的互联网大厂里面，经常使用 AB 测试来验证一个功能最终是否会被上线，AB 测试也是数据分析面试中经常会出现的一个考点，所以 AB 测试的重要性不言而喻。

1. AB 测试原理简介

1）什么是 AB 测试分析？

AB 测试分析其实来源于假设检验，假设现在有两个随机均匀的样本组 A、B，对组

A 做出某种改动，试验结束后分析两组用户行为数据，通过显著性检验，判断这个改动对于我们所关注的核心指标是否有显著的影响。

在试验中，我们的假设检验如下：

原假设 H0：这项改动不会对核心指标有显著的影响。

备选假设 H1：这项改动会对核心指标有显著的影响。

如果我们在做完试验之后，需要通过显著性检验来判断是否接受原假设，可以通过 P 值来判断。P 值的具体含义这里不做过多展开，可以简单理解为，P 值越小拒绝原假设理由越充分。如果 P 值足够小（小于 0.05 或 0.01），就推翻原假设，证明这项改动会对我们所关注的核心指标产生显著影响；否则就接受原假设，认为该改动未产生显著影响。简单来讲，AB 测试其实就是随机均匀样本组的对照试验。这就是 AB 测试的原理。

2）AB 测试的一般流程

AB 测试会涉及产品、开发、数据部门，流程较长，环节较复杂，对于很多还没有真正工作，或者没有切实接触过 AB 测试的读者来说，实施起来可能有一定的难度，但是一般来说主要有以下几个步骤：

（1）一般在开始试验之前，需要和相关的产品或者项目经理确定这个试验所要验证的改动点是什么。

（2）在确认改动点之后，数据分析师需要设计试验中所需要观测的一些核心指标，例如点击率、转化率等。

（3）核心指标确定之后，下一步就是计算试验所需的最少样本量，试验样本越大，结果越可信，对用户的不良影响就越大。所以需要计算能够显著地证明策略有效的最少样本量。

（4）结合目前的日均活跃的用户量，计算试验持续的时间周期。

（5）在计算完所需样本量之后，就要设计流量分割策略，根据试验需要对样本量进行分流分层，保证样本的随机和均匀分布，避免出现辛普森悖论。

（6）以上准备工作就绪，就需要和产品经理以及开发人员确认可以开始试验。一般在上线正式试验之前，会通过小流量去看一段时间的灰度试验。这个灰度试验的目的就是验证我们这个改动并不会造成什么特别极端的影响。

（7）在灰度试验之后就会正式发布，等到试验周期结束，对试验的结果进行显著性检验。

以上就是 AB 测试中所采用的一套常规流程。

2. 样本量

AB 测试样本量的选取基于大数定律和中心极限定理。在计算样本量之前，我们先大致了解一下大数定律和中心极限定理。

（1）大数定律：当试验条件不变时，随机试验重复多次以后，随机事件的频率近似等于随机事件的概率。

（2）中心极限定理：对独立同分布且有相同期望和方差的 n 个随机变量，当样本量很大时，样本的均值近似服从标准正态分布 $N(0,1)$。

简单来说，就是只要样本量足够大，样本就能够代表整体的表现。这个足够大到底是多大呢？每一个试验组所需的样本量计算公式如下所示。

$$N = \frac{(Z_{1-\frac{\alpha}{2}}+Z_{1-\beta})^2 \times \sigma^2}{\delta^2} \approx \frac{8\sigma^2}{\delta^2}$$

一般情况下：

置信水平：$\alpha = 0.05$，$Z_{1-\frac{\alpha}{2}} = 1.96$

统计功效：$\beta = 0.2$，$Z_{1-\beta} = 0.84$

σ 为样本标准差，δ 为组间预期差值

在这个公式当中：

- σ 代表的是样本数据的标准差，衡量的是整体样本数据的波动性，可以计算样本的标准差。
- δ 代表的是预期试验组和对照组两组数据的差值，例如说期望点击率从 20% 提升到 25%，那么 δ 就是 5%。
- α 和 β 就是我们在统计学当中所经常提到的，犯第一类错误的概率和第二类错误的概率。

其中：

α 为犯第一类错误的概率，把没有犯第一类错误的概率 $1-\alpha$ 称为置信水平。一般情况下，α 取值为 0.05。

β 为犯第二类错误的概率，把统计功效定义为 $1-\beta$，一般情况下，β 取值 0.2，则统计功效的取值为 0.8。

当观测的指标为绝对值类型 / 比率型指标时，样本的标准差的计算公式有所差异。

当观测指标为绝对值类指标时：

$$\sigma^2 = \frac{2 \times \sum_1^n (x_i - \bar{x})^2}{n-1}$$

其中：n 为样本数量；x 为样本均值。

当观测指标为比率类指标时：

$$\sigma^2 = P_A(1 - P_A) + P_B(1 - P_B)$$

其中：P_A、P_B 分别为对照组和试验组的观测数据。举个例子，我们希望点击率从 20% 提升到 25%，那么 P_A=20%，P_B=25%，δ=5%。

如果上面的公式觉得不好理解，那我们就举两个例子计算一下。

例 1：绝对值指标。

某商品详情页平均停留时长的标准差是 20 秒，优化了商品详情页后，预估至少有 5 秒的绝对提升，AB 测试每个组需要的最少样本量：

$$\sigma=20，\delta=5$$

每个组所需的最少样本量：

$$8 \times 20 \times 20 / （5 \times 5）=128$$

例 2：比率类指标。

某商品详情页点击率为 20%，优化了该功能后，预期点击率提升到 25%，AB 测试每个组需要的最少样本量：

$$对照组 P_A=20\%，试验组 P_B=25\%$$

每个组所需的最少样本量：

$$8 \times [20\% \times （1-20\%）+25\% \times （1-25\%）] / （25\%-20\%）^2=1112$$

计算出单个试验组所需的样本量，若有多个试验组，乘以试验组的个数就可以得到最终的样本量。

公式虽然明白怎么算了，但不想手算怎么办？我们有现成的工具可以直接使用！

推荐一个比较常见且好用的在线计算工具 Evans awesome AB Tools，它的界面如下图所示。

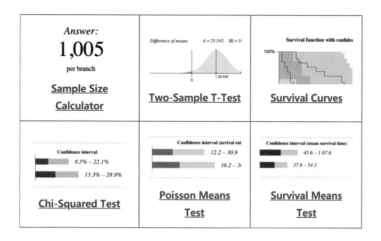

工具都已经设计好了，我们需要在这个工具当中理解所提到的一些关键指标，对应的是我们刚才所说的哪些指标。

第一个需要我们确定的是 baseline conversion rate，指的是在开始试验之前，对照组本身真实的表现情况，如果说我们在这个试验当中想要去观测的是点击率变化，那么 baseline conversion rate 就是原来的点击率，即前面提到的 P_A。

第二个需要确定的是 minimum detectable effect，指的就是改动预期带来的提升，举之前的例子，我们希望通过优化，将点击率从 20% 提升到 25%，那么这个绝对（absolute）提升是 5%（25%-20%），如果选择相对（relative）提升，就是 25%[（25%-20%）/20%]，这个对应的就是前面提到的 δ。

除了这两个参数之外，还有就是 significance level，也就是我们所说的显著性水平，这个就对应前面的第一类错误的概率，也就是 α，一般为 5%。还有 statistical power，也就是我们前面所说的统计功效，statistical power 一般用 $1-\beta$ 来表示，这里的话也就是 80%，和之前保持一致。

Evans awesome AB Tools 工具不仅可以计算 AB 测试的样本量，还可以用于 AB 测试结果的显著性分析验证，以及卡方检验、T 检验、方差分析等，应有尽有，从样本量计算到结果验证，一个工具就搞定了！我们后面的结果验证就是用这个工具进行的。

3. 小结

AB 测试最核心的原理就四个字：假设检验，即检验我们提出的假设是否正确。对应到 AB 测试中，就是检验试验组与对照组的指标是否有显著差异。

数据分析是为了取得落地结果，需要不断做出行之有效的策略。为了找到这些策略，就需要不断地提出假设和验证假设。AB 测试作为衡量迭代改进是否有效果的重要手段，已经是各公司必备的数据决策手段。

第 31 问：什么是竞品分析？

> 导读：知己知彼，方能百战不殆，小到个人的职业发展计划，大到企业的战略规划，竞争对手的分析都是必不可少的。在业务分析领域，同样需要了解竞品的商业模式、营销渠道等，并进行对比、剖析，最终找到合适的赛道，在竞争中占得先机，这个过程就是竞品分析。

1. 什么是竞品分析？

竞品分析，即对竞争对手的产品进行全方位、多维度的分析梳理，帮助识别自身与竞品的优劣势，找到产品增长的机会点 / 改进点，扬长补短，并警惕市场环境的变化，帮助公司在日益激烈的竞争环境中找到最适合切入的方向，或者做出预判性的布局。

竞品分析的意义如下图所示。

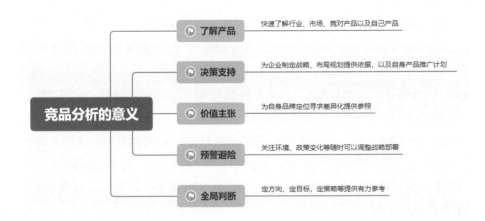

2. 竞品分析应用的基本思路。

1）明确分析目标

明确竞品分析的目标。竞品分析的目标不同，侧重点就有所区别。例如，如果要提高销售额，那就要围绕营销策略等内容进行重点分析，结合自身产品的客群特点，改良营销方式，提高营销效率。再例如，如果想确定是否可以切入某个领域，那可以找几个重点竞品做一个较为完整的横向对比，通过研究市场体量、竞争态势、产品差异性等方面内容，预判行业发展趋势，从而决定是否切入。

2）筛选竞品

选择竞品之前，首先要了解竞品的分类：直接竞品、间接竞品、替代品、参照品。然后还要以分析目的为核心进行筛选。竞品的选择不是越多越好，而是要选择合适的，做深度分析，分析出有价值的信息。

3）确定分析维度

竞品分析是一项很系统的工作，分析之前要构思好从哪些方面、哪些角度去分析。例如：

- **产品层面**：从产品定位、功能、技术、体验等维度进行分析，找出产品的优势和不足，进而确立核心竞争力和优化方向。
- **用户层面**：从产品用户的画像特征上进行分析，找出和竞品用户群的不同之处，分析原因和可能拓展的用户细化用户群。
- **营销运营层面**：从营销和运营的角度来看，对比竞对的营销和运营模式的差异，取其精华，结合自身业务特点，找到适合自己的营销和运营策略。

4）收集竞品信息

通过网上查找和调研等方式可以获取竞品信息。如官方渠道公开资料、第三方竞品平台、用户调研、互联网行业指数等。

收集相关信息有以下几种渠道，可供参考：

- 行业网站，咨询公司的行业报告，行业里的大 V 或者"牛人"的微博、博客、公众号，甚至还有知乎中关于相关行业的提问和回答。
- 通过各行业社群了解行业整体概况，通过"打入竞品的用户社群"去了解特定竞品。
- 用户访谈等环节中，与用户进行沟通与交流，一定要注意适度看待用户对产品的看法，与用户聊产品体验的同时，不要忘了问问他们是否使用过其他同类产品，有什么样的体验和感受。
- 长期使用竞争对手产品，关注对方员工的微博、微信、公众号、知乎账号等。这类信息通常会透露出竞争对手未来的发展方向及业务发展情况，官方论坛和公告板里有用户的声音、竞争对手的反馈方式、解决方案等。
- 与行业有关的专业书籍、杂志等。
- 互联网行业指数：百度指数、友盟指数、ASO100、易观千帆、爱盈利、艾瑞咨询等。

5）确认分析方法

信息收集完成后，需要对其进行筛选、分类、剔除、评级等，得到有效信息，并对有效信息进行分析。

不同的分析目标，需要选择不同的分析方法，常见的竞品分析方法有精益画布、用户体验要素分析法、比较法、四象限分析法、PEST 分析、波特五力模型、SWOT 分析等。

6）输出分析结果

根据上述信息以及分析，得出客观的结论，并对这些结论进行解读，从产品改善、市场发展、公司策略等方面，给出相应的、可执行的、全面的建议方案或者报告。

需要注意的是，市场竞争异常激烈，刷数据的情况并不少见，数据的采集、结论的推断必须谨慎，必要时要从多个角度进行交叉验证。另外，对于数据、观点的描述，要尽量客观公正，避免主观判断而影响决策。

3. 小结

竞品分析最终目的还是决策支持，但在产品的不同生命周期，用户对产品的认知程度是不同的，对应的，竞品选择策略也是不一样的。因此，任何人给出的框架都只是分析思路，要根据不同的目的灵活选择分析的侧重点。了解竞品只是一个开端，深挖竞对深层的业务特点，落实在业务决策中才有意义！

2.5 用户分析方法

用户分析，即要搞清楚用户，知道谁是真正的用户，谁是真正的付费购买者，如此才能想方法站在用户的立场去思考，以用户的角度去审视业务背后的每一次交易、每一次行动，来理解业务本身的逻辑和商业背景，有助于数据分析结果的落地。在数据分析领域，具备用户思维至关重要。

第 32 问：什么是用户画像分析？

> 导读：用户画像，是大数据时代老生常谈的话题。公司都在搞，文章满天飞，在这个人人都喊"数据驱动业务"的时代，不搞用户画像，你都不好意思跟别人聊业务。但很多人可能搞错了一点，那就是用户画像是业务，不是技术！用户画像一定来源于业务，并且最终落地到业务。一切不以需求为出发点的用户画像，都是不切实际的。所以，本问我们就来讲一讲如何做出能落地的用户画像。

1. 什么是用户画像？

用户画像是指根据用户的基本属性、用户偏好、生活习惯、用户行为等信息抽象出来的标签化用户模型。每一个标签及标签权重是表征用户偏好的一个向量，一个用户可以理解为多个偏好向量（标签）的和。简单地说，用户画像是基于你在互联网上留下的种种数据，将这些数据在你知情或者不知情的时候，通过数据加工，产生一个个刻画你兴趣偏好的标签组，这就是用户画像。

用户画像之所以如此火热，是因为其在很多场景都有广泛的应用，例如：

● 用户分层运营：这是用户画像最常用的场景，通过用户画像的标签，筛选出不同的用户群，通过推送或弹窗配置平台，对不同的用户群实现精细化运营。

- 自动化触达：分层越精细，用户群的粒度会越小，最后会小到一个个体。我们针对每个个体去做推送或者弹屏，运营效率还是太低了。基于用户画像的自动化触达就发挥了作用。
- 个性化推荐：以用户画像为基础构建推荐系统、搜索引擎、广告投放系统，可以有效提升转化率。
- 用户统计与行业研究：根据用户的属性、行为特征对用户进行分类后，统计不同特征下的用量、分布，分析不同用户画像群体的分布特征和走势等。

2. 用户画像怎么才能落地？

刚开始做用户画像的时候，业务部门说："我们要基于用户画像，详细深入地了解用户，例如用户性别、年龄、地域、喜好、消费习惯等，这样我们就能精细化决策了。"然后数据部门辛辛苦苦搞了几个月，打了 30000 个用户标签，还得意地跟领导汇报："我们的用户画像大数据建设取得长足进步。"

然后项目第一期汇报会上，数据部门讲道：

我们的用户男女比例为 6：4；

华南地区占比 30%；

华东地区购买 A 产品占比 50%；

……

业务部门反问道：

我早知道了！

我们的用户都是这样的呀！

然后呢？

你做这有什么用？

……

当然还有更惨的：

你给某个用户贴个"忠诚用户"的标签，业务方说："哦，既然那么忠诚，就不做啥动作了。"结果这个用户下个月不消费也不登录了！

你给某个用户贴了"A 产品爱用者"的标签，业务方推了 A 产品，但用户却没有买。业务方怒气冲冲找你来算账："这用户画像一点都不精准嘛！"

问题到底出在哪里呢？就是没有了解业务的需求。业务方想吃个简单的酸辣土豆丝，你跟业务方扯佛跳墙的 108 道工艺；或者虽然你了解了业务方的需求，但是这个标签打得不准，业务方要的是酸辣土豆丝，不是青椒土豆丝……

用户画像能落地，以下几个步骤尤为关键。

（1）明确业务需求。

第一步也是最为关键的一步，一定要搞清楚业务方的需求是什么？要解决的问题是什么?

在规划用户画像时,一定要有目的性和场景感,不能只做表面文章,而不重视实际应用价值。再次强调:不是因为我有了用户画像,才能驱动和提高业务。而是业务有需求,才需要去建立用户画像!

举个例子:一个内容型社区近期准备上线一个知识付费模块,通过该模式进行商业变现,想通过用户画像将精准的内容推荐给精准的人,进而促进付费变现。基于此,可以把业务目标和要解决的问题进行梳理,如下图所示。

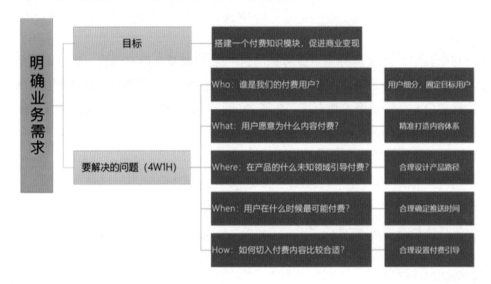

（2）标签选择与计算。

需要选择哪些标签?为什么要选择这些标签?其他的标签为什么不可以?选择标签有哪些误区?

我们都知道有用户基础属性的标签,也有用户的各种行为标签,我们需要在这个大的框架下不断细分完善标签体系。但是为什么要选择这些标签,例如用户的购买行为标签中,为什么选择新、老用户这个标签呢?因为我们的店铺针对未消费的新用户会有新人红包进行引导消费,所以要区分新、老用户。对于老用户,我们为什么要选择最近一次购买时间、购买频次和交易金额作为标签呢?因为可以通过 RFM 对用户价值进行分层,进而进行精细化运营。

① 标签选择。

不同业务的画像,标签体系并不相同,需要我们针对性地提炼出来。有一种比较简易的方式是可以先找出一些通用类画像标签,然后再根据实际场景和需求补充业务类画像标签。这样得到的标签体系会相对比较完整,也能够随业务变动及时调整优化。

通用类用户画像标签体系如下图所示。

用户画像标签体系（通用）

基础属性	地理位置	设备属性	社会属性	兴趣偏好	消费属性
性别	国家	设备品牌	婚姻状况	购物消费	消费水平
年龄	省份	语言	家庭性质	金融理财	消费频率
生日	城市	机型	职业属性	社交聊天	品类偏好
学历	常住地	价位段	基本收入	影音娱乐	商业兴趣
		操作系统	房产车产	运动健康	

业务类用户画像标签体系如下图所示（以某电商公司为例）。

业务类画像标签体系（电商）

基础属性	位置信息	设备属性	社会属性	消费属性
性别	国家	设备品牌	婚姻状况	消费水平
年龄	省份	语言	教育程度	消费频率
生日	城市	机型	职业属性	品类偏好
体重	常住地	价位段	基本收入	消费时段
身高	出差地	操作系统	房产车产	商业兴趣

按照以上的框架将用户画像信息标签化，能更好地根据实际需求去获取相关的用户画像数据。需要注意的是，产品用户画像的分析并不是要用到所有的标签数据，并且越是完整的标签体系，落地越是困难。而且，更大的难度在于如何精准描述用户特征。因为只有用户特征描述越精准，我们得到的用户画像才会越清晰，在实际应用过程中的帮助越大。所以如何精确计算出用户的标签的权重就成为重中之重。

② 标签计算。

用户在不同标签上的偏好是通过权重来反映的，权重越高，说明用户在该标签上的偏好越强，反之亦然。而且，这个权重会随着时间变化而变化，标签权重的计算主要通过 TF-IDF 算法。

a. TF-IDF 算法思想。

用户标签权重，是由该标签对用户本身的重要性（TF-IDF 权重）与该标签在业务上对用户的重要性（业务权重）两者共同决定的，即：

$$用户标签权重 = 业务权重 \times TF\text{-}IDF 权重$$

TF-IDF 权重是通过 TF-IDF 计算得到的，业务权重是通过用户对标签的行为来决定的，即：

$$业务权重 = 行为类型权重 \times 行为次数 \times 时间衰减$$

b. 含义阐释。

用户对一个标签的重要程度，会用不同行为来表达，不同的行为有不同的难度，例如：对于电商用户的行为难度来说，支付→收藏加购→分享→浏览→点击。不同行为就会有不同的权重，行为越难代表越喜欢，权重越高，同理行为次数越多也代表越喜欢。

标签对这个用户来说越稀有代表越喜欢，喜欢程度会随着时间的增加而逐渐降低，通过业务权重公式计算标签权重。

c. 行为类型权重。

浏览、点击、搜索、收藏、分享、下单、购买等不同行为对用户而言有不同重要性，一般根据业务经验或者使用层次分析法定义一个基本行为的权重。

d. 行为次数。

行为次数表示每一种行为的次数。

e. 时间衰减。

时间衰减是指用户的行为会随着时间的流逝，用户偏好不断减弱。在建立与时间衰减相关的函数时，可套用牛顿冷却定律模型。

牛顿冷却定律：较热物体的温度 $F(t)$ 是随着时间 t 的增长而呈现指数型衰减，其温度衰减公式为：

$$F(t) = T \times \exp(-\alpha \times t)$$

其中：T 为初始温度；

α 为衰减常数即冷却系数，是自己定义的数值，一般通过回归可计算得出；t 为时间间隔。

f. 举例。

用户"小美"对于标签"口红"的权重计算：假设我们之前定义冷却系数 $\alpha=0.16$，基于业务经验或通过层次分析法假设行为类型权重：点击（0.1）、浏览（0.2）、分享（0.5）、收藏加购（0.6）、支付（0.9）。

小美的每日行为表如下所示。

2022-05-01：

行为	点击	浏览	分享	收藏加购	支付
次数	2	2	1	3	1
权重	2*0.1	2*0.2	1*0.5	3*0.6	1*0.9

2022-05-02：

行为	点击	浏览	分享	收藏加购	支付
次数	1	1	1	2	0
权重	1*0.1	1*0.2	1*0.5	2*0.6	0*0.9

2022-05-03：

行为	点击	浏览	分享	收藏加购	支付
次数	0	0	0	0	0
权重	0*0.1	0*0.2	0*0.5	0*0.6	0*0.9

小美对标签"口红"每天的权重：

2021-05-01：

$$2\times0.1+2\times0.2+3\times0.6+1\times0.5+1\times0.9=3.8$$

2021-05-02：

$$3.8\times\exp（-\alpha\times1）+1\times0.1+1\times0.2+2\times0.6+1\times0.5+0=5.06$$

2021-05-03：

$$5.06\times\exp（-\alpha\times1）=4.32$$

g. 用户画像迭代。

在初步形成了用户画像后，并不能直接交给运营、业务人员使用，还需要评估用户画像的准确性，然后不断迭代用户画像，以获得更加精准的用户画像。

评估方式主要分为 3 种：逻辑验证、AB 测试、用户回访。

逻辑验证：也叫作交叉验证，在完整的用户画像标签体系中，一些标签往往会存在一些相关性，例如用户的累计在线时长越长，订单量通常会越高；例如购买 3C 产品的用户群中，男性用户数通常大于女性用户数。另外，如果公司购买了第三方机构的数据，也可用于交叉验证。

AB 测试：也叫作灰度测试，以上述的忠诚度为例，保证对照组、试验组的流量相同，对试验组的用户，进行提升忠诚度的运营策略（促销活动、积分奖励等），如果试验组的用户，忠诚度相比对照组用户有一定提升，则可以认为用户画像比较精确。

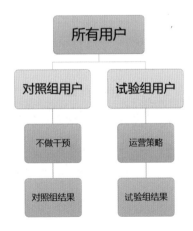

用户回访：最朴实的评估方法，例如用户画像系统，定义了 10 万用户为低忠诚度用户，此时从中随机抽取 1000 人，交给客服，进行回访。根据回访结果，判断用户画像结果是否准确，甚至可以对回访结果进行文本挖掘，形成词云，查看消极词的占比。

3. 小结

本文阐述了什么是用户画像，以及如何做出能落地的用户画像，在具体实现层面，我们重点介绍了如何选择合适的标签，并通过案例介绍了标签权重的计算，有了标签及权重，就能够很好地刻画用户在某一方面的偏好，实现用户信息标签化。

最后，希望大家在做用户画像的时候能多从业务出发，想清楚为什么要做、怎么做远比做本身更重要，只有这样，才能做出落地且有价值的用户画像，发挥用户画像真正的价值。

第 33 问：什么是漏斗分析？

> 导读：漏斗是一种上宽下窄的容器，这种特殊的构造与业务流程非常相似，我们知道，业务都是有先后流程的，从业务流程起点开始到最后目标完成的每个环节都会存在着用户流失，会造成前面流程用户多、后面流程用户少的情况，因此，我们需要一种分析方法来衡量业务流程每一步的转化效率和用户流失情况，这种分析方法就是我们接下来要讲的漏斗分析。

1. 什么是漏斗分析？

漏斗分析模型已经广泛应用于网站和 App 用户行为分析中，在流量监控、产品目标转化等日常数据运营与数据分析工作中也有广泛的应用。漏斗分析最常用的是转化率和流失率两个互补型指标，流失率 =1- 转化率。用一个简单的例子来说明，假如有 100 人访问某网站，有 30 人点击注册，有 10 人注册成功。这个过程共有三步：第一步到第二步的转化率为 30%，流失率为 70%；第二步到第三步转化率为 33%，流失率为 67%；整个过程的转化率为 10%，流失率为 90%。该过程就是经典的漏斗模型，如下图所示。

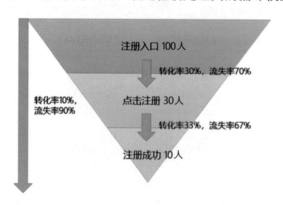

因此，漏斗分析是基于业务流程的一种数据分析方法，也就是说一定是存在着业务的前因后果、前后关联的，它能够科学反映用户行为状态，以及从起点到终点各阶段用

户转化情况，进而定位用户流失的环节和原因。

在实际业务中，每个业务都有独特的流程，也就有对应的漏斗模型，笔者团队对常见的漏斗模型进行分类总结，主要有以下几种：

1）AARRR 用户漏斗模型

大名鼎鼎的 AARRR 模型，是用户增长和用户生命周期管理最常用的漏斗模型，从用户生命周期的各阶段入手，包括 Acquisition（用户获取）、Activation（用户激活）、Retention（用户留存）、Revenue（用户产生收入）、Refer（自传播）。通过判断哪个阶段的用户存在问题，进而对问题阶段的用户进行细分、精细化运营，完成用户向成熟用户和付费用户的引导，最终实现用户增长，如下图所示。

2）电商漏斗模型

在电商领域，用户从进入平台到完成支付的完整路径是一个经典的业务漏斗模型，计算每一个环节的转化有助于我们定位业务问题环节，进而分析问题原因，是人（是否是商品的潜在用户？）、货（商品是否有热销？）、场（产品功能、体验如何？）哪个方面出现了问题，然后进行针对性的优化，如下图所示。

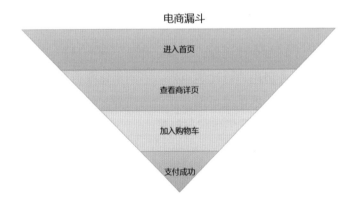

3）AIDMA 模型

AIDMA 模型是消费者行为学领域很成熟的理论模型之一，由美国广告学家 E.S. 刘易斯在 1898 年提出。该理论认为，消费者从接触到信息到最后达成购买，会经历 5 个阶段：注意 → 兴趣 → 欲望 → 记忆 → 行动（购买），消费者从不知情者变为被动了解者再变为主动了解者，最后变为主动购买者，如下图所示。

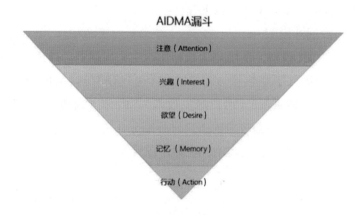

2. 漏斗分析应用的基本思路

上面介绍了各种业务场景下常见的漏斗模型，那么在实际的数据分析工作中，具体应用的过程和步骤是怎样的呢？会带来什么样的价值呢？漏斗分析的步骤大致分为以下3步：

（1）快速定位问题环节。

产品设计初期我们都会有个预设的用户使用路径，也就对应着一个预期的漏斗，但用户实际使用产品的路径可能与预期不同，分析用户实际的漏斗数据可以真实地反映用户的行为路径，进而发现用户是否按照我们预期设计的路径使用产品，帮助我们优化用户路径，提升用户体验。

更重要的是，漏斗分析还可以帮我们定位用户流失严重的环节，针对性地下钻分析可以找到可优化点，进而提升用户留存。

（2）多维度切分分析问题原因。

整体的漏斗模型能反映业务各环节的现状，定位具体的问题环节，帮助我们知其然，但是为什么会在某个环节出现问题，就是知其所以然的过程，需要从各个维度对漏斗模型进行切分，例如新注册用户对比老用户、不同渠道来源的用户、不同终端的用户的各自漏斗模型，通过对比不同维度下漏斗模型的差异，可以帮助我们发现问题可能出现在某个细分的用户之中，帮助我们定位问题原因。

（3）监控漏斗转化趋势进行优化。

我们还可以在时间维度上监控漏斗模型各个环节的转化率，整体上把控业务的变化趋势。近期上线的新功能或开展的运营活动可能都会导致漏斗模型各环节的转化率发生明显的变化。如果转化率变好，我们要看效果能否持续，类似的动作可否复制到其他模块，如果转化率变坏，是否这个变动导致的，后面是否可以避免。所有的这些改动的效果验证我们可以通过 AB 测试进行，通过 AB 测试对各环节进行优化，然后看各环节转化率是否有明显提高，进而完成整体转化率的提升。

现在，用一个案例来阐述漏斗分析在实际业务中的应用。

某社区团购 App，为了吸引用户注册，开展了一个新用户注册即送 100 元代金券的活动，用户可以扫描二维码进入活动页，设置了一个"进入注册页→开始注册→提交验证码→注册成功"注册流程，通过数据分析发现，第二步到第三步的转化率较低，很多用户在该环节流失，进而导致最后注册成功的用户数大幅减少，定位到问题环节是在"开始注册"→"提交验证码"环节。

问题现状是如此，到底是什么原因导致了用户在这个环节大量流失？下面做一些假设：

- 是否与用户使用的手机机型有关？不同机型的漏斗模型是否有明显差异？
- 是否与手机平台有关？ Android 和 iOS 用户在这个环节是否有差异？
- 是否与手机浏览器有关？不同浏览器在进行验证时是否有漏洞？

……

以上假设就是从不同的维度去拆解这个问题，然后看在各个维度下用户的转化漏斗如何。分析发现，Safari 浏览器的用户注册数和注册转化率较其他浏览器低很多，对比每一步转化，发现第一步到第二步的转化率和其他并无明显差异，而第二步到第三步的转化率非常低，大部分用户没有提交验证码，而是直接离开了页面，测试发现 Safari 浏览器确实会存在获取验证码失败的问题，用户获取不到验证码就会放弃注册，研发部门针对此问题进行解决后，该浏览器下的注册转化率明显提升。

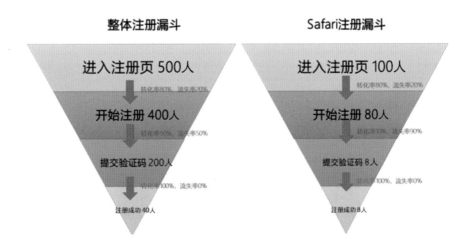

3. 小结

漏斗分析的常规用法是从整体分析原因，定位问题发生环节，从各个可能的细分维度再次分析漏斗，分析为什么会发生这个问题，定位问题原因，进而推进问题环节优化。从定位问题到分析问题再到解决问题，完成漏斗分析的整个过程。

第 34 问：什么是 RFM 用户分层分析？

> 导读：随着互联网流量红利的逐渐消失，之前粗放的用户运营已经难以为继，越来越多的公司开始意识到，只靠烧钱圈用户、养用户成本太高，因为不是所有的用户都需要重点投入，"金主"一定要好好维护，"潜力股"一定要加大投入、挖掘价值，而"羊毛党"永远都是应该严防的对象，这就是所谓的精细化运营，钱要花在刀刃上，要为业务的核心用户服务。

1. RFM 原理

RFM 最早产生于电商领域，根据客户的交易数据衡量客户的价值，对客户进行细分。衡量客户价值的三个维度为 R（Recency，交易间隔）、F（Frequency，交易频度）、M（Monetary，交易金额）。三个维度分别对应着客户的黏性、忠诚度和贡献。

指标	解释	意义
R（交易间隔）	客户最近一次交易距今的时间间隔	R越大，表示客户越久没有发生交易
F（交易频次）	客户在最近一段时间内的交易次数	F越大，表示客户交易越频繁
M（交易额度）	客户在最近一段时间内的交易金额	M越大，表示客户价值越高

下图是一张经典的 RFM 客户细分模型图，R 分值、F 分值和 M 分值三个指标构成了一个三维立方图，在各自维度上，根据得分值又可以分为高、低两个分类，分别用 1 或 0 表示（需要注意的是：R 分值高对应的最近一次交易距今的时间间隔短），最终对 3 个指标进行组合，构成了 8 大客户群体。

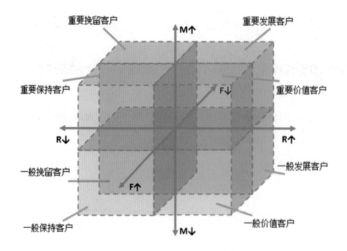

对每个用户群体进行定性分析，并针对每个不同的客户群制定对应的策略。例如 R、F、M 分值高的客户为重要价值客户，R、F、M 三个分值都低的客户为潜在客户。针对每个类型的客户，对应的策略如下图所示。

R分值	F分值	M分值	RFM分值	用户类型	对应策略
高	高	高	111	**重要价值客户**	RFM 分值都很高。优质客户，需要保持。
高	高	低	110	**一般价值客户**	交易次数大，且最近有交易，需要挖掘。
高	低	高	101	**重要发展客户**	交易金额大贡献度高，且最近有交易，需要重点识别。
高	低	低	100	**一般发展客户**	最近有交易。接触的新客户，有推广价值。
低	高	高	011	**重要保持客户**	交易金额多、交易频次高，但最近无交易，需要唤回。
低	高	低	010	**一般保持客户**	交易次数多，但是贡献不大，一般维持。
低	低	高	001	**重要挽留客户**	交易金额大，潜在的有价值客户，需要挽留。
低	低	低	000	**一般挽留客户**	RFM 值均低过平均值，最近也没再购买，相当于流失。

2. RFM 应用的基本思路

RFM 的原理并不复杂，下面就用一个实际的案例讲解如何应用 RFM 进行用户分层。整体来说，RFM 模型实施需要下图所示的几个关键的步骤。

1）数据准备

我们有如下图所示的客户购买明细数据，记录了包括付款时间、付款金额、订单状态的订单信息。我们将基于每个用户的历史订单信息进行 RFM 计算，进而进行用户分层。

	卖家名称	买家ID	付款时间	订单状态	付款金额	支付邮费	省份	城市	购买数量
0	数据分析星球	A11358	2021-01-01 00:17:59	交易成功	465	6	上海	上海市	1
1	数据分析星球	A11187	2021-01-01 00:59:54	交易成功	363	0	广东省	广州市	1
2	数据分析星球	A13204	2021-01-01 07:48:48	交易成功	485	8	山东省	东营市	1
3	数据分析星球	A12018	2021-01-01 09:15:49	退款成功	210	0	江苏省	镇江市	1
4	数据分析星球	A12855	2021-01-01 09:59:33	退款成功	185	0	上海	上海市	1

2）计算 R、F、M 值

首先我们基于上面的明细数据计算每个用户的 R、F、M 值。

R（Recency，交易间隔）：每个客户最近一次购买距今（2021.07.01）的间隔天数。

F（Frequency，交易频度）：每个客户的总购买次数。

M（Monetary，交易金额）：每个客户的总购买金额。

基于上面的定义，首先计算出每个用户的最近一次购买时间，如下图所示。

	买家ID	最近一次购买时间
0	A10000	2021-06-16 04:21:04
1	A10001	2021-04-03 23:30:11
2	A10002	2021-05-08 23:34:37
3	A10003	2021-05-24 15:20:28
4	A10004	2021-06-06 15:14:20

然后再计算出最近一次购买距今（2021.07.01）的时间间隔，也就是 R，如下图所示。

	买家ID	最近一次购买时间	R
0	A10000	2021-06-16 04:21:04	14
1	A10001	2021-04-03 23:30:11	88
2	A10002	2021-05-08 23:34:37	53
3	A10003	2021-05-24 15:20:28	37
4	A10004	2021-06-06 15:14:20	24

用户的总购买次数 F 即总的订单数，总购买金额 M 即付款金额的汇总，计算完成后，再和 R 汇总到一起，如下图所示。

	买家ID	R	F	M
0	A10000	14	2	340
1	A10001	88	1	123
2	A10002	53	1	578
3	A10003	37	2	516
4	A10004	24	5	1834

3）计算 R、F、M 的分值

R、F、M 的实际值已经计算完成，但由于量纲不同，难以在一起进行对比，所以，一般情况下，我们会分别对 R、F、M 的实际值进行分组打分，将实际值映射为 1 ～ 5 的数字，这个数字即 R、F、M 的分值，分值越高，说明在这一个维度上表现越好。

对每个客户，根据 R、F、M 的实际值计算的 R、F、M 分值如下图所示。

	买家ID	R	F	M	R-SCORE	F-SCORE	M-SCORE
0	A10000	14	2	340	5	2	2
1	A10001	88	1	123	3	1	2
2	A10002	53	1	578	3	1	3
3	A10003	37	2	516	3	2	3
4	A10004	24	5	1834	4	5	5

4）用户分层

计算好每个客户的 R、F、M 分值后，我们需要对每个分值进行判断，判断其是否大于均值，大于则置为 1，反之置为 0。如下图所示。

	买家ID	R	F	M	R-SCORE	F-SCORE	M-SCORE	R是否大于均值	F是否大于均值	M是否大于均值
0	A10000	14	2	340	5	2	2	1	0	0
1	A10001	88	1	123	3	1	2	0	0	0
2	A10002	53	1	578	3	1	3	0	0	0
3	A10003	37	2	516	3	2	3	0	0	0
4	A10004	24	5	1834	4	5	5	1	1	1

最终，根据 R、F、M 分值是否大于均值，得到每个用户的标签，如 100 代表该用户 R 分值大于均值，但 F、M 分值均小于均值，该用户在近期有过购买，但是购买的频次不高，且购买的金额不多，说明该用户是一个"一般发展用户"。按照此逻辑，将每个用户的标签和所属的用户类型计算，如下图所示。

	买家ID	R	F	M	R-SCORE	F-SCORE	M-SCORE	R是否大于均值	F是否大于均值	M是否大于均值	分类标签	用户类型
0	A10000	14	2	340	5	2	2	1	0	0	100	一般发展客户
1	A10001	88	1	123	3	1	2	0	0	0	000	一般挽留客户
2	A10002	53	1	578	3	1	3	0	0	0	000	一般挽留客户
3	A10003	37	2	516	3	2	3	0	0	0	000	一般挽留客户
4	A10004	24	5	1834	4	5	5	1	1	1	111	重要价值客户

进行完用户分层后，需要对用户的组成现状进行分析，以判断用户组成是否健康。我们对每个用户类型的用户数占比统计如下图所示，分析发现，虽然重要价值客户和重要保持客户的比例较高，占整体用户比例约 46%，即"金主"类的客户不少，但潜在客户的占比最高为 27%，仍然有很多潜在客户即将流失，问题依然严峻。

	用户类型	用户数	用户占比
0	一般挽留客户	2546	27.07%
1	重要价值客户	2499	26.57%
2	重要保持客户	1887	20.06%
3	一般发展客户	987	10.49%
4	一般价值客户	458	4.87%
5	一般保持客户	444	4.72%
6	重要挽留客户	380	4.04%
7	重要发展客户	205	2.18%

进一步，我们分析不同类别的消费金额贡献，为了更加直观，我们使用帕累托图进行展示。通过帕累托图可以发现，重要价值客户和重要保持客户贡献了接近 80% 的销售额，这两类用户占整体比例约 46%，占比较高，如果按照二八原则，该部分用户的价值可以进一步深挖，提高该部分用户的销售额贡献。

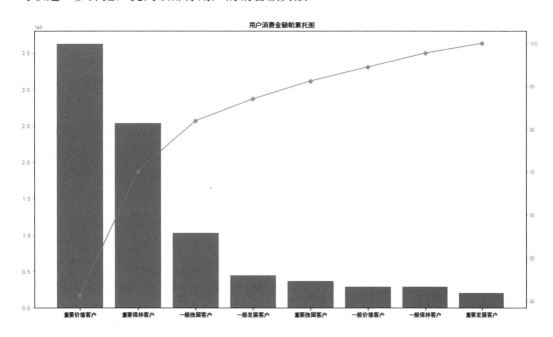

用户消费金额帕累托图

3. 小结

在互联网红利退去的今天，精细化运营已经迫在眉睫。精细化运营讲究的是千人千面，第一步就是要把用户进行分类，然后针对性制定运营策略。RFM 因其原理简单、贴近业务且非常容易实现，已经成为一种常见且好用的用户分层方法，是我们做用户分层时必须掌握的方法之一。

第 35 问：什么是同期群分析？

> 导读：产品从初期到后期的成熟稳定，产品形态和商业模式都是在不断迭代的，前后用户体验的差异是巨大的；在产品发布初期的种子用户和后续买量带来的用户，在用户质量上的差异也是很大的。所以，我们要将用户按照同期性构成一个群组，比较不同的同期群在生命周期内的变化，以此分析产品的变化。这就要用到同期群分析。

1. 什么是同期群分析？

同期群是一种划分用户群的方法，就是将用户按首次行为的发生时间划分为不同群组（即同期群），进而对同期群进行分析，常用于产品迭代、运营策略的效果评估。

这里有个关键词——"首次行为"。为什么是首次行为？因为首次行为意味着用户有相同的产品使用背景，对应着相同的用户生命周期，也就是"同期"。另外，首次体验的好坏直接影响到后续的行为，例如留存。所以，一般情况下是通过用户的首次行为进行划分。（如果对指标定义不清楚，可以回顾第 4 问，查看留存相关指标定义。）

我们通过一个例子进一步理解同期群。对于某个 App，定义首次行为为"首次登录"。1 月份首次登录有 1000 人，其中只有 3% 的人第二天还在继续登录，即次日留存率仅为 3%。

经过对产品功能的优化迭代，2 月份首次登录用户有 2000 人，次日留存率提升到 15%。

在这个例子里，1 月份和 2 月份首次登录的两个人群就是同期群，因为它们都是首次登录的人群，只不过一个是优化前，一个是优化后，通过这两个人群的对比我们发现：1 月份优化前，这个产品非常糟，次日留存率相当低，2 月份优化后，次日留存率得到了大幅提升。

所谓同期群分析，就是将用户按首次行为的发生时间划分为不同的同期群后：

● 对某个群组的用户进行横向比较，可以看出群体在时间上的表现变化。下图中例子表明：从首次行为开始，随着时间的推移，后面坚持使用的用户越来越少（如 2022 年 5 月 27 日，有 10 人注册，第二天有 8 人活跃，但到第三天仅剩 6 人活跃），而且每个群组都有类似的规律。

● 对不同群组的用户进行纵向比较，可以看出是否随着优化迭代，新用户的表现越来越好了，从而验证业务迭代是否取得了效果。下图中，在不同的同期群组之间，用户在每个月的留存率并没有看到明显的变化趋势。

时间	初始用户	留存用户					
		第2天	第3天	第4天	第5天	第6天	第7天
2022-05-29	9 100%	-	-	-	-	-	-
2022-05-28	13 100%	10 78%	-	-	-	-	-
2022-05-27	10 100%	8 80%	6 60%	-	-	-	-
2022-05-26	6 100%	5 80%	5 80%	5 80%	-	-	-
2022-05-25	14 100%	77 87%	11 87%	6 36%	13 86%	-	-
2022-05-24	9 100%	8 89%	6 73%	5 64%	5 64%	5 64%	-
2022-05-23	10 100%	7 70%	7 70%	6 60%	4 44%	8 78%	7 67%

2. 同期群分析应用的基本思路

上面已经介绍了什么是同期群和同期群分析，那要怎么进行同期群分析呢？

同期群分析最常用的场景是用户留存分析，对应的工具是用户留存表，也就是类似前面例子中的表格。在用户留存分析中，可以将用户的行为分为：

● 首次行为：如"首次打开应用""成功注册""第一次购买"。

● 留存行为：可以是用户的任意一种行为，或某个特定的行为（如"购买""创作内容"）；通过将用户按首次行为的发生时间分组得到同期群，然后再统计首次行为时间后，不同时段内留存行为的发生与否，制成表格就得到了用户留存表。

我们以某社区团购 App 为例，介绍如何进行同期群分析。我们定义用户的首次行为是"第一次购买"，留存行为是"再次购买"，按照上面的思路制成用户留存表，如下图所示。

基于同期群分析，横向上，随着时间推移，可以看到每个月的新增用户在以后各个月的留存情况，发现 2021 年 6—8 月购买的用户，第二个月回购的概率在 62% 左右，随后依次递减，最终稳定在 30% 左右。

纵向上，对比不同月份新增和留存情况，很容易发现，从 2021 年 9 月开始，虽然新增购买用户数增长明显，但次月留存率急剧下滑，9—10 月的次月留存率仅为 15%。

了解业务的动作后得知，从 2021 年 9 月开始，该 App 上线了"新客户一分钱蔬菜尝鲜"的活动。短期来看，效果立竿见影，注册用户激增，很多都来蹭优惠。但是这些都是"羊毛党"，活动一结束，下个月就不来购买了，导致新用户增长明显，但是留存率却很低。

某社区团购App用户同期群分析						
首次购买月份	新购买用户	1月后	2月后	3月后	4月后	5月后
2021年6月	776	62%	38%	36%	31%	29%
2021年7月	600	61%	44%	37%	34%	
2021年8月	678	63%	42%	32%		
2021年9月	1760	19%	10%			
2021年10月	1464	15%				

注：上述百分比为留存率

3. 小结

如果没有同期群分析，我们只看每月新增用户，会发现 9 月、10 月新增用户增长明显，好像是一片繁荣景象，但用户留存实际上是在变差的，忽略了这一点，很容易对真实的业务现状产生误判，更不用说提出什么精准有效的业务建议了。

而有了同期群横纵向的对比，我们就知道哪些同期群留存更好，并尝试分析原因。例如，我们是上线了新的产品功能？还是优化了用户体验？还是我们在哪一天发起了一场促销或者优惠活动？如果追踪到原因，我们可以将这些成功的策略复用于其他用户，来提高用户的留存率。所以，同期群分析是帮助我们评估产品和运营迭代效果的重要手段，也是提高用户留存的关键方法之一。

第3章
工具技术

工欲善其事，必先利其器。虽然我们一直在强调数据分析重在业务和分析思维，但巧妇难为无米之炊，没有工具的辅助是无法实现数据分析过程的。熟练使用数据分析工具，可以快速高效地实现数据处理、分析和可视化。同时，熟练掌握数据分析工具也是入门数据分析领域的基础。

🔲 第 36 问：分析工具如何选？——常用场景说明

> 导读：如果你的简历提及"熟练使用 Excel 做数据处理、使用 SQL 进行数据查询、使用 Python 做数据处理和数据分析"等，那么，在简历初筛的时候，你的简历一定会脱颖而出。也就是说，**熟练掌握数据分析工具已经成为数据分析师的必备技能**。

很多初学者都会有一个疑问：为什么我要学习这么多工具？

市面上有很多数据分析工具，它们之所以存在，是要解决不同场景下的问题，例如学习 SQL，是因为 Excel 对大数据的支持并不友好，需要通过 SQL 来解决数据源的处理问题（对接业务系统如 CRM、中台等），而学习 Python 更多在于解决复杂的业务及建模分析。对业务而言，通过 BI 系统实现报表的动态更新与交互，能在很大程度上提高分析效率，而这还需要通过 PowerBI 来实现。

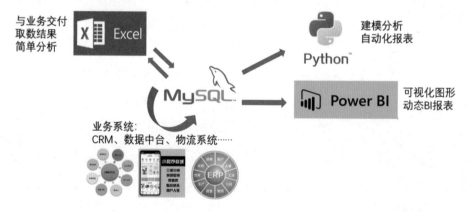

常见的分析工具有如下特点。

- 表格工具 Excel：Excel 是几乎所有人第一个接触的分析工具，可以做简单的分析及可视化图表制作，但对于量级较大的数据，处理起来显得力不从心。

- 数据库 SQL："巧妇难为无米之炊"，对数据分析师来说没有数据就谈不上分析，对于绝大数企业来说，数据存储在数据库中，因此有必要学习数据库语言 SQL 来对数据进行抽取、清洗，甚至分析。

- 脚本语言 Python/R：编程是与机器交流的方式，同时也是新的思考方式。学习编程语言的目的在于利用机器帮我们处理工作，例如自动化办公、复杂业务分析逻辑，以及重要的机器学习算法模型等。

- SPSS：说到机器学习算法的应用，不得不提 SPSS 工具，它不仅能实现大部分统计方法，还能通过简单的点选实现机器学习算法的计算。
- PowerBI/Tableau：商业智能工具做可视化仪表盘也是数据分析中常见的落地形式，与 Excel 相比，PowerBI/Tableau 能实现更复杂的图表，且可实现交互、动态报表。

总结：学习数据分析工具是为了服务不同的业务场景，但并不是说每个工具我们都需要精通。那我们需要学习到什么程度呢？本章就会解答这个问题。

3.1　Excel

🕮 第 37 问：用 Excel 做数据分析够吗？——Excel 的学习路径

> 导读：Excel 是目前最基础，也是应用最广的数据分析工具，百万行级别以下的数据最好使用 Excel。熟练使用 Excel，能够解决数据分析中 80% 的问题。而且 Excel 入门门槛低，上手容易，又非常灵活高效，鉴于以上特点，Excel 成为数据分析师必备的基本技能之一。

1. Excel 的技巧应掌握到什么样的水平？

对于 Excel 的技巧，需要掌握如下功能：
- Excel 的基本功能；
- Excel 常用函数的使用；
- Excel 数据透视表的使用；
- Excel 的基本图表的使用；
  ……

在常用函数上，需要掌握如下函数：
- 聚合类函数，例如 SUMIF、SUMIFS、COUNTIF、COUNTIFS、MIN、MAX 等；
- 文本类函数，例如 TEXT 等；
- 时间类函数，例如 YEAR、MONTH、DAY、TODAY、TIME 等；
- 查找类函数，例如 VLOOKUP、LOOKUP、INDEX&MATCH、FIND 等；
- 判断类函数，例如 IF、IFERROR 等；
  ……

其他平时少用的函数，则大可不必花大量时间去研究，除非你立志要成为 Excel 表格大师。用得比较少的函数，在需要用的时候上网搜索相关资源即可，所以平时只需要掌握常用的几类函数就足够了。

数据透视表的内容比较简单，跟 BI 工具的操作如出一辙：拖拉拽。将你想要透视的字段合理地进行规整，并适当地设置透视表的格式，当然如果你想考虑设计一个指标驾驶舱，并使用控件对驾驶舱数据进行更新，那么你还需要学习如何将透视表和控件参数进行联动的内容。

基本图表的使用非常重要，除了要学会 Excel 里面常用图表的创建方法，还需要学习如何用图表来准确地表达你想传达的信息。在图表设计上，表达内容比图表制作更重要，同时还要考虑基本的配色，来配合你传达内容的主题。如果在这一领域想深入了解，就会遇到可视化的内容了。

2. Excel 学习路径

对于数据分析人员来说，怎样快速高效地掌握 Excel 这个数据分析利器呢？根据笔者团队多年来的工作经验，作为数据分析师，可以按照以下路径学习 Excel：

（1）掌握 Excel 基本操作：包括简单的数据处理汇总、图表制作等，属于 Excel 的入门级知识，默认大家已经掌握，本章中不再涉及。

（2）掌握 Excel 常用函数：熟练掌握常用的 Excel 函数后，就可以做一些复杂的数据处理、指标计算等工作了。这部分内容会在第 38 问讲解。

（3）掌握 Excel 透视表：为了进一步从不同维度对关注的指标进行交叉分析，还需要非常熟练地掌握数据透视表，这也是 Excel 最为强大、使用最为频繁的功能。这部分内容会在第 39 问讲解。

3. 小结

Excel 已经是非常成熟的软件，几乎所有使用技巧都可以在各种书籍以及相关的网站里找到并操练起来。如果数据量不大，且数据以数值为主，只处理简单的计算逻辑，Excel 基本就够用了。而当你需要更强大的功能，例如对多张数据表灵活切换、分组、聚合、索引、排序，并且结合各种函数的使用，或采用复杂些的数据分析模型、统计方法，则可进一步学习 SQL 以及 Python 的 Pandas 库进行更高阶的表格处理。

第 38 问：Excel 中有哪些重要的函数或功能？——Excel 高频常用函数介绍

> 导读：Excel 的函数非常多也非常强大，可以帮助我们实现很多复杂的数据查询和处理需求，使查询和处理数据更加快速高效，丰富易用的函数库也是 Excel 强大的原因之一。

1. Excel 常用函数分类

Excel 中有大量的函数可以实现各种各样的功能，作为数据分析师，我们不需要也没有必要学习所有的函数，只要重点学习数据分析中常用的一些函数即可。相关函数分类归纳如下图所示，下文将通过实际案例，讲解具体的使用方法。熟练掌握这些函数，80% 以上的数据处理问题都可以轻松解决。

关联匹配类	清洗处理类	日期时间类	统计计算类
☐ VLOOKUP	☐ TEXT	☐ YEAR	☐ SUM/COUNT/AVERAGE
☐ INDEX+MATCH	☐ CONCAT	☐ MONTH	☐ SUMIF/COUNTIF/AVERAGEIF
	☐ SUBSTITUTE	☐ DATY	☐ SUMIFS/COUNTIFS/AVERAGEIFS
	☐ MID/LEFT/RIGHT	☐ DATE	☐ RANK
		☐ WEEKNUM	☐ QUARTILE
		☐ WEEKDAY	☐ PERCENTILE

2. 关联匹配类函数

1）关联匹配——VLOOKUP

· **实现功能**

在 Excel 中我们经常会遇到这样的场景，例如，在数据 A 中记录了各个员工的绩效等级，但是并没有记录对应的年终奖，而在数据 B 中只记录了各个绩效等级对应的年终奖，我们想在数据 A 中增加年终奖这一列信息，这个时候 VLOOKUP 就派上用场了。

L	M	N	O	P	Q
姓名	绩效等级	年终奖		绩效等级	年终奖
刘备	S	?		S	100000
关羽	A	?		A	80000
张飞	B	?		B	60000
赵云	C	?		C	40000
马超	D	?		D	20000
黄忠	E	?		E	10000

VLOOKUP 是 Excel 第一大难关，也是 Excel 中使用频率较高、面试考查较为频繁的一个知识点。因为其涉及的逻辑对新手而言较复杂，所以也是用来验证你简历上"熟练使用 Excel"的重要依据。通俗理解就是用某个值作为中间关联，找到另外一个值然后粘贴过来，如下图所示。

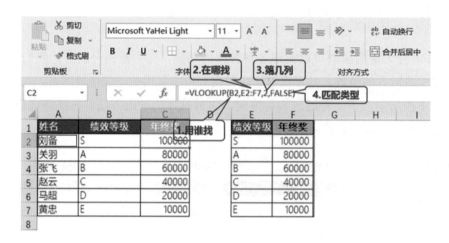

· 语法格式

=VLOOKUP（用谁找？在哪找？第几列？匹配类型）

这个函数有 4 个要素，对应如下：

（1）用谁找：一般是某个单元格的值。

（2）在哪找：一般是单元格区域。

（3）第几列：返回列数从查找起始列算起。

（4）匹配类型：精确匹配用 0 或 FALSE，近似匹配用 1 或 TRUE。

但是有一种异常情况，就是有时候可能会找不到匹配的值，例如魏延今年表现太差，领导决定给他 F 绩效等级，但是以前没有出现过这样的情况，也不知道 F 绩效等级对应的年终奖是多少，所以就出现了 #N/A 的错误，如下图所示。

姓名	绩效等级	年终奖		绩效等级	年终奖
刘备	S	100000		S	100000
关羽	A	80000		A	80000
张飞	B	60000		B	60000
赵云	C	40000		C	40000
马超	D	20000		D	20000
黄忠	E	10000		E	10000
魏延	F	#N/A			

这个时候用 IFERROR 判断一下，如果报错了就给一个处理的方案，这样 #N/A 的错误就能完美解决，公式如下图所示。

D8			fx	=IFERROR(VLOOKUP(C8,$F$2:$G$7,2,FALSE),"这绩效没见过!")				
	A	B	C	D	E	F	G	H
1	员工编号	姓名	绩效等级	年终奖		绩效等级	年终奖	
2	A001	刘备	S	100000		S	100000	
3	A002	关羽	A	80000		A	80000	
4	A003	张飞	B	60000		B	60000	
5	A004	赵云	C	40000		C	40000	
6	A005	马超	D	20000		D	20000	
7	A006	黄忠	E	10000		E	10000	
8	A007	魏延	F	这绩效没见过!				

2）关联匹配—INDEX+MATCH

· 实现功能

在 Excel 中 MATCH 函数可以返回指定内容所在的位置，而 INDEX 又可以根据指定位置查询到所对应的数据。INDEX+MATCH 结合使用，可以返回与指定位置相关联的数据，而且能够实现反向查找和双向查找，比 VLOOKUP 功能更强大，更灵活。

· 语法格式

=INDEX（查找的区域，区域内第几行，区域内第几列）

=MATCH（查找指定的值，查找所在区域，查找方式的参数）

和 VLOOKUP 类似，但是可以按照指定方式查找，例如大于、小于或等于。

反向查找举例：如下图所示，要求查找姓名为"张飞"的员工编号。

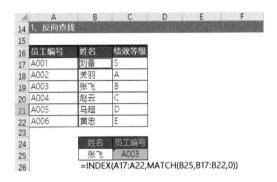

分析：

先利用 MATCH 函数根据姓名在 B 列查找位置：

=MATCH（B25,B17:B22,0）

再用 INDEX 函数根据查找到的位置从 A 列取值。完整的公式为：

=INDEX（A17:A22,MATCH（B25,B17:B22,0））

双向查找举例：如下图所示，要求查找员工"张飞"在 2018 年的年终奖。

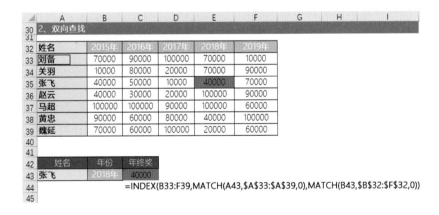

分析：

先用 MATCH 函数查找员工"张飞"在 A 列的位置：

$$= MATCH（A43,\$A\$33:\$A\$39,0）$$

再用 MATCH 函数查找"2018 年"在第一行中的位置：

$$=MATCH（B43,\$B\$32:\$F\$32,0）$$

最后用 INDEX 函数根据行数和列数提取数值：

$$=INDEX（B33:F39,MATCH（A43,\$A\$33:\$A\$39,0）,MATCH（B43,\$B\$32:\$F\$32,0））$$

3. 其他函数

其他函数讲解请在本书前言扫码获取小册子查看。

4. 小结

函数只是一种帮助我们高效处理数据的工具，不必过于纠结原理，也不必死记硬背，重在熟练使用，知道函数实现的对应功能即可，具体的语法用的时候再查。

第 39 问：如何用 Excel 做数据分析？——Excel 透视表最全指南

> 导读：随着互联网的飞速发展，大数据时代来临，用户需要处理的数据体量越来越大，数据也越来越复杂，想要高效地完成统计分析，洞察数据之间的关联，将繁杂的数据转化为有价值的业务信息，就不得不提数据透视表这把利器。

1. 什么是数据透视表？

数据透视表是 Excel 中一个强大的数据处理分析工具，通过数据透视表可以对大量的明细数据进行快速汇总统计，并且可以根据用户的业务需求，快速变换分析维度来查看统计结果，以便从不同的角度查看数据，从不同的角度分析数据背后的业务信息，而这些操作只需要用鼠标拖动就可以实现。

所以，如果要对大量的数据进行多条件统计，从而快速提取最有价值的信息，并且还需要随时改变分析角度或计算方法，那么数据透视表将是最佳选择。数据透视表的主要使用场景如下：

（1）对大量的数据进行多条件统计，而使用函数公式统计出结果的速度非常慢。

（2）需要对得到的统计数据进行行列变化，随时切换数据的统计维度，迅速得到新的数据，以满足不同的要求。

（3）需要在得到的统计数据中找出某一字段的一系列相关数据。

（4）需要将得到的统计数据与原始数据源保持实时更新。

（5）需要在得到的统计数据中找出数据内部的各种关系并满足分组的要求。

（6）需要将得到的统计数据用图形的方式表现出来，并且可以筛选控制哪些数值可以用图表来表示。

2. 创建数据透视表

下面通过一个案例来讲解数据透视表这个强大的工具。如下图所示为某品牌在各电商平台 2018—2020 年各月的销售明细。

	A	B	C	D	E	F	G	H
1	日期	品牌	平台	终端	访客数	支付买家数	销售数量	销售金额
98	2020/9/1	AZ	京东	所有终端	870628	115101	115109	4104347
99	2020/9/1	AZ	淘宝	所有终端	327366	32262	32271	1502168
100	2020/9/1	AZ	天猫	所有终端	658333	89411	89490	2757337
101	2020/10/1	AZ	京东	所有终端	555345	87896	87994	3077426
102	2020/10/1	AZ	淘宝	所有终端	230978	25733	25764	972923
103	2020/10/1	AZ	天猫	所有终端	386872	64516	64569	1818814
104	2020/11/1	AZ	京东	所有终端	1184592	264333	264369	9879456
105	2020/11/1	AZ	淘宝	所有终端	432142	66409	66497	3338196
106	2020/11/1	AZ	天猫	所有终端	885650	204053	204053	7484034
107	2020/12/1	AZ	京东	所有终端	769749	73754	73806	3926979
108	2020/12/1	AZ	淘宝	所有终端	312085	30453	30498	1844362
109	2020/12/1	AZ	天猫	所有终端	559862	52816	52887	1772174

面对上千行的明细数据，需要按时间、平台来统计访客数、销售量和销售额等数据。使用数据透视表，只需简单的操作就可以完成这项工作。可以按照以下步骤创建一个数据透视表。

步骤 1：在下图所示的销售明细中选中任意一个单元格（如 C6），在【插入】选项卡中单击【数据透视表】按钮，弹出【创建数据透视表】对话框。

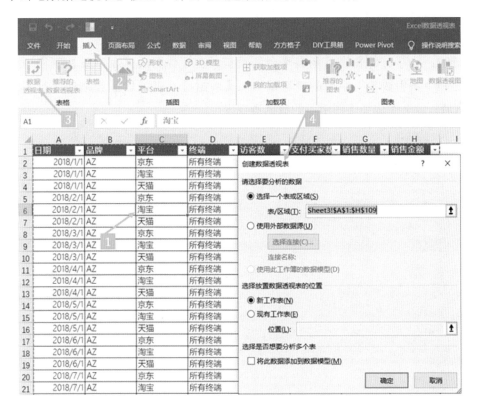

步骤 2：保持【创建数据透视表】对话框内默认的设置不变，单击【确定】按钮后即可在新工作表中创建一张空白数据透视表。数据透视表的显示区域如下图所示。

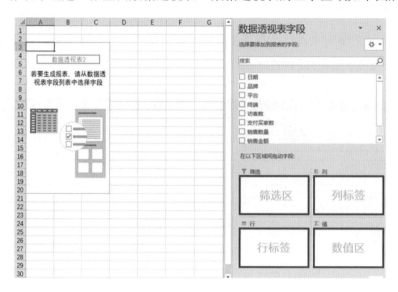

数据透视表的布局介绍如下。

● 筛选区：可按指定条件筛选数据进行汇总统计。

● 行标签：该区域的字段会按照上下排列显示。

● 列标签：该区域的字段会按照左右排列显示。

● 数值区：将要统计的数据列放在该区域，并选择相应的汇总统计方式，即可实现计数、求和、平均等操作。

步骤 3：为了计算每个月所有平台的销量，在【数据透视表字段】窗格中依次将"日期"和"销售数量"字段的复选框拖入【数据透视表字段】窗格的【行】区域和【值】区域，就会生成如下图所示的数据透视表。

步骤 4：在【数据透视表字段】窗格中选择"平台"字段并且按住鼠标左键不放，将其拖至【列】区域中，最终完成的数据透视表如下图所示。

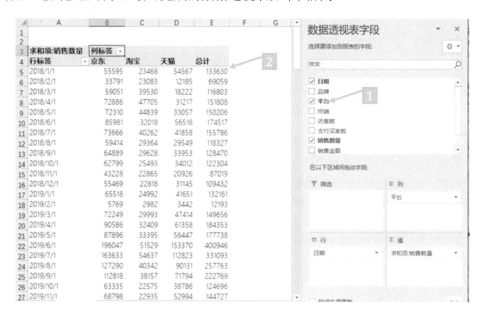

步骤 5：更改值汇总方式，系统默认的汇总方式是求和，如果我们需要对字段进行计数 / 求平均值，就需要更改值的汇总方式，如下图所示。

3. 计算同比、环比、百分比

如果你觉得上面就是数据透视表的全部功能了，那可就太小看它了，数据透视表之所以强大是因为它可以进行各种灵活的运算，不仅能够实现简单的求和、计数，还能够方便地计算各种占比和同比、环比。

数据透视表中最常用的两个功能是"值汇总方式"和"值显示方式"。值汇总方式是指汇总的方法，例如是求和还是计数，这个用得非常多也比较好理解。值显示方式，就是在一样的汇总方法基础上，要使用什么样的计算方式、怎么来显示这些数据，下面就通过几个例子来介绍使用方法。

例1：计算各个平台的销量占总销量的比例。

首先按照"平台"对"销售数量"进行"求和"汇总，可以计算出各个平台的销量，但是我们想要的是占总销量的比例。可以把"销售数量"拖到【值】区域，右击"值字段设置"→"值显示方式"选择"列汇总的百分比"，就相当于多做了一步值/列总计，每一行的项相加总计是100%，命名为"销售占比"。

类似的，如果选择"行汇总的百分比"，就相当于是多做了一步值/行总计，每一列的项相加总计是100%，这里就不再赘述。

例2：想要看所有平台各月的销量情况，并进行环比、同比分析，分析销量的增长情况。

这时需要更改"值显示方式"来计算环比和同比。和例1类似，首先按照"日期"对"销售数量"进行"求和"，计算出各个月的销量。

那如何计算环比、同比呢？首先有个前提，即需要保证前面的数据是按连续月递增汇总的，即每月都有数据，且月份递增。把"销售数量"拖到数值区，右击"值字段设置"→"值显示方式"，选择"差异"，基本字段选择"日期"，基本项选择"上一个"，就得出了每月值与上月值的差值，即"环比增长"。如果值显示方式选择"差异百分比"，就得出了每月值与上月值的差异百分比，也就是"环比增长率"。如下图所示。

类似的，如果我们要计算同比，可以把"销售数量"拖到【数值】区，右击"值字段设置"→"值显示方式"，选择"差异"，基本字段选择"年"，注意同比是指去年同期，所以这里的基本字段是"年"，基本项选择"上一个"，就得出了每月值与去年同月的差值，即"同比增长"。如果值显示方式选择"差异百分比"，就得出了每月值与去年同月值的差异百分比，也就是"同比增长率"。如下图所示。

4. 分组统计

有时我们需要在透视表的基础上进行再分组，进行个性化的汇总统计。例如，淘宝和天猫都属于淘系，我们看一下淘系和非淘系平台的销量占比。

在上面计算好的销量占比的基础上，选择需要合并为一组的行，右击"组合"。

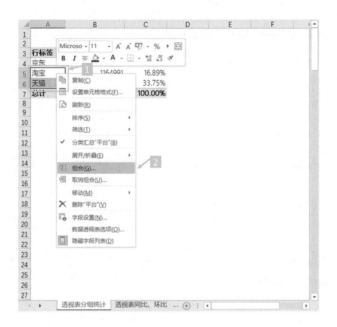

在弹出的窗口中，修改分组名，将"数据组1"更改为"淘系"，将"京东"组改为"非淘系"，这样就得到了淘系和非淘系平台分别有多少销量以及占比，如下图所示。

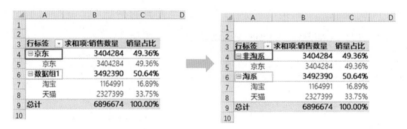

还有一种常用的分组，我们经常需要在年、季、月、日不同的时间粒度上统计，需要对日期进行分组，强大的 Excel 已经设计好了日期的自动分组功能，只要将某列数据设置为"日期"格式，将该列拖入行 / 列标签区后，会自动生成日、月、季、年分组。

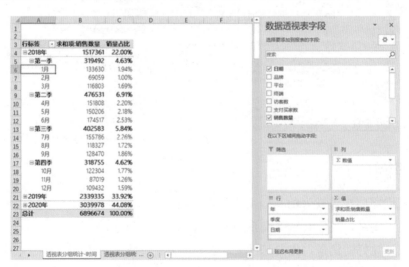

5. 计算字段

前面的步骤只能算是数据透视表的基础操作，因为整个过程并没有用到透视表的高级功能——"计算字段"。想象一下，假设上图所示的销售明细表中有 10 万行数据，如果想计算不同平台商品的平均售价（销售金额 / 销售数量），添加一个【辅助】列，就会多出 10 万行的数据，计算量会随之剧增，而且平均售价本身无法再进行平均或者求和操作。此时就要用【计算字段】来完成计算。

第一步，插入一个空白的数据透视表，把"平台"拖入行标签区，把"销售数量""销售金额"两个字段拖入"值"区域，可以看到，目前这个透视表里是没有"平均售价"的。

第二步，添加【计算字段】。

（1）选择透视表中的任意单元格。

（2）在【分析】选项卡中，单击【字段、项目和集】。

（3）在弹出的对话框中，设置【字段】的名称为"平均售价"。然后在下面的字段列表中，选择不同的字段名称，添加计算公式"= 销售金额 / 销售数量"。

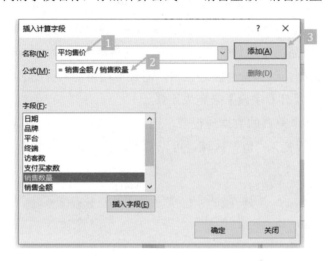

设置完成之后，单击【确定】按钮，在数据透视表中就可以看到一个新的字段"平均售价"了。

	A	B	C	D
1				
2				
3	行标签 ▾	求和项:销售数量	求和项:销售金额	求和项:平均售价
4	京东	3404284	115104466	33.81
5	淘宝	1164991	41957235	36.02
6	天猫	2327399	76028134	32.67
7	总计	6896674	233089835	33.80
8				

这样，我们就在没有添加辅助列的情况下，完成了"平均售价"的统计，更重要的是，这个平均售价可以在不同维度上进行聚合。

6. 数据透视表小技巧

数据分析常用的透视表功能基本上就是这么多，大约覆盖了 80% 的分析工作，另外还有一些常用的小技巧，熟练掌握可以极大地提升分析效率，下面为大家一一介绍。

1）数据透视表切片器

切片器也称筛选器，它可以对透视表的各个字段进行筛选，从而灵活地完成不同条件下的统计需求。

选中透视表，单击【分析】选项卡中【插入切片器】按钮，即可生成一个切片器。切片器可以单选和多选，如需多选，需要按住 Ctrl 键再用鼠标单击即可。单击切片器右上角的【取消筛选】按钮，即可取消筛选。

例如，我们创建一个"平台"字段的切片器，可以方便查看各个平台的数据，如下图所示。

2）数据透视表布局

创建的数据透视表会默认以"压缩式布局"展示，如下图所示。

如果想让列分开，就需要调整数据透视表的报表布局。单击数据透视表，在顶部找到"设计"选项卡，打开"报表布局"下拉菜单，会看到 5 种不同的布局方式，如下图所示。

- 压缩式布局：默认布局。
- 大纲式布局：标题分列显示，汇总显示在每项的上方，如下图所示。

- 表格式布局：标题分列显示，汇总显示在每项的下方，如下图所示。

- 重复所有项目标签：各字段空白处填充相同的内容，如下图所示，注意和上图的区别。

• 不重复项目标签：取消重复，是重复所有项目标签的逆操作。

3）固定数字和表格格式

在数据透视表中，好不容易设置的数字格式和列宽，在刷新后全部恢复了原状。怎样才能固定格式呢？在数据透视表上右击→【数据透视表选项】→【布局】和【格式】→取消勾选"更新时自动调整列宽"→勾选"更新时保留单元格格式"，这样下次在更新数据的时候列宽和数据格式就不会改变了。

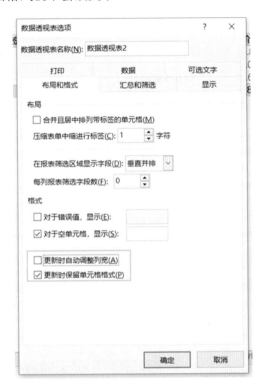

4）数据透视表刷新

当明细表数据更新后，以该明细表制作的数据透视表也需要刷新才可以显示新的汇总数据。在数据透视表上的菜单栏上单击【刷新】即可完成数据刷新，如果 Excel 文件中有很多数据透视表，可以单击【全部刷新】按钮，如下图所示。

但是如果明细表中行数或列数发生了变化，数据透视表一般是不会自动调整数据源的，需要手动去调整数据源的数据范围。方法是：选取数据透视表→单击最顶端数据透视表选项→更改数据源→重新选取范围。

5）数据透视表美化

默认创建的数据透视表是一个无任何美化效果的表格。虽然数据已经处理好，但是为了让别人更好更快地理解，我们可以给数据透视表进行一定的美化。

例如，我们可以在数据透视表的基础上插入数据透视图，并插入切片器对数据透视图进行筛选，对切片器进行适度的美化，可以改变成按钮的形式，单击不同的按钮就可以显示不同年份各平台的销量情况，如下图所示。

7. 小结

作为数据分析工作中最常用、最好用的工具之一，数据透视表可以高效、快速地实现复杂数据的多维度交叉分析，是数据分析师必备的技能，无论是想入行数据分析，还是已经成为数据分析师，都务必要夯实这部分基础。

3.2　SQL

📖 第 40 问：什么是 SQL？——SQL 的学习路径

> 导读：SQL 作为数据分析师必备技能之一，无论是初级分析师还是高级分析师，都是工作中使用最多的工具，同时也是各大公司招聘要求里的必选项，为什么 SQL 对于数据分析师如此重要呢？在回答这个问题之前，我们先搞懂以下几个问题。

1. SQL 是什么？

SQL（Structured Query Language，结构化查询语言）是一种在数据库管理系统（RelationalDatabase Management System，RDBMS）中查询数据，或对数据库中的数据进行更改的语言。简单来说，SQL 就是一种对数据库中的数据表或者数据进行增、删、改、查等操作的语言。

什么是数据库？数据库是"按照数据结构来组织、存储和管理数据的仓库"，是一个长期存储在计算机内的、有组织的、可共享的、统一管理的大量数据的集合。常见的 Oracle、MySQL、SQL Server 都是数据库，只是一些是商业付费的数据库，一些是免费的而已。

2. 到底怎么学习 SQL？

SQL 不仅能取数据，还提供了丰富的函数，可以做数据的清洗、转换等数据处理，而且 SQL 还能像 Excel 的透视表那样，可以方便地在不同的维度上对数据进行求和、计数、去重计数、求平均等聚合操作，进而对数据进行分析，而这一切，也只需要短短的几行 SQL 代码就能实现。

如果数据很多、很复杂，像 Excel 那样存放在不同的 Sheet 里，要汇总在一起进行分析，要怎么处理呢？SQL 的强大之处就在于可以非常方便地将不同的数据按照一定的关联连接起来，这个关联可以是内连接 INNER JOIN（两个表的交集）、左连接 LEFT JOIN（交集并且左表所有）、右连接 RIGHT JOIN（交集并且右表所有）、全连接 FULLJOIN（两个表的并集），可以通过各种不同的关联条件实现各种不同的表连接，再对连接后的数据进行分析。

通过以上两点来看，SQL 好像和 Excel 在功能上没什么区别。Excel 也能做数据清洗，透视表也能做求和、计数等聚合操作，Excel 的 Power Pivot 也能实现多个表之间的连接。实际上，SQL 除了以上这些功能之外，还提供了一个非常强大的功能：窗口函数。窗口函数有什么用呢？如果我们要计算每个人在特定分组下的排名，每月销售额的同比、环比，截至每天的累计销售额，这些数据在分析中经常遇到，且基础的 SQL 语句无法很好解决，这时窗口函数就显示出它的威力了。窗口函数是判断你是 SQL 基础玩家还是高阶玩家的重要标准，也是数据分析面试中最常考查的内容之一。

那么，对想入行数据分析的读者来说，怎么快速高效地掌握 SQL 这个数据分析的利器呢？提升 SQL 水平可以按照下图所示的路径学习：

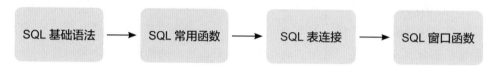

1）SQL 基础语法

首先熟悉 SQL 的基础语法，对于数据分析而言，重点掌握数据查询 SELECT，包括使用 WHERE 进行数据筛选，熟练使用算术运算符（＋／－／×／÷）、逻辑运算符（AND/OR/NOT）进行字段计算和条件过滤，使用 SUM、COUNT、AVG 等聚合函数结合 GROUP BY 进行不同维度下的汇总分析，使用 HAVING 子句对聚合的结果进行过滤，并使用 ORDER BY 对最终的查询结果进行排序。这一部分最重要的一点是明确 SQL 语句的执行顺序与书写顺序的差异，这一点对于了解 SQL 的执行过程很有帮助。

2）SQL 常用函数

在掌握了 SQL 基础语法后，下面就要熟练掌握一些数据分析中常用的函数，包括但不限于日期类函数、字符串类函数，数值运算类函数等。熟练使用这些函数可以帮助我们高效地做数据的清洗、转换等数据处理工作。

3）SQL 表连接

在之前的基础上，我们还要熟练掌握多个表之间的连接。数据分析工作中，往往需要对多张表按照一定的关联关系连接在一起，常见的连接类型有内连接 INNER JOIN、左连接 LEFT JOIN、右连接 RIGHT JOIN、全连接 FULL JOIN。

4）SQL 窗口函数

前面三部分基本上已经涵盖了数据分析对于 SQL 的基础要求，但是实际工作中，有一些比较复杂且常见的场景，使用基础语法并不能很好解决，例如，每月销售额的同比／环比、截至每天的累计销售额、每种商品在它所属分类下的销售额排名，窗口函数就是为这些场景而生的，如果能熟练掌握窗口函数，数据分析中就基本不会遇到关于 SQL 的问题了。

3. 小结

巧妇难为无米之炊，做数据分析肯定是要有数据，而数据基本上都存储在各种数据库中，所以首先要从数据库中把数据取出来。SQL 就是一个方便、普适的取数工具，因为几乎所有的数据库的 SQL 语法都是相似的，甚至现在我们做大数据分析用到的 Hive SQL，其语法也基本和 SQL 一样，所以学会 SQL 基本上就掌握了所有数据库的取数方法。

第 41 问：SQL 基础操作有哪些？

根据操作对象的不同，我们把 SQL 的基础操作分为以下几类：

1）DDL（Data Definition Language，**数据定义语言**）

用来创建、删除或者修改数据库以及数据库中的数据表等对象。DDL 包含以下几种指令。

- CREATE：创建数据库、数据表等对象。
- DROP：删除数据库、数据表等对象。
- ALTER：修改数据库、数据表等对象的结构。

2）DML（Data Manipulation Language，**数据操纵语言**）

用来查询、新增、修改或者删除数据表中的记录。DML 包含以下几种指令。

- SELECT：查询数据表中的数据。
- INSERT：向数据表中插入新数据。
- UPDATE：修改数据表中的数据。
- DELETE：删除数据表中的数据。

3）DCL（Data Control Language，**数据控制语言**）

用来确认或者取消对数据库中的数据进行的变更。除此之外，还可以对数据库用户的权限进行设定。DCL 包含以下几种指令。

- COMMIT：确认对数据库中的数据进行的变更。
- ROLLBACK：取消对数据库中的数据进行的变更。
- GRANT：赋予用户操作权限。
- REVOKE：取消用户的操作权限。

作为数据分析师，工作重心在于提取已有数据，分析数据背后的业务价值，所以绝大多数时候我们只需要用到数据查询 SELECT，而不需要或者也不允许对数据库、数据表进行增、删、改等操作。所以我们也会着重讲解如何使用 SQL 进行高效的数据提取和分析。

请在本书前言扫码获取小册子查看实际案例，该案例手动创建数据库和数据表，手动插入一些数据，然后基于这些数据从头到尾完整地讲解 SQL 的基础语法。这里使用的数据库是 MySQL，使用的数据库工具是 MySQL Workbench 8.0 CE，具体的数据库和工具到 MySQL 官网下载后默认安装即可，这里不再展开。

第 42 问：SQL 有哪些高频函数？

数据分析中常见的 SQL 函数大致可以分为以下几类：

（1）日期时间函数，用来进行日期操作的函数。

（2）字符串函数，用来进行字符串操作的函数。

（3）算术函数，用来进行数值计算的函数。

（4）其他重要函数，如 CAST、COALESCE……

MySQL、Oracle、SQL Server 和 Hive SQL 等不同数据库的 SQL 函数略有差异，但大部分函数是通用的，为方便讲解，我们以 MySQL 语法为例进行讲解，部分函数涉及 Hive SQL 语法，使用的时候请注意。

详细讲解请在本书前言扫码获取小册子查看。

我们在使用 SQL 进行数据提取的过程中，由于分析需要，还需要对数据表中的原始数据进行特定的处理，如需要对字符串进行截取、对日期字段进行格式转换、对值字段进行算术运算等，处理成我们需要的格式。掌握常见的 SQL 函数可以大大提高数据处理和分析的效率。当然，函数只是一种高效处理数据的工具，不必过于纠结原理，也不必死记硬背，重在熟练使用，知道函数实现对应的功能，具体的语法用的时候再查即可。

第 43 问：SQL 的表连接该如何做？

> 导读：在数据库设计中，如果涉及较多的业务表，为了防止相同数据在多个表中同时存放，减少数据冗余和存储浪费，通常会将不同的数据存放在不同的表中，对数据进行拆解分别存储。但在分析的过程中，为了获取完整的分析数据，我们就需要从多表中取数据，将多个表连接成一个表，方便进行分析。所以表连接是 SQL 查询语句中最常见、运用最广泛的查询技巧。

根据表的连接方式划分，将表连接分为内连接、外连接，下图为连接方式的细分。

在进行实际案例演示之前，我们先对各种连接的原理和使用场景做个介绍。

1. 内连接（INNER JOIN）

1）原理介绍

内连接（INNER JOIN）使用连接运算符匹配两个表共有的列，返回两个表中均满足连接条件的记录，若不满足条件则不返回。

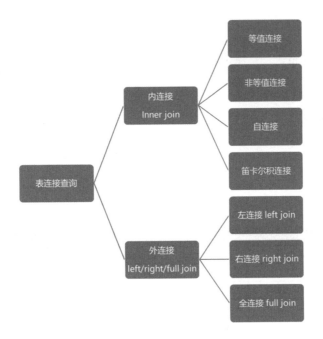

内连接按照连接方式的不同，又可以分为以下几种：

● 等值连接：在连接条件中使用等号（=）运算符连接两个表中相同的列，返回两个表共同满足连接条件的所有行。

● 非等值连接：在连接条件使用除等号（=）运算符以外的其他比较运算符进行连接的情况，包括 >、>=、<=、<、! >、! <和<>，均为非等值连接。

● 自连接：有时在查询时需要自身和自身连接（自连接），这个时候我们要为同一个表定义不同的别名以示区分。

● 笛卡儿积连接：两张表中的每一条记录和另外一个表进行笛卡儿积组合，然后根据 WHERE 条件过滤结果集中的记录。

在所有的内连接类型中最典型、最常用的内连接方式是等值连接，也就是连接条件 ON 中的匹配类型为等值（=）匹配，等值连接返回两个表中共同字段值相等的所有行。

如下图所示，将表 A 和表 B 进行等值连接后，返回的是两个表中满足连接条件的公共部分 C，即交集。

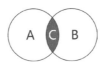

2）案例演示

还是通过之前产品销售案例说明，我们有一张产品销售表 product 记录了产品的销售信息，产品维表 dim_product 记录了产品的供应商信息，如果表 A、表 B 按照 product_id 列进行等值连接，连接过程和结果如下图所示。

产品销售表product

sale_date	product_id
2020-07-01	0001
2020-07-02	0001
2020-07-01	0002
2020-07-01	0003
2020-07-01	0004

产品维表dim_product

product_id	supplier
0001	sup_A
0003	sup_A
0004	sup_B
0010	sup_C

INNER JOIN结果会保留两张表中都满足ON条件的记录，结果返回了product_id为0001,0003,0004的记录，只在其中一张表存在的0002和0010的相关记录没有返回

INNER JOIN结果

INNER JOIN			
A.sale_date	A.product_id	B.product_id	B.supplier
2020-07-01	0001	0001	sup_A
2020-07-02	0001	0001	sup_A
2020-07-01	0003	0003	sup_A
2020-07-01	0004	0004	sup_B

下面通过实际的代码进行说明。

产品销售表 product 之前已经构建，如果不清楚表的结构和数据，可以翻看第 41 问，这里需要构建一个记录产品供应商信息的产品维表 dim_product。

```
--1、 在数据库Sales创建表，用于存放演示的数据
USE Sales;

-- 2、创建产品维表dim_product
CREATE TABLE dim_product
(
     product_id     CHAR(4)      NOT NULL,-- 产品id，字符类型CHAR
     supplier    VARCHAR(100) NOT NULL,-- 产品供应商，字符类型VARCHAR
     production_date     DATE -- 产品生产日期，日期类型DATE
);

-- 3、插入一些用于演示的数据，只是用来演示说明，并无实际意义和真实性
INSERT INTO dim_product VALUES ('0001','sup_A','2021-03-01');
INSERT INTO dim_product VALUES ('0003', 'sup_A', '2021-04-01');
INSERT INTO dim_product VALUES ('0004', 'sup_B', '2021-05-01');
INSERT INTO dim_product VALUES ('0010', 'sup_C', '2021-06-01');
```

创建完 dim_product 后，完成产品销售表 product 和产品维表 dim_product 的等值连接，即可获得各产品的供应商信息，代码如下。

```
1  -- 通过product_id进行等值连接
2  select
3  A.product_id AS A_product_id,
4  A.sale_date,
5  B.product_id AS B_product_id,
6  B.supplier
7  from product A
8  inner join dim_product B
9  on A.product_id = B.product_id;
```

结果如下图所示，结果中并没有出现 product_id 为 0002 和 0010 的记录。

A_product_id	sale_date	B_product_id	supplier
0001	2021-07-02	0001	sup_A
0001	2021-07-01	0001	sup_A
0003	2021-07-01	0003	sup_A
0004	2021-07-01	0004	sup_B

2. 左 / 右连接（LEFT/RIGHT JOIN）

除了内连接外，在实际的工作中，即使是在连接条件不满足的情况下，我们也希望能够返回结果，这个时候就要用到外连接。常见的外连接主要有左连接、右连接、全连接，区别如下：

1）原理介绍

左连接（LEFT JOIN 或 LEFT OUTER JOIN）对左表不加限制，结果返回左表的所有行，如果左表的某行在右表中没有匹配行，则在相关联的结果集中右表的所有选择列表列均为空值。如下图所示，以表 A 为左表，和表 B 进行左连接后，返回的是左表的所有行，如果表 B 中没有满足连接条件的，将表 B 中的各列置为空值。

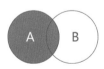

相对地，右连接（RIGHT JOIN 或 RIGHT OUTER JOIN）对右表不加限制，结果返回右表的所有行，如果右表的某行在左表中没有匹配行，则在相关联的结果集中左表的所有选择列表列均为空值，示意图如下。

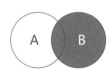

2）案例演示

左连接和右连接是相对的，一般来说，我们在使用中主要用左连接，所以接下来以左连接为例进行说明。

还是通过之前产品销售案例说明，我们用产品销售表 product 作为左表，和产品维表 dim_product 按照 product_id 列进行左连接，连接过程和结果如下图所示。

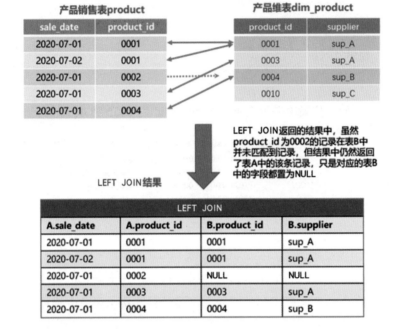

下面通过实际的代码进行说明。

```
1  -- 通过product_id进行左连接
2  select
3  A.product_id AS A_product_id,
4  A.sale_date,
5  B.product_id AS B_product_id,
6  B.supplier
7  from product A
8  left join dim_product B
9  on A.product_id = B.product_id;
```

结果如下图所示，表 A 中 product_id 为 0002 的记录仍然返回。

A_product_id	sale_date	B_product_id	supplier
0001	2021-07-01	0001	sup_A
0002	2021-07-01	NULL	NULL
0003	2021-07-01	0003	sup_A
0004	2021-07-01	0004	sup_B
0001	2021-07-02	0001	sup_A

3. 全连接（FULL JOIN）

1）原理介绍

除了上述内连接、左／右连接外，有时候我们想把两个表中所有的记录都返回，这时就需要用到全连接（FULL JOIN 或 FULL OUTER JOIN）。

全连接对左表、右表均不加限制，返回左表和右表中的所有行。如果表之间有匹配行，则返回共同的匹配行；当某行在另一个表中没有匹配行时，则另一个表的选择列表列置为空值。如下图所示，表 A 和表 B 进行全连接后，返回的是两表中的所有行，即表 A、表 B 的并集。

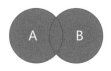

2）案例演示

还是通过之前产品销售案例说明，我们用产品销售表 product 作为左表，和产品维表 dim_product 按照 product_id 列进行全连接，连接过程和结果如下图所示。

需要注意的是，Oracle 数据库支持 FULL JOIN，MySQL 数据库不支持 FULL JOIN，如果需要 FULL JOIN 可以通过"左连接 + UNION+ 右连接"实现，所以这里我们通过左连接和右连接实现。

```
1   -- MySQL的实现方式
2   select
3   A.product_id AS A_product_id,
4   A.sale_date,
5   B.product_id AS B_product_id,
6   B.supplier
7   from product A
8   left join dim_product B
9   on A.product_id = B.product_id
10  union
11  select
12  A.product_id AS A_product_id,
13  A.sale_date,
14  B.product_id AS B_product_id,
15  B.supplier
16  from product A
17  right join dim_product B
18  on A.product_id = B.product_id
19  ;
20  -- Oracle的实现方式通过product_id进行全连接
21  select
22  A.product_id AS A_product_id,
23  A.sale_date,
24  B.product_id AS B_product_id,
25  B.supplier
26  from product A
27  full join dim_product B
28  on A.product_id = B.product_id
29  ;
```

结果如下图所示，表 A 和表 B 中的列都返回了，在另一张表里找不到的字段全部置为 NULL。

A_product_id	sale_date	B_product_id	supplier
0001	2021-07-01	0001	sup_A
0002	2021-07-01	NULL	NULL
0003	2021-07-01	0003	sup_A
0004	2021-07-01	0004	sup_B
0001	2021-07-02	0001	sup_A
NULL	NULL	0010	sup_C

4. 小结

SQL 是数据分析师必备的技能之一，SQL 中最基础也是最常用的就是各种表连接，前面我们介绍了常见的表连接的原理，并通过实际的案例将每种表连接实现的效果进行了说明。表连接是 SQL 基础中最为重要的内容，不同类型表连接的原理和使用场景务必要十分清晰。

🗨 第 44 问：什么是 SQL 的窗口函数？

> 导读：当用 SQL 遇到复杂的分析需求时，仅依靠基础的 SQL 语句则难以实现或者实现起来异常复杂，这个时候就需要借助 SQL 的窗口函数来满足我们灵活、复杂的分析需求。

1. 什么是窗口函数？

1）定义

窗口函数是一个可以在滑动窗口上实现各种统计操作的函数。一个滑动窗口是一个移动变化的小区间，所以窗口函数可以在不断变化的小区间里实现各种复杂的统计分析，统计的数据范围灵活可变，在日常的数据分析中，也是一种非常重要且常用的分析（OLAP）函数。

2）窗口函数与聚合函数对比

从定义看，窗口函数好像和聚合函数 SUM、COUNT、AVG 功能很像，聚合函数也是在一个区间范围内实现各种不同的聚合操作。

窗口函数与聚合函数的功能相似，两者都可以对指定数据窗口进行统计分析，但窗口函数与聚合函数又有所区别。窗口函数可以为选取数据的每一行进行一次计算，因为窗口函数指定了数据窗口大小，这个数据窗口大小可以随着行的变化而滑动变化，可以在滑动窗口里进行计算并返回一个值。而聚合函数只能为选取的所有数据返回一行，因为它只能对分组下的所有数据进行统计。

另外，在使用聚合函数时，与分组列无关的列不可以出现在 SELECT 关键字下，如果想要把除了分组列之外的其他明细数据和聚合值同时提取，聚合函数是实现不了的，而窗口函数就可以方便地实现这一点。例如，在一行同时呈现某个产品的销量和所有产品的销量汇总，以便计算某个产品占所有销量的百分比，这个时候窗口函数就可以非常完美地支持。

所以，相对于功能固定的聚合函数，更灵活地设置小区间的方式来计算统计值的窗口函数应运而生。

3）窗口函数的语法

窗口函数出现在 SELECT 子句中，它最显著的特点就是 OVER 关键字。语法定义如下：

```
window_function (expression) OVER (
    [ PARTITION BY part_list ]
    [ ORDER BY order_list ]
    [ { ROWS | RANGE } BETWEEN frame_start AND frame_end ] )
```

其中包括以下选项：

- PARTITION BY 表示将数据先按 part_list 进行分组，如果不指定 PARTITION BY，则不对数据进行分组，换句话说，把所有数据看作同一个分组，和聚合函数就很像了。
- ORDER BY 表示将各个分组内的数据按 order_list 进行排序。一般情况下都要指定，如果不指定 ORDER BY，则不对各分区做排序，通常用于那些与顺序无关的窗口函数，例如 SUM。

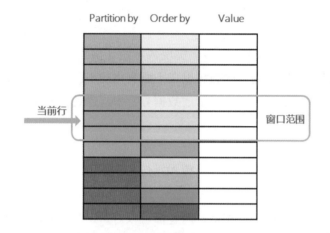

- ROWS/RANGE BETWEEN 表示窗口范围的定义，即当前窗口包含哪些数据。

ROWS 选择前/后几行，例如 ROWS BETWEEN 3 PRECEDING AND 3 FOLLOWING 表示当前行往前 3 行到往后 3 行，一共 7 行数据（或小于 7 行，如果碰到了边界）。所以 ROWS 是通过排序后的前后位置选取窗口范围。

RANGE 选择数据范围，例如 RANGE BETWEEN 3 PRECEDING AND 3 FOLLOWING 表示选取取值在 [c−3,c+3] 范围内的行，其中 c 为当前行的值。所以 RANGE 是通过数值的大小选取窗口范围。

若不指定 ORDER BY，则默认使用 PARTITION BY 分组内所有行，即等价于 ROWS BETWEEN UNBOUNDED PRECEDING AND UNBOUNDED FOLLOWING。若指定了 ORDER BY，使用 PARTITION BY 分组内第一行到当前值，即等价于 ROWS BETWEEN UNBOUNDED PRECEDING AND CURRENT ROW。

参考下图看一看 ROWS 和 RANGE 的区别，当前行 val 的值是 2，ROWS BETWEEN 1 PRECEDING AND CURRENT ROW 指定的窗口就是前一行和当前行，共两行；RANGE BETWEEN 1 PRECEDING AND CURRENT ROW 指定的窗口是当前行 val 值 2 减去 1 到 2 这个范围内的数据，共包括 1、1.2、2 三行。

4）窗口函数的分类

按照使用场景，窗口函数可以分为以下 5 类。

● 聚合（Aggregate）: AVG()、COUNT()、MIN()、MAX()、SUM()……

● 排序（Ranking）: RANK()、DENSE_RANK()、ROW_NUMBER()……

● 极值（Value）: FIRST_VALUE()、LAST_VALUE()……

● 位移（Shift）: LEAD()、LAG()……

● 分箱（Binning）: NTILE()……

接下来我们将通过实际案例对每一类窗口函数进行讲解，进一步了解窗口函数的用法和使用场景。

2. 构建样例数据

为方便进行说明，我们构建了数据表 product_sale_all，该表记录了每年各个品牌的销售额，建表和数据填充语句如下：

```
1   -- 1、创建产品销售明细表Product, 用于记录每天各个商品的销售情况
2   USE Sales; -- 转到Sales数据库下执行以下操作
3   CREATE TABLE product_sale_all(
4       year        CHAR(25)        NOT NULL,-- 年份字段, 字符类型CHAR
5       product_product_name    VARCHAR(100) NOT NULL,-- 产品名称, 字符类型V
    ARCHAR
6       product_category    VARCHAR(32)    NOT NULL,-- 产品所属类别, 字符类型VA
    RCHAR
7       sale_sum    INT-- 产品销售额总和, 整数类型INT
8       );
9
10  -- 2、插入一些用于演示的数据, 只是用来演示说明, 并无实际意义和真实性
11  INSERT INTO product_sale_all VALUES ('2017', 'iPhone', '手机', 110000
    );
12  INSERT INTO product_sale_all VALUES ('2018', 'iPhone', '手机', 115000
    );
13  INSERT INTO product_sale_all VALUES ('2018', 'HuaWei', '手机', 138000
    );
14  INSERT INTO product_sale_all VALUES ('2019', 'HuaWei', '手机', 160000
    );
```

```
15  INSERT INTO product_sale_all VALUES ('2018', 'Canon', '相机', 100000);
16  INSERT INTO product_sale_all VALUES ('2019', 'Canon', '相机', 200000);
17  INSERT INTO product_sale_all VALUES ('2020', 'Canon', '相机', 180000);
18  INSERT INTO product_sale_all VALUES ('2017', 'DELL', '笔记本电脑', 1550
    00);
19  INSERT INTO product_sale_all VALUES ('2018', 'DELL', '笔记本电脑', 1300
    00);
20  INSERT INTO product_sale_all VALUES ('2019', 'DELL', '笔记本电脑', 1550
    00);
21  INSERT INTO product_sale_all VALUES ('2020', 'DELL', '笔记本电脑', 1400
    00);
```

3. 窗口函数之聚合

1）计算总销售额

如果要在每一行后面加上所有产品的总销售额 total_sale_sum，可以使用如下的语句：

```
1  SELECT *,
2  SUM(sale_sum) OVER() as total_sale_sum
3  from product_sale_all;
```

其中 SUM() 是求和，OVER() 不添加参数，则默认对所有数据进行求和，可以看到，新加的一列 total_sale_sum，每一行的结果都是 1583000。

year	product_name	product_category	sale_sum	total_sale_sum
2017	iPhone	手机	110000	1583000
2018	iPhone	手机	115000	1583000
2018	HuaWei	手机	138000	1583000
2019	HuaWei	手机	160000	1583000
2018	Canon	相机	100000	1583000
2019	Canon	相机	200000	1583000
2020	Canon	相机	180000	1583000
2017	DELL	笔记本电脑	155000	1583000
2018	DELL	笔记本电脑	130000	1583000
2019	DELL	笔记本电脑	155000	1583000
2020	DELL	笔记本电脑	140000	1583000

2）各产品类别的总销售额

如果要在每一行后面加上整体的销售额 total_sale_sum，以及当前产品所属类别的总销售额 category_sale_sum，可以使用如下语句：

```
1  SELECT *,
2  SUM(sale_sum) OVER() as total_sale_sum,
3  SUM(sale_sum) OVER(PARTITION BY product_category) as category_sale_sum
4  from product_sale_all;
```

　　计算各产品类别总销售额就要对各个产品类别分组，这里分组使用的是 PARTITION BY，PARTITION BY 与 GROUP BY 的功能类似，指定按照哪一列进行分组，用 product_category 分组求和，则同属于一个产品类别的每个产品，输出的都是该类别下所有产品的销售额总和。

year	product_name	product_category	sale_sum	total_sale_sum	category_sale_sum
2017	iPhone	手机	110000	1583000	523000
2018	iPhone	手机	115000	1583000	523000
2018	HuaWei	手机	138000	1583000	523000
2019	HuaWei	手机	160000	1583000	523000
2018	Canon	相机	100000	1583000	480000
2019	Canon	相机	200000	1583000	480000
2020	Canon	相机	180000	1583000	480000
2017	DELL	笔记本电脑	155000	1583000	580000
2018	DELL	笔记本电脑	130000	1583000	580000
2019	DELL	笔记本电脑	155000	1583000	580000
2020	DELL	笔记本电脑	140000	1583000	580000

　　3）各产品类别的累计销售额

　　如果要按照产品类别进行分组，按照销售额降序，求累计至当前产品的销售额 order_sale_sum。使用如下窗口函数实现：

```
SELECT *,
SUM(sale_sum) OVER() as total_sale_sum,
SUM(sale_sum) OVER(PARTITION by product_category) as category_sale_sum,
SUM(sale_sum) OVER(PARTITION by product_category ORDER BY sale_sum DESC) as order_sale_sum
from product_sale_all;
```

　　这是 SQL 中经常使用的一种计算累计的方法，先按照 product_category 进行分组，分组后每组内使用 ORDER BY 按照销售额 sale_sum 降序排列，使用 ORDER BY 时没有使用 ROWS BETWEEN 则意味着窗口是从该分组的起始行到当前行，进而可以对不同产品类别进行累加求和操作，如下图所示。

year	product_name	product_category	sale_sum	total_sale_sum	category_sale_sum	order_sale_sum
2019	HuaWei	手机	160000	1583000	523000	160000
2018	HuaWei	手机	138000	1583000	523000	298000
2018	iPhone	手机	115000	1583000	523000	413000
2017	iPhone	手机	110000	1583000	523000	523000
2019	Canon	相机	200000	1583000	480000	200000
2020	Canon	相机	180000	1583000	480000	380000
2018	Canon	相机	100000	1583000	480000	480000
2017	DELL	笔记本电脑	155000	1583000	580000	310000
2019	DELL	笔记本电脑	155000	1583000	580000	310000
2020	DELL	笔记本电脑	140000	1583000	580000	450000
2018	DELL	笔记本电脑	130000	1583000	580000	580000

　　4）各产品类别产品数

　　如果要在每一行后面加上所有的产品数量（不去重）total_products，以及当前所属产品类别下的产品数量（不去重）category_products，可以用如下窗口函数实现：

```
1  SELECT *,
2  COUNT(product_name) OVER() as total_products,
3  COUNT(product_name) OVER(PARTITION BY product_category) as category_pr
   oducts
4  from product_sale_all;
```

类似的，COUNT() 用于计数，与前面 SUM() 的用法基本一致，可以用 COUNT（distinct product_name）进行去重，但是目前 MySQL 窗口函数暂不支持 count distinct。OVER() 中不添加参数，则默认对所有数据进行计数。新计算的两个指标产品总数 total_products 和每类产品的数量 category_products 如下图所示。

year	product_name	product_category	sale_sum	total_products	category_products
2017	iPhone	手机	110000	11	4
2018	iPhone	手机	115000	11	4
2018	HuaWei	手机	138000	11	4
2019	HuaWei	手机	160000	11	4
2018	Canon	相机	100000	11	3
2019	Canon	相机	200000	11	3
2020	Canon	相机	180000	11	3
2017	DELL	笔记本电脑	155000	11	4
2018	DELL	笔记本电脑	130000	11	4
2019	DELL	笔记本电脑	155000	11	4
2020	DELL	笔记本电脑	140000	11	4

5）各产品类别的平均销售额

如果要在每一行后面加上整体的平均销售额 avg_sale_sum，以及当前所属产品类别下的平均销售额 category_ayg_sale_sum，可以用如下窗口函数实现：

```
1  SELECT *,
2  AVG(sale_sum) OVER() as avg_sale_sum,
3  AVG(sale_sum) OVER(PARTITION BY product_category) as category_ayg_sale
   _sum
4  from product_sale_all;
```

AVG 聚合函数的用法与前面的聚合运算用法一致，PARTITION BY 同样用来分组，只是这里分组后是求平均值。

year	product_name	product_category	sale_sum	avg_sale_sum	category_ayg_sale_sum
2017	iPhone	手机	110000	143909.0909	130750.0000
2018	iPhone	手机	115000	143909.0909	130750.0000
2018	HuaWei	手机	138000	143909.0909	130750.0000
2019	HuaWei	手机	160000	143909.0909	130750.0000
2018	Canon	相机	100000	143909.0909	160000.0000
2019	Canon	相机	200000	143909.0909	160000.0000
2020	Canon	相机	180000	143909.0909	160000.0000
2017	DELL	笔记本电脑	155000	143909.0909	145000.0000
2018	DELL	笔记本电脑	130000	143909.0909	145000.0000
2019	DELL	笔记本电脑	155000	143909.0909	145000.0000
2020	DELL	笔记本电脑	140000	143909.0909	145000.0000

6）各产品类别的最低销售额

如果要在每一行后面加上整体的最高销售额 max_sale_sum，以及当前所属产品类别下的最低销售额 category_min_sale_sum，可以用如下窗口函数实现：

```
1  SELECT *,
2  MAX(sale_sum) OVER() as max_sale_sum,
3  MIN(sale_sum) OVER(PARTITION by product_category) as category_min_sale
   _sum
4  from product_sale_all;
```

这里 MAX（sale_sum）函数对所有数据计算最大值，使用 PARTITION BY 对不同的产品类别进行分组，然后计算各个分组的最低销售额，如下图所示。

year	product_name	product_category	sale_sum	max_sale_sum	category_min_sale_sum
2017	iPhone	手机	110000	200000	110000
2018	iPhone	手机	115000	200000	110000
2018	HuaWei	手机	138000	200000	110000
2019	HuaWei	手机	160000	200000	110000
2018	Canon	相机	100000	200000	100000
2019	Canon	相机	200000	200000	100000
2020	Canon	相机	180000	200000	100000
2017	DELL	笔记本电脑	155000	200000	130000
2018	DELL	笔记本电脑	130000	200000	130000
2019	DELL	笔记本电脑	155000	200000	130000
2020	DELL	笔记本电脑	140000	200000	130000

4. 窗口函数之排序

使用窗口函数可以方便地进行排序，常用的排序函数有：ROW_NUMBER、RANK、DENSE_RANK，它们的区别如下：

- ROW_NUMBER 从 1 开始，按照 ORDER BY 的顺序，值相等时排名不出现并列。
- RANK 与 ROW_NUMBER 类似，只是值相等时排名会并列，并会在名次中跳过并列排名继续排名。
- DENSE_RANK 与 ROW_NUMBER 类似，只是值相等时排名会并列，并会在名次中紧接着并列的排名继续排名。

下面通过一个例子，说明使用三种不同的排名函数，按照销售额降序的方式对各产品进行排序的差异。

```
1  SELECT *,
2  ROW_NUMBER()OVER(ORDER BY sale_sum DESC) as '顺序排序',
3  RANK()OVER(ORDER BY sale_sum DESC) as '秩排序',
4  DENSE_RANK()over(ORDER BY sale_sum DESC) as '数据排序'
5  from product_sale_all;
```

ROW_NUMBER 函数按照行记录的顺序来排序，此处按从 1 到 11 顺序排列；RANK 函数在排名相等时会在名次中留下空位，此处共同排名为第 4 名，即忽略第 5 名，继续往下排列，下一行直接排到第 6 名；DENSE_RANK 函数在排名相等时在名次中不会留下空位，此处共同排名为第 4 名，不忽略第 5 名，继续往下排列，下一位为第 5 名。

year	product_name	product_category	sale_sum	row_number	rank	dense_rank
2019	Canon	相机	200000	1	1	1
2020	Canon	相机	180000	2	2	2
2019	HuaWei	手机	160000	3	3	3
2017	DELL	笔记本电脑	155000	4	4	4
2019	DELL	笔记本电脑	155000	5	4	4
2020	DELL	笔记本电脑	140000	6	6	5
2018	HuaWei	手机	138000	7	7	6
2018	DELL	笔记本电脑	130000	8	8	7
2018	iPhone	手机	115000	9	9	8
2017	iPhone	手机	110000	10	10	9
2018	Canon	相机	100000	11	11	10

5. 窗口函数之极值

如果我们要获取分组内排序第一位或者最后一位的值，可以使用 FIRST_VALUE() 和 LAST_VALUE()。

FIRST_VALUE() 是该分组内截至当前行的第一条记录，LAST_VALUE() 是该分组内截至当前行的最后一条记录。

例如，我们如果想看整体销售额最高 / 最低的产品（all_max_product/all_min_product），以及各产品类别中销售额最低的产品（category_min_product），使用如下窗口函数实现：

```
1  select *,
2  first_value(product_name)over(order by sale_sum desc) as all_max_produc
   t,
3  first_value(product_name)over(order by sale_sum asc) as all_min_produc
   t,
4  last_value(product_name)over(partition by product_category order by sa
   le_sum desc rows between unbounded preceding and unbounded following)
   as category_min_product
5  from product_sale_all;
```

FIRST_VALUE() 按分组排序后取范围内第一个值，因为没有使用 PARTITION BY，所以默认是所有数据，分别按照 sale_num 进行逆序 / 升序排列，可以获得整体销售额最高的产品（all_max_product）和最低的产品（all_min_product）。

LAST_VALUE() 取最后一个值，因为默认窗口的关系，LAST_VALUE() 会随着窗口的改变而改变，所以用 LAST_VALUE() 的时候尤其需要注意，这里使用 UNBOUNDED PRECEDING AND UNBOUNDED FOLLOWING 来限定分组内的所有记录，以此来查询每个产品类别里销售额最少的产品。

year	product_name	product_category	sale_sum	all_max_product	all_min_product	category_min_product
2019	HuaWei	手机	160000	Canon	Canon	iPhone
2018	HuaWei	手机	138000	Canon	Canon	iPhone
2018	iPhone	手机	115000	Canon	Canon	iPhone
2017	iPhone	手机	110000	Canon	Canon	iPhone
2019	Canon	相机	200000	Canon	Canon	Canon
2020	Canon	相机	180000	Canon	Canon	Canon
2018	Canon	相机	100000	Canon	Canon	Canon
2017	DELL	笔记本电脑	155000	Canon	Canon	DELL
2019	DELL	笔记本电脑	155000	Canon	Canon	DELL
2020	DELL	笔记本电脑	140000	Canon	Canon	DELL
2018	DELL	笔记本电脑	130000	Canon	Canon	DELL

6. 窗口函数之位移

如果我们要取当前记录的前 / 后几位的数据，需要用到位移函数 LAG 或 LEAD。

LAG 或 LEAD 是按照排序规则，取前多少位或后多少位，参数有 3 个：第 1 个是要取出来的列；第 2 个是移动多少位；第 3 个是如果取不到赋予的值，默认为 NULL。

如果我们按产品类别进行分组，组内按照销售额进行逆序排列，针对每一行，计算销售额排名前一位产品 lag_product 和后一位产品 lead_product，使用如下窗口函数实现：

```
1  select *,
2  lag(product_name,1,null)over(partition by product_category order by sale_sum desc) as lag_product,
3  lead(product_name,1,'0')over(partition by product_category order by sale_sum desc) as lead_product
4  from product_sale_all;
```

每个组内按照销售额逆序排列后，每一行最后会出现该分组内、该产品的前一位和后一位产品的名称，由于每个分组内第一行的前一行和最后一行的后一行不存在，系统会默认置为 NULL，也可以在函数中对 NULL 进行替换处理，如 LEAD 中将 NULL 替换成 0，结果如下图所示。

year	product_name	product_category	sale_sum	lag_product	lead_product
2019	HuaWei	手机	160000	NULL	HuaWei
2018	HuaWei	手机	138000	HuaWei	iPhone
2018	iPhone	手机	115000	HuaWei	iPhone
2017	iPhone	手机	110000	iPhone	0
2019	Canon	相机	200000	NULL	Canon
2020	Canon	相机	180000	Canon	Canon
2018	Canon	相机	100000	Canon	0
2017	DELL	笔记本电脑	155000	NULL	DELL
2019	DELL	笔记本电脑	155000	DELL	DELL
2020	DELL	笔记本电脑	140000	DELL	DELL
2018	DELL	笔记本电脑	130000	DELL	0

7. 窗口函数之分箱

如果需要对记录进行分箱，也就是把记录切分为几组，就要用到分箱函数 NTILE()。

NTILE（N）可以将数据按照顺序划分成 *N* 组，编号从 1 开始，对于每一行，返回此行所属的组的编号，NTILE（3）表示将表切分为 3 组，NTILE 也可以在 PARTITION BY 分组后分箱，表示在当前的组内进行分箱。

例如，需要把整体的销售额分为 3 组，在每个产品类别内分为 2 组，使用如下窗口函数实现：

```
select *,
ntile(3) over(order by sale_sum desc) as total_part,
ntile(2)over(partition by product_category order by sale_sum desc) as
 category_part
from product_sale_all;
```

结果如下图所示。

year	product_name	product_category	sale_sum	total_part	level_part
2019	HuaWei	手机	160000	1	1
2018	HuaWei	手机	138000	2	1
2018	iPhone	手机	115000	3	2
2017	iPhone	手机	110000	3	2
2019	Canon	相机	200000	1	1
2020	Canon	相机	180000	1	1
2018	Canon	相机	100000	3	2
2017	DELL	笔记本电脑	155000	1	1
2019	DELL	笔记本电脑	155000	2	1
2020	DELL	笔记本电脑	140000	2	2
2018	DELL	笔记本电脑	130000	2	2

8. 小结

窗口函数作为 SQL 进阶部分的内容，在复杂的数据统计和分析中发挥着巨大的作用，熟练掌握窗口函数可以帮助我们实现高效的数据分析，所以窗口函数也往往被看成 SQL 一般水平和高级水平的分水岭，也是数据分析面试中的常考知识点。至此，数据分析师所要掌握的 SQL 内容基本就完整了，多加练习，熟能生巧，SQL 这部分就没什么问题了。

第 45 问：SQL 要学习到什么程度？——SQL 在数据分析中落地

导读：做一名数据分析人员，SQL 需要掌握到什么程度呢？会增、删、改、查就可以了吗？还是说关于开发的内容也要会？不同阶段会有不同的要求吗？按笔者团队目前与 SQL 相关的工作内容，为你提供了以下参考，你可以根据场景选择需要重点学习的知识点。

1. SQL 应用场景及必备知识

注：星标根据使用频率标记，而非重要性。

1）数据查询 ★★★

● 业务场景

数据查询也就是常说的"提数"。在实际工作场景中，如果向 IT 人员提提数需求，一般都需要"沟通＋排期"，所以最有效率的建议就是自己从数据库里提数。数据分析师除了自身的分析工作外，有时（甚至是经常）还需要应付产品、运营等部门的提数需求。

● 必备知识

简单查询：即最简单的关键字组合"SELECT+FROM+WHERE+（BETWEEN/IN）"。这个简单的查询可以应对部分提数需求，例如运营想查看某段时间订单。

多表查询：INNER JOIN、LEFT JOIN 等联结关键字。数据会散落到数据库的各个角落，如果想要了解一笔订单情况，信息存在以下这些表中：订单流水表、订单详情表、商品详情表、门店表、会员表等。该部分的关键在于"明确业务分析需求→选择合适的联结方式"。

2）数据更新 ★★☆

● 业务场景

数据更新即常说的"增删改"。该场景之所以仅有两星，是因为实际工作中，数据库运维部门给到数据分析师的数据库账号多半是只读权限，也就无法去"增删改"；此外，还有数据管控的原因。所以，此场景可能更多存在于自建数据库中，如在计算机上新建虚拟机搭建数据库服务器，导入数据后方便进行下一步分析。

● 必备知识

数据库与表的创建、删除和更新。该部分知识点关键在于"字段类型的设置"要符合后续分析需求，如订单商品数量就要设置成数值类型，订单日期设置成日期类型等。

3）分析数据 ★★★

● 业务场景

分析数据可谓是数据分析师的核心工作。面对复杂的业务问题，重点在于将其拆解、转译成简单的 SQL 问题。例如，教育行业中某领导要求你"分析某课程的效果如何"，课程效果可通过学生成绩反映，即要计算成绩最大值、最小值、学生成绩分布，这时就要使用 SQL 语句。

- 必备知识

汇总分析：用 GROUP BY 关键字解决业务问题。如计算每个课程学生的平均成绩：

```
1  SELECT avg(成绩) FROM 成绩表 GROUP BY 课程
```

复杂查询：如嵌套子查询、标量子查询、关联子查询，可应对更复杂的业务问题。如找出每个课程最高分的学生时，需要按课程分组后找到最高成绩记录，可以应用关联子查询：

```
1  SELECT 学生名字 FROM 成绩表 a WHERE 成绩 = (SELECT max(成绩) FROM 成绩表 b
   WHERE a.课程=b.课程)
```

窗口函数：聚合 / 排序函数 OVER（PARTITION BY…ORDER BY…）。此函数可解决复杂业务问题，如常见的 TOP N 问题：找出每个课程成绩前三的学生，需要按课程分组对学生按成绩排名，再从中找出排名前三的学生：

```
1  SELECT 学生名字 FROM ( SELECT 学生名字, dense_rank()over(partition by 课程
   order by 成绩 desc) as '成绩排名' FROM 成绩表) t WHERE t.成绩排名<4
```

4）数据产品 ★☆☆

- 业务场景

部分岗位（如用户数据中心）需要负责搭建如 CDP 这样的数据产品，虽然多数情况下是由开发部门负责数据库工作，但是对于里面核心的功能如运营指标体系、模型报表等，背后的计算逻辑、数据流，要求数据分析师了如指掌。

此外，对于刚开始建立数据分析团队的部门，还存在"数据同步"的需求，即要从 ERP、CRM 等系统中将需要分析的元数据同步到自己的数据库里便于分析，而此需求需要通过存储过程实现。

- 必备知识

存储过程：即 PROCEDURE，可以将某业务需求或者数据产品中的报表对应的所有 SQL 语句放在一起，方便一键执行，如 RFM 模型里的语句可以写成存储过程，计算结果实时同步到前端"SQL SERVER"计划。面对"数据同步"需求，有了存储过程后，还需要进行定时任务，在非业务时间执行数据同步的存储过程。如是使用 SQL SERVER 版本，可以通过"计划"实现定时任务。

5）项目部署 ★☆☆

● 业务场景

数据分析结论在业务场景测试有效后，就需要通过报表、模型等方式落地形成业务常态。而这个项目落地，可以交给开发部门处理，但更有效的方式是分析师可以参与到部署的过程中。

在这个过程中，其中一个重要的部分就是数据库的设计，即设计表格以提高计算效率。

● 必备知识

数据库设计与"SQL 三范式"："SQL 三范式"的目的在于解决数据冗余、计算效率低等问题，另一方面对数据增加、修改更友好。

以上从业务场景出发，讨论业务问题的解决方案与 SQL 知识点的关系，帮助读者解决学习了 SQL 之后可以做什么的问题。

2. 如何分析用户？——用 SQL 做一份数据分析报告涉及哪些知识点？

在工作中，每个数据分析师都离不开做数据分析报告，而一份可落地的报告更是要求灵活地应用工具及理论知识。接下来，我们从工具应用的角度，看看如何用 SQL 做一份完整的数据分析报告。

1）数据导入

（1）新建数据库。

（2）用数据库管理工具 Navicat 连接数据库。

（3）通过 Navicat 将数据（如 Excel、SQL 脚本等格式）导入数据库。

2）数据清洗

数据清洗的目的是将数据按照业务分析需求，剔除异常值、离群值，使分析结果更准确地反映业务实际。

常见的应用如下：

是否存在空值：

```
1   WHERE `字段名` is null
```

是否存在重复数据：通过 GROUP BY 关键字实现。

```
1   SELECT COUNT(*) FROM 表名 GROUP BY 字段名 HAVING COUNT(*) >1
```

是否存在业务定义以外的数据：

例如，需要分析华南数据，而数据中出现华北数据。

3）数据格式化

这一步骤需要根据后续分析需求，调整表格结构、数据格式等，如出于数据存放原因，拿到的数据表格可能是一维表，不能满足分析需求，需要将其调整为二维表。

常见的应用如下：

时间函数：如将"时间戳"格式化为日期、时间、月份、周（常见于周分析）等，可通过"FROM_UNIXTIME""DATE_FORMAT"等函数实现。

行列互换：如解决上述的一维表转为二维表的问题，可通过关键字"CASE WHEN"实现。

字段的拆分与合并：如将收货地址字段拆为省、市、镇等字段，可通过"CONCAT""LEFT""RIGHT""SUBSTRING"等函数实现。

4）整体分析

在开始真正的分析之前，需要进行探索性数据分析（Exploratory Data Analysis，EDA），也就是对现有数据进行整体分析，对现状有大体的了解。更重要的是，通过整体分析，找出业务运营存在的问题，进而提出业务目标，展开后续的深度分析。

常见的应用如下：

漏斗分析：如 AARRR 模型、阿里营销模型 AIPL 等，通过简单的"COUNT"函数可直接实现。

5）建立视图

面对复杂的业务分析，SQL 语句也会变得复杂，往往需要不断嵌套。为了减少分析时语句的复杂性、避免重复执行相同语句，可以采用新建视图的方式，将重复性高的语句固定为视图，再在此基础上进行复杂查询。

新建视图：

```
CREATE VIEW 视图名 AS SELECT..
```

6）用户分析

在整体分析中，明确业务问题、目标后，便可开始进行用户分析。根据分析目的的不同，采用不同的分析方法，常见的分析方法如下：

● "人货场"分析
● "复购"分析

核心问题在于如何计算"复购"：

◆ 用"窗口函数 +DENSE_RANK()"统计每个订单是该用户的第几次消费，命名为 'N_CONSUME'。
◆ 第一次消费即为用户"首购订单"，大于或等于第二次消费的订单则为"复购订单"。
◆ 针对复购订单进行统计，即可进行复购分析。

- "RFM 模型"分析

核心问题在于如何定义阈值及人群划分：

- ◆ 通过"窗口函数"可计算出每个用户的 RFM 值：

    R：每个用户最后消费日期，与分析日期相减的天数。

    F：通过复购分析中得出的 N_CONSUME，计算最大消费次数。

    M：简单地合计用户所有消费金额。

- ◆ 阈值：可通过计算所有用户的 RFM 平均值获得。

- ◆ 根据 RFM 高低值通过"CASE WHEN"将所有用户划分到八类人群中。

3. 小结

作为专注数据分析结论 / 项目在业务落地以实现增长的分析师，建议在开始学习新技能前，先明确应用场景。也就是先了解与 SQL 相关的数据分析工作有哪些，有了目标，才能知道需要准备什么知识来应对。

3.3 Python

第 46 问：什么是 Python？——Python 的介绍与开始

> 导读：随着 5G、大数据时代来临以及 Python 编程语言的火爆，Python 早已成为数据分析师必备的核心技能。对于数据分析，使用 Python 可以检查数据表、清洗数据表、数据预处理、数据提取、数据筛选汇总等。

1. Python 简介

Python 由荷兰数学和计算机科学研究学会的 Guido van Rossum 于 20 世纪 90 年代初设计，作为一门叫作 ABC 语言的替代品。Python 提供了高效的数据结构，还能简单有效地面向对象编程。由于 Python 语言的简洁性、易读性以及可扩展性，在 2020 年 IEEE Spectrum 发布的编程语言排行榜中，Python 超过 C 语言与 Java 处于冠军，成为当下最流行的编程语言之一。

Python 之所以能越来越受欢迎，和当前发展迅猛的人工智能以及数据分析有密切的关系，Python 拥有功能强大且简单易用的扩展库。例如，常见的库 NumPy、SciPy、Pandas 和 Matplotlib，它们分别为 Python 提供了快速数组处理、数值运算以及数据处理分析和可视化的功能。

综上所述，Python 语言及其众多的扩展库所构成的开发环境十分适合于数据读写、数据处理、数据建模与分析和数据可视化等。

2. Python 的特点

1）Python 强大的第三方库

Python 语言拥有简洁易读的特性，它的生态完善且有很多扩展库。在数据分析过程中，可以通过调用不同的库来完成相应的工作，例如 NumPy、SciPy、Pandas 以及 Matplotlib 这些模块分别承担着数据分析工作不同的任务，只需要写很少的代码就能完成分析工作。

2）分析脚本复用性强

当使用 Python 进行数据分析时，可以将分析的过程保存下来，从而实现对分析过程的追溯，而且当一个数据分析的任务完成后，我们可以将代码保存下来，后续可以复用，从而提升工作效率。

3）Python 功能完善

Python 不仅可以用来进行数据分析，还在网络爬虫、Web 站点开发、自动化运维等众多场景都有广泛的应用。

我们可以用 Python 的爬虫框架 Scrapy 来爬取数据，然后交给 Pandas 做数据清洗处理，最后使用 Python 的 Django 框架搭建 Web 站点将结果展示出来。在这个过程中，仅靠 Python 语言的框架实现了全部需求。使用同一种编程工具对于后续的维护和迭代都是非常高效的。

3. Python 的安装

Python 的安装操作请在本书前言扫码获取小册子查看。

4. 小结

对于数据分析师而言，经常需要从事数据库读写、数据处理、数据分析、报告撰写、数据可视化及数据挖掘等工作。一般很难有一个工具能完整地完成数据分析的整个过程，都要搭配其他的工具进行，而且不可避免地会存在重复机械的劳动，从而降低工作效率，如果使用 Python 进行数据分析，你会发现一个工具就可以完成整个数据分析过程，操作的自由度更高，效率也会得到很大的提升。

ⓜ 第 47 问：Python 基础语法有哪些？

> 导读：了解了 Python 语言的特点，以及为何适合做数据分析，接下来将一步步学习数据分析中所需要的 Python 知识点。我们先从 Python 的基础语法开始讲起。

1. 第一个 Python 程序

学习任何语言，第一个程序就是 Hello World，相比于 C 语言和 Java，Python 的语法格式非常简单，直接 print() 即可。下面我们开始写第一个 Python 程序。

```
1  print("Hello World!")
2  print("这是我的第一段代码！")
```

输出结果：

Hello World!

这是我的第一段代码!

2. Python 注释

Python 语法中使用 # 给代码添加单行注释。如果有多行的注释，可以使用三对双引号将其包括进来。

```
1  print("#为单行注释，多行注释请用三对双引号。")  #我是单行注释，仅做解释说明，不会运
   行
```

输出结果：

为单行注释，多行注释请用三对双引号。

```
1  """
2  我是多行注释
3  这是第一行注释
4  这是第二行注释
5  这是第三行注释
6  """
```

3. Python 代码架构

Python 代码中，一条语句的末尾不需要使用；来结束，而直接使用换行表示语句末尾。也不需要使用 {} 或者其他明显的标志来限制代码的开始和结束，而是根据代码的缩进来确定代码的关系，连续的同一缩进的代码为同一个代码块。

如果一条语句太长，可以使用"\"将它分割成多行：

```
1  #如果一条语句太长，可以使用"\"将它分割成多行：
2  from math import *
3  x=16
4  y=abs(x)+abs(x*x)+sqrt(x-12) \
5    +sqrt(x*x-60)+pow(abs(x),2) \
6    +pow(x,3)
7  print(y)
```

输出结果：

```
4640.0
```

4. 运算符

Python 中，提供了常用的运算符。我们先来看看数学运算符。

```
1  a=10
2  b=2
3  c=3
4  d=True
5  print('a+b:',a+b) #加
6  print('a-b:',a-b)#减
7  print('a*b:',a*b)#乘
8  print('a/b:',a/b)#除
9  print('a除以b取余:',a%b)#取余
10 print('a的c次方:',a**c)#乘方
11 print('a整除c:',a//c)#整除
12 print('d取反:',not d) #布尔型取反
```

输出结果：

a+b: 12

a-b: 8

a*b: 20

a/b: 5.0

a 除以 b 取余：1

a 的 c 次方：1000

a 整除 c：3

d 取反：False

5. 字符串操作

1）字符串索引切片

如果要从字符串中截取一段子字符串，可以通过 str[start:end] 来获得。其中 start 为

开始索引，end 为结束索引，但 end 对应索引的字符不包含在内。如果只取单个字符，则只需要指定 start 参数即可。

```
1  string = "Hello World!"
2  print('第2个字符: ',string[1])
3  print('前5个字符: ',string[0:5])
4  print('前5个字符: ',string[:5])
5  print('第6个字符以后的字符: ',string[5:])
6  print('最后一个字符: ',string[-1])
7  print('除最后一个字符外的所有字符: ',string[:-1])
8  print('倒数第3和倒数第2个字符: ',string[-3:-1])
```

输出结果：

第 2 个字符：　e

前 5 个字符：　Hello

前 5 个字符：　Hello

第 6 个字符以后的字符：　World!

最后一个字符：　!

除最后一个字符外的所有字符：　Hello World

倒数第 3 和倒数第 2 个字符：　ld

2）格式化字符串

```
1  name = '数据分析星球'
2  age = 18
3  job = '数据分析师'
4  print("大家好，我是: %s,我今年%d岁。"%(name,age))   #使用%占位符格式化字符串
5  print("大家好，我是: {},我今年{}岁。".format(name,age))   #使用format()函数格式化字符串
6  print(f"大家好，我是{name},我今年{age}岁, 我是一名{job}。")  #使用f-string来格式化字符串
```

输出结果：

大家好，我是：数据分析星球，我今年 18 岁。

大家好，我是：数据分析星球，我今年 18 岁。

大家好，我是数据分析星球，我今年 18 岁，我是一名数据分析师。

3）字符串操作函数

其他常用的字符串操作函数如下：

```
1   capitalize()：字符串首字母大写。
2   title()：将字符串中各个单词的首字母大写。
3   lstrip()、rstrip()、strip()：分别用于去除字符串左边、右边和左右两边的空格。
4   tartswith(prefix, start, end)：该字符串是否以某个字符串开始。
5   endswith(suffix, start, end)：该字符串是否以某个字符串结尾。
6   find(s, start, end)：从左到右寻找是否包含字符串s，返回找到的第一个位置。
7   rfind(s, start, end)：和find()类似，只不过它从右到左寻找。
8   index(s, start, end)：和find()类似，但如果没找到将会返回错误。
9   rindex(s, start, end)：和index()类似，只不过它从右到左寻找。
10  isalnum()：如果字符串中至少有一个字符，且字符串由数字和字母组成，则为True。
11  isalpha()：如果字符串中至少有一个字符，且字符串由字母组成，则为True。
12  isdigit()：是否为数字（整数），小数点不算，只支持阿拉伯数字。
13  isnumeric()：是否为数字。支持本地语言下的数字，例如中文"一千三百""壹万捌仟"等。
14  replace(s1, s2)：将字符串中的s1替换成s2。
```

6. 数据类型

Python 的常用数据类型如下。

```
1   number（数字）
2   int（整型）
3   float（浮点型）
4   complex（复数）：复数由实数部分和虚数部分构成，可以用 a + bj 表示
5   bool（布尔型）
6   string（字符串）
7   list（列表）
8   tuple（元组）
9   dict（字典）
10  set（集合）
```

1）基础数据类型

```
1   x1 = "Hello World! " #字符串(str)是一种文本类型的变量
2   print('这是字符串: ',x1)
3   x2 = 29 #整数(int)
4   print('这是整数: ',x2)
5   x3 = 29.99 #浮点数(float),带有小数点
6   print('这是浮点数: ',x3)
7   x4 = True #布尔变量 (bool) 只有True/False两种取值的变量
8   print('这是布尔变量: ',x4)
9   x5 = complex(2,2) #复数
10  print('这是复数: ',x5)
```

输出结果：

这是字符串： Hello World！

这是整数： 29

这是浮点数： 29.99

这是布尔变量： True

这是复数：（2+2j）

2）列表 list

list 是一种有序的、可变的数据集合，可以添加或者删除列表中的元素。

可以通过索引从列表中取出元素，例如 list[1] 将取出第二个数据（索引从 0 开始）。

list[start,end] 可以从列表中取出一定范围内的元素（包含 start，不包含 end），例如 list[1:3]，取出从索引 1 开始到索引 3 结束（不包含索引 3）的 2 个元素。

如果索引超出范围（例如索引大于等于列表元素个数），将会报错。

索引可以是负数，负数表示从后往前计数取数据，最后一个元素的索引此时为 -1。

- list 切片

```
1  people =  ["数据分析星球","张三","李四","王五","Leonardo Dicaprio","Tom Cr
   uise","Brad Pitt"]
2  print('整个列表: ',people)
3  print('列表第1个元素: ',people[0])
4  print('列表第2到第4个元素: ',people[1:4])
5  print('列表最后1个元素: ',people[-1])
6  print('列表倒数第3和第2个元素: ',people[-3:-1])
```

输出结果：

整个列表： [' 数据分析星球 ', ' 张三 ', ' 李四 ', ' 王五 ', 'Leonardo Dicaprio', 'Tom Cruise', 'Brad Pitt']

列表第 1 个元素： 数据分析星球

列表第 2 到第 4 个元素： [' 张三 ', ' 李四 ', ' 王五 ']

列表最后 1 个元素： Brad Pitt

列表倒数第 3 和第 2 个元素： ['Leonardo Dicaprio', 'Tom Cruise']

· list 常用函数

list 常用函数如下：

```
1  append(element): 往列表最后附加一个元素。
2  insert(index, element): 往列表指定索引位置插入一个元素。
3  pop() 将最后一个元素从列表中取出来，并从列表中删除该元素。
4  del list[idx]: 删除列表中的一个索引对应的元素。
5  extend(seq): 在原来的列表后追加一个系列。
```

```
6   remove(obj): 从列表中删除第一个匹配obj的元素。
7   clear(): 清空整个列表。
8   count(obj): 计算元素obj在列表中出现次数。
9   sort(key=…, reverse=…): 将list按照指定的key排序; reverse用于指定是否反序。
```

3）元组 tuple

元组 tuple 和列表 list 类似，它们的区别在于 tuple 是不可变的，即如果元组初始化了，则不能改变，所以 tuple 没有 pop()/insert() 这些方法。

需要注意的是，这里的不可变，指的是不能直接将 tuple 元素改变成另一个元素，但如果 tuple 的元素是一个可变对象，例如 list，那么，list 里面的内容是可以改变的，但不能用另一个 list 去替换 tuple 中既有的 list。

其切片方式与列表 list 相似。

```
1   people_tuple =   ("数据分析星球","张三","李四","王五","Leonardo Dicaprio",
    "Tom Cruise","Brad Pitt")
2   print('整个元组: ',people)
3   print('元组第1个元素: ',people[0])
4   print('元组第2到第4个元素: ',people[1:4])
5   print('元组最后1个元素: ',people[-1])
6   print('元组倒数第3和第2个元素: ',people[-3:-1])
```

输出结果：

整个元组： [' 数据分析星球 '，' 张三 '，' 李四 '，' 王五 '，'Leonardo Dicaprio', 'Tom Cruise', 'Brad Pitt']

元组第 1 个元素： 数据分析星球

元组第 2 到第 4 个元素： [' 张三 '，' 李四 '，' 王五 ']

元组最后 1 个元素： Brad Pitt

元组倒数第 3 和第 2 个元素： ['Leonardo Dicaprio', 'Tom Cruise']

4）字典 dict

字典（dict）是用于保存键 - 值（key-value）对的可变数据结构。

字典的每个键—值（key-value）对用冒号（:）分割，每个键值对之间用逗号（,）分割，整个字典包括在花括号 {} 中。

格式：d = {key1 : value1, key2 : value2 }。

字典中的 key 必须唯一，即不能有两对 key 一样的元素。

可以通过 d[key] 的方式，获得对应 key 的 value。如果不存在对应的 key，则会报错。

· 字典操作

```
1  d = {'one': 1, 'two': 2, 'three': 3, 'four':4, 'five': 5}
2  print('原始字典: ',d)
3  d['six']=7   #给字典增加数据
4  print('给字典增加数据:',d)
5  d['six']=6 #修改某个key对应的值
6  print('修改某个key对应的值:',d)
7  del d['six'] #删除某个key对应的元素
8  print('删除某个key对应的元素:',d)
```

输出结果：

原始字典：{'one': 1, 'two': 2, 'three': 3, 'four': 4, 'five': 5}

给字典增加数据：{'one': 1, 'two': 2, 'three': 3, 'four': 4, 'five': 5, 'six': 7}

修改某个 key 对应的值：{'one': 1, 'two': 2, 'three': 3, 'four': 4, 'five': 5, 'six': 6}

删除某个 key 对应的元素：{'one': 1, 'two': 2, 'three': 3, 'four': 4, 'five': 5}

· 字典常用函数

字典 dict 常用函数如下：

```
1  items(): 以列表返回可遍历的(键，值) 元组数组。
2  keys(): 返回一个包含所有键的可迭代对象，可以使用 list() 来转换为列表。
3  values(): 返回一个包含所有值的可迭代对象，可以使用 list() 来转换为列表。
4  pop(key[,default]): 取出对应key的值，如果不存在，则使用default值。
5  popitem(): 取出字典中最后一个key-value对。
6  get(key[,default]): 取出对应key的值，如果不存在这个key，则使用default值。
```

5）集合 set

集合 set 是一个无序的不重复元素序列。可以使用 set() 函数来创建一个集合，该函数可以接收字符串、列表、元组和字典类型的数据作为输入。如果往集合中放入重复元素，将只会保留一个。

```
1  s='aabcdde'
2  print('从字符串创建一个集合:',set(s)) #从字符串创建一个集合
3  lst = [1,2,3,3]
4  print('从列表创建一个集合:',set(lst)) #从列表创建一个集合
5  tup = ('数据分析星球','数据分析师','数分','数据分析星球')
6  print('从元组创建一个集合:',set(tup)) #从元组创建一个集合
7  d = {'id':1,'name':'数据分析星球'}
8  print('从字典创建一个集合:',set(d)) #从字典创建一个集合，仅输出字典的key
```

输出结果：

从字符串创建一个集合：{'b', 'e', 'a', 'c', 'd'}

从列表创建一个集合：{1, 2, 3}

从元组创建一个集合：{'数据分析师', '数据分析星球', '数分'}

从字典创建一个集合：{'id', 'name'}

· 集合常用函数

集合 set 常用函数如下：

```
1  add()：向set中增加一个元素，如果该元素已经在set中，则不会成功。
2  update(seq)：向set中添加多个元素。seq可以是字符串、tuple、list或者另一个set。
3  discard(item)：从集合中删除指定的元素。
4  remove(item)：从集合中删除指定的元素。如果该元素不存在，会报错。
5  pop()：从集合中移除一个元素。因为集合是无序的，不能确保移除的是哪一个元素。
```

· 集合运算

集合之间还可以进行集合运算，主要如下：

交集（intersection）：两个集合操作，生成一个新的集合。只有两个集合中都有的元素，才会被放到新的集合中，可以使用运算符"&"或者 intersection() 函数进行交集操作。

并集（union）：两个集合生成一个新的集合，两个集合中的元素都会放到新的集合中，可以使用操作符"|"或者 union() 函数进行并集操作。

差集（difference）：两个集合生成新的集合，在原集合基础上，减去两者都有的元素，生成新的集合，可以使用操作符"-"或者 difference() 函数进行差集操作。

7. 小结

Python 的基础语法包括常用的运算符、字符串操作以及各种常见的基础数据类型，如 list、tuple、dict、set 等，这些是我们后面学习 Python 其他语法的基础，尤其是字符串和各种数据类型的操作，会在数据分析中频繁使用，务必要多加练习，熟练掌握。

第 48 问：Python 数据分析工具包 Pandas 是什么？

导读：通常情况下，原生 Python 代码会比较慢，代码的执行效率很低，而且要实现数据分析还要编写一定量的代码。此时，Pandas 应运而生。Pandas 提供了一个用于编译代码的 Python 接口，不仅能够很方便地实现数据分析的各种操作，还能够实现高性能的数据计算。

在介绍 Pandas 之前，可以先认识另一个在数据分析中常用的 Python 库 NumPy。NumPy 有着高效的数组操作、广泛的数学和科学计算功能、丰富的函数和方法，可以帮助数据分析人员更加轻松地进行数据分析工作。NumPy 的相关操作请在本书前言扫码获取小册子查看。

1. Pandas 简介

Pandas（Python Data Analysis Library）是 Python 的核心数据分析库，是为了解决数据分析任务而创建的。它提供了快速、灵活、强大的数据结构和丰富的函数和方法，能够简单、直观地处理各种复杂的数据，是 Python 数据分析的必备高级工具。其长远目标是成为最强大、最灵活、可以支持任何语言的开源数据分析工具。经过多年不懈的努力，Pandas 离这个目标已经越来越近了。Pandas 是大数据分析的重要工具，当你学会 Pandas 后，会发现 Pandas 比 Excel 好用太多了。

2. Pandas 实操

1）Pandas 数据结构

Pandas 的强大在于它提供了两个非常灵活、强大的数据结构：Series 和 DataFrame。Series 可以简单地理解为 Excel 中的行或者列。DataFrame 可以理解为整个行和列组成的 Excel 表格，当然这只是形象的理解，实际上它们的功能要比 Excel 灵活得多。

Series：一维数组，与 Numpy 中的一维 array 类似。二者与 Python 基本的数据结构 list 也很相近。Series 能保存不同种数据类型，字符串、boolean 值、数字等都能保存在 Series 中。它除了包含一组数据还包含一组索引，所以可以把它理解为一组带索引的数组。

DataFrame：将数个 Series 按列合并而成的二维表格型数据结构，每一列单独取出来是一个 Series，这和 SQL 数据库中取出某列数据类似。因为 Series 可以理解为是 DataFrame 的简单形式，所以以下的内容主要以 DataFrame 为主。

2）创建 Series 和 DataFrame

在开始本文的操作前，首先要导入 NumPy、Pandas、matplotlib 几个会用到的库。

```
1  import pandas as pd
2  import numpy as np
3  import matplotlib.pyplot as plt
```

通过传递一个列表 list 来创建 Series，Pandas 会默认创建从 0 开始递增的整型索引 Index，如果需要指定索引 Index，传入索引 Index 参数即可。

```
1  s1 = pd.Series([1,3,5,np.nan,6,8])#np.nan是空值
2  s2 = pd.Series([1,3,5,np.nan,6,8],index=['A','B','C','D','E','F'])
3  print('创建默认index的Series: \n',s1)
4  print('创建指定index的Series: \n',s2)
```

输出结果：

创建默认 Index 的 Series：

0 1.0

1 3.0

2 5.0

3 NaN

4 6.0

5 8.0

dtype: float64

创建指定 Index 的 Series：

A 1.0

B 3.0

C 5.0

D NaN

E 6.0

F 8.0

dtype: float64

DataFrame 可以理解为由多个 Series 合并而成，其创建和 Series 类似。这里通过传递一个连续数组作为值，将日期作为行索引 Index，指定标签作为列名 columns，创建一个 DataFrame：

```
1  dates = pd.date_range('20210101', periods=6) #该函数主要用于生成一个固定频
   率的时间索引，在调用构造方法时，必须指定start、end、periods中的两个参数值
2  print('生成的日期为: \n',dates)
3  value = np.arange(1,19).reshape(6,3) #np.arange返回一个范围从[low, high)
   的连续一维数组，reshape(M,N)函数把一维数组重塑为M行M列
4  print('生成的连续数组为: \n',value)
5  df = pd.DataFrame(data=value, index=dates, columns=['column1','column
   2','column3'])
6  print('创建的DataFrame为: \n',df)
```

输出结果：

生成的日期为：

DatetimeIndex(['2021-01-01', '2021-01-02', '2021-01-03',

```
'2021-01-04',
            '2021-01-05', '2021-01-06'],
        dtype='datetime64[ns]', freq='D')
```

生成的连续数组为：

```
[[ 1  2  3]
 [ 4  5  6]
 [ 7  8  9]
 [10 11 12]
 [13 14 15]
 [16 17 18]]
```

创建的 DataFrame 为：

```
        column1 column2 column3
2021-01-01 1   2   3
2021-01-02 4   5   6
2021-01-03 7   8   9
2021-01-04 10  11  12
2021-01-05 13  14  15
2021-01-06 16  17  18
```

通过传递一个字典 dict 对象来创建一个 DataFrame：

```
1  df2 = pd.DataFrame({ 'column1' : pd.date_range('20210101',periods=4,fr
   eq='7D'),
2                       'column2' : pd.Series(np.arange(4),dtype='float'),
3                       'column3' : np.array([1,2,3,4]),
4                       'column4' : ['This','is','pandas','!'] })
5  print('通过字典dict对象创建DataFrame: \n',df2)
```

输出结果：

通过字典 dict 对象创建 DataFrame：

```
  column1 column2 column3 column4
0 2021-01-01 0.0 1 This
1 2021-01-08 1.0 2 is
2 2021-01-15 2.0 3 pandas
3 2021-01-22 3.0 4 !
```

可以看到各列的数据类型为：

df2.dtypes

column1 datetime64[ns]

column2 float64

column3 int32

column4 object

dtype: object

3）查看数据

使用 head() 和 tail() 分别查看 DataFrame 头部和尾部的几行；使用 describe() 能对数据做一个快速统计汇总，包括计算每一列的计数、平均值、分位值等。

```
1  print('查看前5行数据: \n',df.head()) #默认是5行
2  print('查看最后3行数据: \n',df.tail(3)) #查看指定的最后N行的数据
3  print('查看数据概览: \n',df.describe())
```

输出结果：

查看前 5 行数据：

```
       column1 column2 column3
2021-01-01 1    2    3
2021-01-02 4    5    6
2021-01-03 7    8    9
2021-01-04 10  11  12
2021-01-05 13  14  15
```

查看最后 3 行数据：

```
       column1 column2 column3
2021-01-04 10  11  12
2021-01-05 13  14  15
2021-01-06 16  17  18
```

查看数据概览：

```
       column1  column2  column3
count  6.000000  6.000000  6.000000
mean   8.500000  9.500000  10.500000
std    5.612486  5.612486  5.612486
min    1.000000  2.000000  3.000000
```

```
25% 4.750000 5.750000 6.750000
50% 8.500000 9.500000 10.500000
75% 12.250000 13.250000 14.250000
max 16.000000 17.000000 18.000000
```

显示行索引 Index、列名 Columns 以及 DataFrame 数据 Values：

```
1  print('查看DataFrame的行索引: \n',df.index)
2  print('查看DataFrame的列名: \n',df.columns)
3  print('查看DataFrame的数据: \n',df.values)
```

输出结果：

查看 DataFrame 的行索引：
  DatetimeIndex（['2021-01-01', '2021-01-02', '2021-01-03', '2021-01-04',
    '2021-01-05','2021-01-06'],
  dtype='datetime64[ns]', freq='D'）
查看 DataFrame 的列名：
Index（['column1', 'column2', 'column3'], dtype='object'）
查看 DataFrame 的数据：
[[1 2 3]
 [4 5 6]
 [7 8 9]
 [10 11 12]
 [13 14 15]
 [16 17 18]]

对 DataFrame 数据按轴进行排序，通过指定 axis，对行索引、列名按照升序 ascending/ 降序 descending 排序。axis=0，对行索引进行排序；axis=1，对列名进行排序。

```
1  df.sort_index(axis=0, ascending=False) #axis=0,对行索引进行排序
2  df.sort_index(axis=1, ascending=False) #axis=1,对列名进行排序
```

输出结果：

```
column1 column2 column3
2021-01-06 16 17 18
2021-01-05 13 14 15
```

```
2021-01-04 10 11 12
2021-01-03 7 8 9
2021-01-02 4 5 6
2021-01-01 1 2 3
```

按值大小进行排序：通过 by 指定一个或多个字段进行排序，ascending=True/False
指定升序 / 降序排序

```
1  df.sort_values(by='column1',ascending=False)  #按照column1列的数据降序排序
```

输出结果：
```
column1 column2 column3
2021-01-06 16 17 18
2021-01-05 13 14 15
2021-01-04 10 11 12
2021-01-03 7 8 9
2021-01-02 4 5 6
2021-01-01 1 2 3
```

4）数据索引和切片

• Pandas 数据索引和切片主要通过 loc、iloc 和 ix 3.4.1 数据选取

通过使用 df['column'] 或者 df.column 选择某一列数据，它会返回一个 Series。

```
1  df['column1']
```

代码运行结果：
```
2021-01-01 1 2021-01-02 4 2021-01-03 7 2021-01-04 10 2021-
01-05 13 2021-01-06 16 Freq: D, Name: column1, dtype: int32
```
通过使用 df[start,end] 选取某些行：

```
1  df[0:3]
```

代码运行结果：
```
column1 column2 column3
2021-01-01 1 2 3
2021-01-02 4 5 6
```

2021-01-03 7 8 9

· 通过标签选取 loc

使用 loc 标签分别指定行、列范围，同时对行、列进行选取：

```
1  df.loc['2021-01-01':'2021-01-04',['column1','column2']]
```

代码运行结果：

```
column1 column2
2021-01-01 1 2
2021-01-02 4 5
2021-01-03 7 8
2021-01-04 10 11
```

· 通过位置选取 iloc

通过传递整型的行、列位置进行选取，与 Python/Numpy 形式相同，行在前，列在后，如果行 / 列指定为"："，则默认选取所有行 / 列：

```
1  print('同时对行列进行切片: \n',df.iloc[3:5,0:2])
2  print('只对行进行切片: \n',df.iloc[1:3,:])
3  print('只对列进行切片: \n',df.iloc[:,1:3])
```

输出结果：

```
同时对行列进行切片:
        column1 column2
2021-01-04 10 11
2021-01-05 13 14
只对行进行切片:
        column1 column2 column3
2021-01-02 4 5 6
2021-01-03 7 8 9
只对列进行切片:
        column2 column3
2021-01-01 2 3
2021-01-02 5 6
2021-01-03 8 9
2021-01-04 11 12
```

2021-01-05 14 15

2021-01-06 17 18

• 布尔索引

用某列的值作为筛选条件来选取数据：

```
1  df[df['column1']> 5]
```

代码运行结果：

```
           column1 column2 column3
2021-01-03 7 8 9
2021-01-04 10 11 12
2021-01-05 13 14 15
2021-01-06 16 17 18
```

用 isin() 方法判断字符串是否满足条件，以此来筛选数据：

```
1  df['column4'] = ['one', 'two', 'three', 'four', np.nan, np.nan]
   #在Pand as中，用**np.nan**来代表缺失值，这些值默认不会参与运算。
```

代码运行结果：

```
           column1 column2 column3 column4
2021-01-01 1 2 3 one
2021-01-02 4 5 6 two
2021-01-03 7 8 9 three
2021-01-04 10 11 12 four
2021-01-05 13 14 15 NaN
2021-01-06 16 17 18 NaN
```

```
1  df[df['column4'].isin(['two', 'four'])]
```

代码运行结果：

```
           column1 column2 column3 column4
2021-01-02 4 5 6 two
2021-01-04 10 11 12 four
```

5）数据处理

• 缺失值处理

在 Pandas 中，用 np.nan 来代表缺失值，这些值默认不会参与运算。

剔除所有包含缺失值的行数据：

```
1  df.dropna(how='any')
```

代码运行结果：

```
        column1 column2 column3 column4
2021-01-01 1  2  3  one
2021-01-02 4  5  6  two
2021-01-03 7  8  9  three
2021-01-04 10 11 12 four
```

填充缺失值：

```
1  df['column4'].fillna('这是空值！')
```

代码运行结果：

```
2021-01-01 one
2021-01-02 two
2021-01-03 three
2021-01-04 four
2021-01-05 这是空值！
2021-01-06 这是空值！
```

6）数据合并

· Merge

Pandas 提供了三种数据合并方式：Merge、Join、Concat。三者的功能类似，但又有所区别，使用很容易混淆，下面通过实际的案例进行讲解。

Merge 相当于 SQL 中的表连接（JOIN）。该函数的典型应用场景是两张表有相同内容的列（即 SQL 中的键），现在想把两张表整合到一张表里，多用于横向拼接，Merge 默认是内连接（INNER JOIN），即取两个元数据的交集。

```
1  left = pd.DataFrame({'userid':['user1', 'user2','user3'], 'age':[20,22
   ,24]})
2  right = pd.DataFrame({'userid':['user1', 'user2','user4'], 'score':[70
   ,80,90]})
3  print('left:\n',left)
4  print('right:\n',right)
```

输出结果：

```
left:
userid age
0 user1 20
```

1 user2 22

2 user3 24

right:

userid score

0 user1 70

1 user2 80

2 user4 90

```
1  print('默认内连接inner join:\n',pd.merge(left, right))
2  print('左连接left join:\n',pd.merge(left, right, left_on='userid',right
   _on='userid',how='left'))
```

输出结果：

默认内连接 inner join:

userid age score

0 user1 20 70

1 user2 22 80

左连接 left join:

userid age score

0 user1 20 70.0

1 user2 22 80.0

2 user3 24 NaN

• Join

Join 的用法与 Merge 类似，但区别是 Join 更常用于基于行索引的合并，其参数的意义与 Merge 基本相同，只是 Join 默认为左连接（LEFT JOIN）。

```
1  left1=pd.DataFrame([{"name":'张三',"age":20},{"name":'李四',"age":22},{
   "name":'王五',"age":24},{"name":'赵六',"age":26}],index=['user1','user2'
   ,'user3','user4'])
2  right1=pd.DataFrame([{"gender":'男'},{"gender":'女'},{"gender":'男'}],i
   ndex=['user1','user2','user5'])
3  print ('left1:\n',left1)
4  print ('right1:\n',right1)
5  print ('使用默认的左连接: \n',left1.join(right1) ) #这里可以看出自动屏蔽了dat
   a中没有的index=e 那一行的数据
6  print ('使用右连接: \n',left1.join(right1,how="right")) #这里出自动屏蔽了da
   ta1中没有index=c,d的那行数据; 等价于data1.join(data)
7  print ('使用内连接: \n',left1.join(right1,how='inner'))
8  print ('使用全连接: \n',left1.join(right1,how='outer'))
```

输出结果：

```
left1:
        name age
user1 张三 20
user2 李四 22
user3 王五 24
user4 赵六 26
right1:
        gender
user1 男
user2 女
user5 男
```

使用默认的左连接：

```
        name age gender
user1 张三 20 男
user2 李四 22 女
user3 王五 24 NaN
user4 赵六 26 NaN
```

使用右连接：

```
        name age gender
user1 张三 20.0 男
user2 李四 22.0 女
user5 NaN NaN 男
```

使用内连接：

```
        name age gender
user1 张三 20 男
user2 李四 22 女
```

使用全连接：

```
        name age gender
user1 张三 20.0 男
user2 李四 22.0 女
user3 王五 24.0 NaN
user4 赵六 26.0 NaN
user5 NaN NaN 男
```

• Concat

Concat 方法相当于数据库中的全连接（UNION ALL），可以指定按某个轴进行连接，也可以指定连接的方式（只有 Outer、Inner 这两种），如果为 Inner 得到的是两表的交集，如果是 Outer，得到的是两表的并集。一般多用于纵向连接。

axis = 0，表示在行（上下）进行连接；axis = 1，表示在列（左右）进行连接。

```
1  print('上下进行连接: \n',pd.concat([left1,right1],axis=0))
2  print('左右进行连接: \n',pd.concat([left1,right1],axis=1,join='outer'))
```

输出结果：

上下进行连接：

```
      name age gender
user1 张三 20.0 NaN
user2 李四 22.0 NaN
user3 王五 24.0 NaN
user4 赵六 26.0 NaN
user1 NaN NaN 男
user2 NaN NaN 女
user5 NaN NaN 男
```

左右进行连接：

```
      name age gender
user1 张三 20.0 男
user2 李四 22.0 女
user3 王五 24.0 NaN
user4 赵六 26.0 NaN
user5 NaN NaN 男
```

3. 统计分析

在 SQL 中，我们经常需要对一些列进行不同方式的聚合，如 Sum、Count、Min、Max 等，也就是常说的分组聚合。

Pandas 中提供了非常灵活高效的分组聚合功能，分组功能主要利用 Pandas 的 Groupby 函数，对数据进行合理分组后，可以使用 Agg 对分组后的数据进行一些聚合操作，例如求和、计数等。

1）分组 Groupby+ 聚合 Agg

```
1  df = pd.DataFrame({
2    'Category' : ['手机','手机','手机','电脑','电脑','电视机','电视机','电视机',
     '电视机'],
3    'Product' : ['HUAWEI','iPhone','XiaoMi','MacBook','联想笔记本','TCL电视
     机','创维电视机','小米电视机','索尼电视机'],
4    'Month':['2021-01','2021-01','2021-02','2021-02','2021-01','2021-01',
     '2021-01','2021-01','2021-02'],
5    'Quantity' : [10,15,10,15,20,25,10,15,25],
6    'Sales' : [60000,90000,40000,150000,120000,50000,80000,75000,250000]
7  })
```

代码运行结果：

```
Category Product Month Quantity Sales
0 手机 HUAWEI 2021-01 10 60000
1 手机 iPhone 2021-01 15 90000
2 手机 XiaoMi 2021-02 10 40000
3 电脑 MacBook 2021-02 15 150000
4 电脑 联想笔记本 2021-01 20 120000
5 电视机 TCL 电视机 2021-01 25 50000
6 电视机 创维电视机 2021-01 10 80000
7 电视机 小米电视机 2021-01 15 75000
8 电视机 索尼电视机 2021-02 25250000
```

例如计算每个产品类别的销量：按照产品类别 Category 进行分组，并对销量 Quantity 进行 Sum 求和。

```
1  df.groupby('Category').agg({'Quantity':'sum'})
```

代码运行结果：

```
Category Quantity
手机 35
电脑 35
电视机 75
```

当我们需要多列运用多种不同聚合函数的时候，就需要用到 Agg，Agg 可对不同的列指定不同的聚合函数进行不同的聚合。

例如计算每个产品类别下的最小销量、最大销售额和产品数。

```
1  df.groupby(['Category']).agg({'Quantity':'min','Sales':'max','Product'
   :'count'})
```

代码运行结果:

```
Category Quantity Sales Product
手机 10 90000 3
电脑 15 150000 2
电视机 10 250000 4
```

2）数据透视表 pivot_table

数据透视表是一种可以对数据进行灵活切分、分类汇总的表格格式，在 Excel 中使用数据透视表进行数据分析非常方便，Pandas 也提供了数据透视表的功能，就是 pivot_table。

看一下 Pandas 中 pivot_table 的用法：

pivot_table（data=None, values=None, index=None, columns=None,aggfunc='mean', fill_value=None, margins=False, dropna=True, margins_name='All'）。

pivot_table 有五个最重要的参数 data、values、index、columns、aggfunc。data 指要操作的 dataframe。values 指 data 中需要聚合的字段，类似于 Excel 数据透视表中的值区域中的字段。index 指要进行分组的行字段，要通过数据透视表获取什么信息就按照相应的顺序设置字段，类似于 Excel 数据透视表中的行区域中的字段。columns 类似 index，用来设置列字段，类似于 Excel 数据透视表中的列区域中的字段。aggfunc 参数可以设置数据聚合的方式，如 Sum、Count 等。

例如：计算不同产品类别、每个月的销售量总和及平均值。

```
1  pd.pivot_table(df, values='Quantity', index=['Category'],columns=['Mon
   th'],aggfunc=[np.sum,np.mean])
```

代码运行结果:

| | sum | | mean | |
| Month | 2021-01 | 2021-02 | 2021-01 | 2021-02 |
Category				
手机	25	10	12.500000	10.0
电脑	20	15	20.000000	15.0
电视机	50	25	16.666667	25.0

4. 数据读写

1）文本文件（CSV/Excel）读写

```
1  # 写入一个csv文件
2  df.to_csv('df_csv.csv',index=False,encoding='utf_8_sig') #索引默认是要写
   入的，可以通过设置index=False不写入索引
3  # 从一个csv文件读入数据，赋值给df_csv
4  df_csv = pd.read_csv('df_csv.csv')
5  df_csv
```

代码运行结果：

```
Category Product Month Quantity Sales
0 手机 HUAWEI 2021-01 10 60000
1 手机 iPhone 2021-01 15 90000
2 手机 XiaoMi 2021-02 10 40000
3 电脑 MacBook 2021-02 15 150000
4 电脑 联想笔记本 2021-01 20 120000
5 电视机 TCL 电视机 2021-01 25 50000
6 电视机 创维电视机 2021-01 10 80000
7 电视机 小米电视机 2021-01 15 75000
8 电视机 索尼电视机 2021-02 25250000
```

```
1  # 写入一个Excel文件
2  df.to_excel('df_excel.xlsx', sheet_name='Sheet1',index=False)
3  # 从一个excel文件读入
4  pd.read_excel('df_excel.xlsx', 'Sheet1')
```

2）数据库读写

Pandas 不仅支持本地文件的读写，同时支持对数据库的读取和写入操作。Pandas. io.sql 模块提供了独立于数据库，叫作 SQLAlchemy 的统一接口，不管什么类型的数据库，Pandas 主要是以 SQLAlchemy 方式建立链接，支持 MySQL、PostgreSQL、Oracle、MS SQLServer、SQLite 等主流数据库。

使用 Sqlalchemy 需要在 Anaconda Prompt 中先安装：pip install sqlalchemy，但是直接进行 Sqlalchemy 安装会报错，为什么呢？因为 Sqlalchemy 依赖 PyMySQL 包。所以首先需要安装 PyMySQL，可以使用如下指令：pip install pymysql。

· **数据库数据读入**

```
1   import pymysql
2   from sqlalchemy import create_engine
3   # 使用create_engine配置连接的参数，初始化数据库连接
4   # MySQL的用户: root，密码:xxxx，端口: 3306,数据库: sales
5   engine = create_engine('mysql+pymysql://root:xxxx@localhost:3306/sale
    s')
6   # 查询语句，选出rproduct表中的所有数据
7   sql = ''' select * from Product; '''
8   # read_sql_query的两个参数: sql语句，数据库连接
9   df = pd.read_sql_query(sql, engine)
10  # 输出product表的查询结果
11  df
```

代码运行结果:

product_id product_name product_category sale_price cost_
price sale_date

0001 iPhone 手机 8000 6500 2021-07-01

0002 MacBook Pro 电脑 9500 8000 2021-07-01

0003 HUAWEI Mate40 Pro 手机 6000 4800 2021-07-01

0004 索尼电视机 电视机 9000 6800 2021-07-01

0005 TCL 电视机 电视机 6800 5000 2021-07-01

0006 创维电视机 电视机 5000 3000 2021-07-01

0007 小米电视机 电视机 3800 2500 2021-07-01

0008 联想笔记本 电脑 4000 3000 2021-07-01

0009 XiaoMi 11 Pro 手机 6000 4800 2021-07-01

0001 iPhone 手机 8000 6500 2021-07-02

· **数据写入数据库**

例如：计算每天的总销售额和平均成本价，并将结果写入数据库。

```
1   # 按照product_id分组groupby，分别对sale_price字段求和sum计算总销售额，对cost_
    price字段求平均mean计算平均成本价
2   df_mysql = df.groupby(['sale_date']).agg({'sale_price':'sum','cost_pri
    ce':'mean'}).rename(columns={'sale_date':'sale_date','sale_price':'sum
    _sales','cost_price':'avg_cost'})
3   df_mysql
4   df_mysql.to_sql('sale_summary', engine, index=True)
```

5. 小结

对于数据的读写、数据整理与清洗、数据建模与分析、数据可视化，Pandas 均有强大的处理能力，所以对于 Python 数据分析来说，Pandas 是一个强大、完善的工具。

🔲 第 49 问: Python 数据可视化工具包 Matplotlib 是什么?

> 导读: Matplotlib 是最常用的 Python 可视化工具包，它提供了一种非常快速的方式将 Python 中的数据进行可视化。目前 Python 还支持很多其他可视化工具，如 Pyecharts、Seaborn、Plotly 等，它们在图形的美观度、代码的复杂度和交互性上各有优势。作为数据可视化的基础工具，我们先从 Matplotlib 开始介绍。

1. 创建一个简单的图形

在本节中，我们要在同一个图上绘制余弦函数和正弦函数。从默认设置开始，我们将不断丰富图形，使其更美观。

获取正弦函数和余弦函数的数据: Matplotlib 带有一组默认设置，允许自定义各种属性。可以控制 Matplotlib 中几乎所有属性的默认值: 图形大小和 dpi、线宽、颜色和样式、轴、轴和网格属性、文本和字体属性等。虽然 Matplotlib 默认值在大多数情况下不需要修改，但我们可以逐个修改，看一下各个属性的作用。

```
1  #引入包
2  import numpy as np
3  import pandas as pd
4  import matplotlib.pyplot as plt
5  from pylab import *
6  rcParams['axes.unicode_minus'] = False    #防止中文乱码
7  rcParams['font.sans-serif'] = ['Simhei']
8  #构造数据
9  X = np.linspace(-np.pi, np.pi, 256, endpoint=True)
10 C,S = np.cos(X), np.sin(X)
11 #绘制图形
12 fig, ax = plt.subplots()
13 ax.plot(X, C)
14 ax.plot(X, S)
15 #显示图形
16 plt.show()
```

代码运行结果:

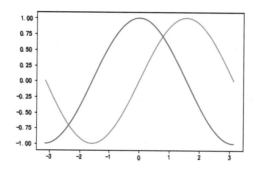

1）显示默认设置

在下面的脚本中，我们列举了影响绘图外观的主要图形设置。这些设置已明确设置为其默认值，现在可以调整这些值来观察它们的影响。

```
1   # 创建一个基础图形
2   fig, ax = plt.subplots(figsize=(6,4), dpi=80)
3   # 构造数据
4   X = np.linspace(-np.pi, np.pi, 256, endpoint=True)
5   C, S = np.cos(X), np.sin(X)
6   # 用蓝色的连续线绘制1 pixel的余弦曲线
7   ax.plot(X, C, color="blue", linewidth=1.0, linestyle="-")
8   # 用绿色的连续线绘制1 pixel的正弦曲线
9   ax.plot(X, S, color="green", linewidth=1.0, linestyle="-")
10  # 设置x轴的坐标范围
11  ax.set_xlim(-4.0,4.0)
12  # 设置x轴的刻度
13  ax.set_xticks(np.linspace(-4,4,9,endpoint=True))
14  # 设置y轴的坐标范围
15  ax.set_ylim(-1.0,1.0)
16  # 设置y轴的刻度
17  ax.set_yticks(np.linspace(-1,1,5,endpoint=True))
18  # 显示图形
19  plt.show()
```

代码运行结果:

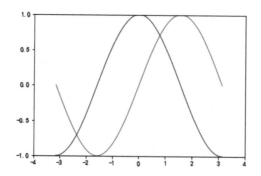

2）更改颜色和线条格式

设置蓝色的余弦曲线和红色的正弦曲线，并且把两条线变粗。

```
1  fig, ax = plt.subplots(figsize=(6,4), dpi=80)
2  ax.plot(X, C, color="blue", linewidth=2.5, linestyle="-")
3  ax.plot(X, S, color="red",  linewidth=2.5, linestyle="-")
4  plt.show()
```

代码运行结果：

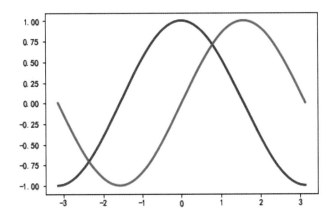

3）设置坐标轴

当前太紧凑，留出一些空间以便清楚地看到所有数据点。

```
1  ax.set_xlim(X.min()*1.1, X.max()*1.1)
2  ax.set_ylim(C.min()*1.1, C.max()*1.1)
3  plt.show()
```

代码运行结果：

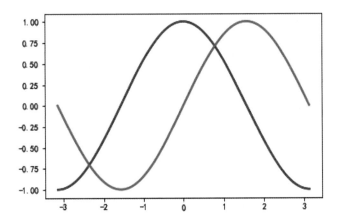

4）设置坐标轴刻度

当前刻度并不直观，因为没有显示正弦的值和余弦的值。可以更改坐标轴刻度。

```
1  ax.set_xticks( [-np.pi, -np.pi/2, 0, np.pi/2, np.pi])
2  ax.set_yticks([-1, 0, +1])
3  plt.show()
```

代码运行结果：

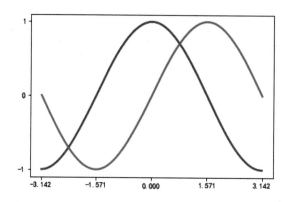

5）添加图例

如果想在左上角添加一个图例，只需要使用 legend() 函数将标签参数（将在图例框中显示）添加到绘图命令中。

```
1  fig, ax = plt.subplots(figsize=(6,4), dpi=80)
2  ax.set_xlim(X.min()*1.1, X.max()*1.1)
3  ax.set_ylim(C.min()*1.1, C.max()*1.1)
4  ax.plot(X, C, color="blue", linewidth=2.5, linestyle="-", label="cos")
5  ax.plot(X, S, color="red",  linewidth=2.5, linestyle="-", label="sin")
6  ax.legend(loc='upper left', frameon=False)
7  plt.show()
```

代码运行结果：

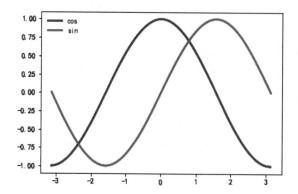

6）添加注释

可以使用 annotate 命令注释一些特殊的点，例如同时注释正弦和余弦在 2π/3 处的值。首先在曲线上绘制一个标记以及一条直线，然后使用 annotate 命令来显示一些带有箭头的文本。

```
t =2*np.pi/3
ax.plot([t,t],[0,np.cos(t)], color ='blue', linewidth=1.5, linestyle=
"--")
ax.scatter([t,],[np.cos(t),], 50, color ='blue')

ax.annotate(r'$\sin(\frac{2\pi}{3})=\frac{\sqrt{3}}{2}$',
            xy=(t, np.sin(t)), xycoords='data',
            xytext=(+10, +30), textcoords='offset points', fontsize=16,
            arrowprops=dict(arrowstyle="->", connectionstyle="arc3,rad
=.2"))

ax.plot([t,t],[0,np.sin(t)], color ='red', linewidth=1.5, linestyle="-
-")
ax.scatter([t,],[np.sin(t),], 50, color ='red')

ax.annotate(r'$\cos(\frac{2\pi}{3})=-\frac{1}{2}$',
            xy=(t, np.cos(t)), xycoords='data',
            xytext=(-90, -50), textcoords='offset points', fontsize=16,
            arrowprops=dict(arrowstyle="->", connectionstyle="arc3,rad
=.2"))
plt.show()
```

代码运行结果：

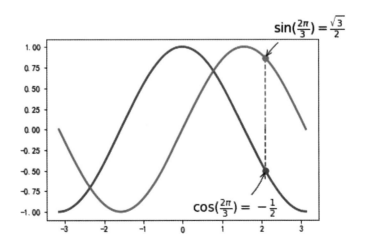

7）使用 subplot 和 axes 创建子图

上面我们是在一张图中绘制图形，但是如果想让绘图更加灵活，可以明确地绘制子图进行更多控制。Matplotlib 中的图形表示用户界面中的整个窗口。在这个图中可以继续划分为若干个子图，这时就要用到 subplot() 函数。

函数的调用方式如下：subplot（numbRow，numbCol，plotNum ） 或者 subplot（numbRow numbCol plotNum），不用逗号分开直接写在一起也是可以的。

```python
import numpy as np
import matplotlib.pyplot as plt
# 构造数据
y = np.random.normal(loc=0.5, scale=0.4, size=1000)
y = y[(y > 0) & (y < 1)]
y.sort()
x = np.arange(len(y))

plt.figure(1)

# 线性图
plt.subplot(221)
plt.plot(x, y)
plt.yscale('linear')
plt.title('线性图')
plt.grid(True)

# log图
plt.subplot(222)
plt.plot(x, y)
plt.yscale('log')
plt.title('log图')
plt.grid(True)

# symmetric log图
plt.subplot(223)
plt.plot(x, y - y.mean())
plt.yscale('symlog', linthreshy=0.01)
plt.title('symlog图')
plt.grid(True)

# logit图
plt.subplot(224)
plt.plot(x, y)
plt.yscale('logit')
plt.title('logit图')
plt.grid(True)
plt.gca().yaxis.set_minor_formatter(NullFormatter())
plt.subplots_adjust(top=0.92, bottom=0.08, left=0.10, right=0.95, hspace=0.5,wspace=0.35)
plt.show()
```

代码运行结果：

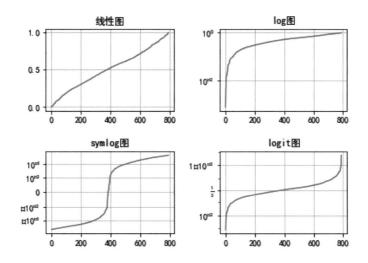

2. 常用图形绘制

上文已经介绍了 Matplotlib 绘制图形的基本操作，包括设置图形参数、绘制子图进行灵活展示，接下来将通过代码绘制一些在数据分析中经常会用的图形，如折线图、饼图、柱状图、直方图、箱线图等。具体操作请在本书前言扫码获取小册子查看。

3. 小结

Matplotlib 是 Python 数据可视化最基础的工具包，其他的可视化工具如 Pyecharts、Seaborn、Plotly 也都非常好用，这里就不一一展开了，感兴趣的读者可以尝试。加上前面介绍的 NumPy、Pandas，我们用 Python 进行数据分析的基础工具就介绍完毕了，熟练使用这些工具，可以完成数据分析的大部分工作。

⬤ 第 50 问：Pandas 如何解决业务问题？——数据分析流程详解

> 导读：Python 几乎无所不能，在数据科学领域的作用更是不可取代。数据分析硬实力中，Python 是一个非常值得投入学习的工具。这其中，数据分析师用得最多的模块非 Pandas 莫属，本问通过完整的数据分析流程，探索 Pandas 是如何解决业务问题的。

1. 数据背景

为了能尽量多地使用不同的 Pandas 函数，我设计了一个古古怪怪但在实际中又很真实的数据，说白了就是不规范的地方比较多，等着我们去清洗。

数据集改编自一家超市的订单，文件请扫码下载。

2. 导入所需模块

导入所需模块：

```
1  import pandas as pd
```

3. 数据导入

Pandas 提供了丰富的数据 IO 接口，其中最常用的是 pd.read_excel() 及 pd.read_csv()
函数。

```
1  data = pd.read_excel('文件路径.xlsx',
2                       sheet_name='分页名称')
3  data = pd.read_csv('文件路径.csv')
```

从超市数据集中把多页数据分别导入：

```
1  orders = pd.read_excel('超市数据集.xlsx',
2                         sheet_name= '订单表')
3  customers = pd.read_excel('超市数据集.xlsx',
4                            sheet_name= '客户表')
5  products = pd.read_excel('超市数据集.xlsx',
6                           sheet_name= '产品表')
```

该环节除了导入数据外，还需要对数据有初步的认识，明确有哪些字段及其定义。
这里通过 pd.Series.head() 来查看每个数据表格的字段及示例数据。

orders.head()

	行 Id	订单 Id	订单日期	客户 Id	产品 Id	数量	销售额
0	1	US-2021-1357144	2021-04-27	14485	10002717	2	130
1	2	CN-2021-1973789	2021-06-15	10165	10004832	2	125
2	3	CN-2021-1973789	2021-06-15	10165	10001505	2	32
3	4	US-2021-3017568	2021-12-09	17170	10003746	4	321
4	5	CN-2020-2975416	2020-05-31	15730	10003452	3	1376

customers.head()

	客户 Id	客户名称	客户类型
0	10015	�	消费者
1	10030	贾漫	公司
2	10045	巩媛	公司
3	10060	罗媛	小型企业
4	10075	余媛	公司

products.head()

	物码号	类别	细分	品牌	产品名称	规格
0	10004988	办公用	美术	Stanley	铅笔刀	混合尺寸
1	10004984	办公用	信封	Jiffy	邮寄品	红色
2	10004982	办公用	标签	Harbour Creations	有色标签	白色
3	10004976	办公用	标签	Hon	可去吋的标签	红色
4	10004975	办公用	收纳	Fellowes	文件夹	工业

4. 明确业务问题及分析思路

在业务分析开始之前，需要先明确分析目标，倒推分析方法、分析指标，再倒推出所需数据。这就是"以终为始"的落地思维。

假设业务需求是通过用户分层运营，形成差异化用户运营策略。数据分析师评估后认为可基于 RFM 用户价值模型对顾客进行分群，并通过不同族群画像特征制定运营策略，例如重要价值用户属于金字塔顶端人群，需要提供高成本、高价值的会员服务；一般价值用户属于价格敏感型的忠诚顾客，需要通过折扣刺激消费等。

因此，这里的分析方法则是对存量用户进行 RFM 模型分群，并通过统计各族群数据特征，为业务提供策略建议。明确业务需求及分析方法后，才能确定去统计顾客的 R、F、M，以及用于画像分析的客单价等指标，此时才能进入下一步。

5. 特征工程与数据清洗

数据科学中有句话叫"Garbage In, Garbage Out"，意思是说如果用于分析的数据质量差、存在许多错误，那么即使分析的模型方法再缜密复杂，结果仍是不可用的。所以也就有了数据科学家 80% 的工作都是在做数据预处理的说法。

特征工程主要应用在机器学习算法模型过程中，是为使模型效果最佳而进行的系统工程，包括数据预处理（Data PrePorcessing）、特征提取（Feature Extraction）、特征选择（Feature Selection）以及特征构造（Feature Construction）等问题。

直白地说，可以分成如下两部分。

数据预处理：可以理解成我们常说的数据清洗。

特征构造：例如此次构建 RFM 模型及分组用户画像中，R、F、M、客单价等标签就是其对应的特征。（当然，RFM 非机器学习模型，这里是为了便于理解进行的解释。）

1）数据清洗

数据清洗是指找出数据中的"异常值"并"处理"它们，使数据应用层面的结论更贴近真实业务。异常值是不规范的数据，如空值、重复数据、无用字段等，需要注意是否存在不合理的值，例如订单数据中存在内部测试订单、有超过 200 岁年龄的顾客等。

特别注意数据格式是否合理，是否会影响表格合并报错、聚合统计报错等问题。

不符合业务分析场景的数据，例如要分析 2019—2021 年的用户行为，则在此时间段之外的行为都不应该被纳入分析。

一般情况下，对于异常值，直接剔除即可。对于数据相对不多，或该特征比较重要的情况下，异常值可以通过用平均值替代等更丰富的方式处理。

在了解数据清洗的含义后，我们便可以开始用 Pandas 来实操该部分内容。

· 确认数据类型

先用 pd.dtypes 来检查数据字段是否合理。

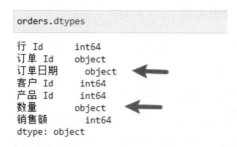

发现订单日期、数量是 Object（一般即是字符）类型，后面无法用它们进行运算，需要通过 pd.Series.astype() 或 pd.Series.Apply() 方法来修改字符类型。

```
1  orders['订单日期'] = orders['订单日期'].astype('datetime64')
2  orders['数量'] = orders['数量'].apply(int)
```

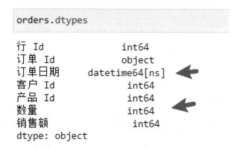

另外，对时间类型的处理也可以通过 pd.to_datetime() 进行：

```
1  orders['订单日期'] = pd.to_datetime(orders['订单日期'])
```

• 修改字段名

经验丰富的数据分析师会发现字段名字也有问题，如订单 Id 存在空格不便于后面的引用，需要通过 pd.rename() 来修改字段名。

```
1  orders = orders.rename(columns={'订单 Id':'订单ID',
2                                  '客户 Id':'客户ID',
3                                  '产品 Id':'产品ID'})
4  customers = customers.rename(columns={'客户 Id':'客户ID'})
```

• 多表连接

把字段名以及数据类型处理好后，就可以用 pd.merge 将多个表格进行连接。

表连接中的 on 有两种方式：如果两个表用于连接的字段名是相同的，直接用 on 即可；如果不相同，则用 left_on, right_on 进行。

```
1  data = orders.merge(customers, on='客户ID', how='left')
2  data = data.merge(products, how='left',
3                     left_on='产品ID', right_on='物料号')
```

·剔除多余字段

对于第二种情况，得到的表就会存在两列相同含义但名字不同的字段，需要用 pd.drop 剔除多余字段。此外，"行 Id"在这里属于无用字段，一并剔除掉。

```
1  data.drop(['物料号','行 Id'],axis=1,
2                     inplace=True)
```

调整后得到的表结构如下：

data.head()

	订单ID	订单日期	客户ID	产品ID	数量	销售额	客户名称	客户类型	类别	细分	品牌	产品名称	规格
0	US-2021-1357144	2021-04-27	14485	10002717	2	130	管惠	公司	办公用	用品	Fiskars	剪刀	蓝色
1	CN-2021-1973789	2021-06-15	10165	10004832	2	125	许安	消费者	办公用	信封	Kraft	商业信封	银色
2	CN-2021-1973789	2021-06-15	10165	10004832	2	125	许安	消费者	办公用	信封	GlobeWeis	搭扣信封	红色
3	CN-2021-1973789	2021-06-15	10165	10001505	2	32	许安	消费者	办公用	装订	Cardinal	孔加固材料	回收
4	US-2021-3017568	2021-12-09	17170	10003746	4	321	宋良	公司	办公用	用品	Kleencut	开信刀	工业

· 文本处理—剔除不符合业务场景数据。

根据业务经验，订单表中可能会存在一些内部测试用的数据，它们会对分析结论产生影响，需要把它们剔除。与业务或运维部门沟通后，明确测试订单的标识是在"产品名称"列中带"测试"的字样。

因为是文本内容，需要通过 pd.Series.str.contains 把它们找到并剔除。

data[data['产品名称'].str.contains('测试')]

	订单ID	订单日期	客户ID	产品ID	数量	销售额	客户名称	客户类型	类别	细分	品牌	产品名称	规格
172	CN-2019-3269021	2019-10-08	17350	10004613	2	204	冯丽丽	消费者	办公用	用品	Elite	美工刀测试	工业
368	CN-2020-4725073	2020-12-30	15655	10000951	6	1555	徐关菌	公司	家具	椅子	Hon	椅垫测试	红色
1406	CN-2020-4167270	2020-12-10	21565	10000951	3	777	邵伟	公司	家具	椅子	Hon	椅垫测试	红色
1608	CN-2019-5533473	2019-06-01	10840	10004521	2	452	吕婵娟	消费者	办公用	纸张	Green Bar	信纸测试	优质
2066	CN-2019-2477297	2019-12-15	16270	10000951	3	4194	田丽美	消费者	家具	椅子	Hon	椅垫测试	红色
4594	CN-2019-2904914	2019-06-30	15010	10000951	3	700	肖菊	公司	家具	椅子	Hon	椅垫测试	红色
4986	CN-2021-2062805	2021-03-09	16810	10004613	2	341	刘立	消费者	办公用	用品	Elite	美工刀测试	工业
6027	CN-2021-5278404	2021-06-01	10675	10000341	1	307	李彩	消费者	家具	椅子	Office Star	椅垫测试	红色

```
1  data = data[~data['产品名称'].str.contains('测试')]
```

· 时间处理——剔除非分析范围数据。

影响消费者的因素具有时间窗口递减的特性，例如你 10 年前买了顶可爱的帽子，不代表你今天还需要可爱风格的产品，因为 10 年时间足以让你发生许多改变；但是如果你 10 天前才买了田园风的裙子，那么就可以估计你现在还会喜欢田园风产品，因为你偏好的风格在短期内不会有太大改变。

也就是说，在用户行为分析中，行为数据具有一定时效，因此需要结合业务场景明确时间范围后，再用 pd.Series.between() 来筛选最近符合时间范围的订单数据进行 RFM 建模分析。

```
1   data= data[data['订单日期'].between('2019-01-01','2021-08-13')]
```

2）特征构造

此环节目的在于构造分析模型，也就是 RFM 模型及分群画像分析所需的特征字段。

·**数据聚合——顾客消费特征**。

首先，确定 RFM 模型中顾客的消费特征：

R：客户最近一次购买离分析日期（设为 2021-08-14）的距离，用以判断购买用户活跃状态。

F：客户消费频次。

M：客户消费金额。

这些都是一段时间内消费数据的聚合，所以可以用 pd.groupby().agg() 实现。

```
1   consume_df = data.groupby('客户ID').agg(累计消费金额=('销售额',sum),
2                               累计消费件数=('数量',sum),
3                               累计消费次数=('订单日期', pd.Series.nunique),
4                               最近消费日期=('订单日期',max)
5                               )
```

其中，R 值比较特殊，需要借用 datetime 模块，计算日期之间的距离。

```
1   from datetime import datetime
2   consume_df['休眠天数'] = datetime(2021,8,14) - consume_df['最近消费日期']
3   consume_df['休眠天数'] = consume_df['休眠天数'].map(lambda x:x.days)
```

计算所得顾客累计消费数据统计表：

```
consume_df.head()
```

代码运行结果：

客户ID	累计消费金额	累计消费件数	累计消费次数	最近消费日期	休眠天数
10015	10103	37	5	2020-09-03	345 days
10030	27717	80	8	2021-04-30	106 days
10045	20974	97	7	2021-07-16	29 days
10060	50407	80	7	2021-08-13	1 days
10075	29920	71	7	2021-08-11	3 days

• 分箱处理——客单价区间划分

根据前面分析思路所述，完成 RFM 模型用户分群后，还要统计各族群用户消费画像特征，这里因篇幅限制仅统计各族群客单价分布特征。

此时，计算完客单价数据后，需要用 pd.cut() 对客单价进行分箱操作，形成价格区间。

```
1  consume_df['客单价'] = consume_df['累计消费金额']/consume_df['累计消费次数']
2  consume_df['客单价区间'] = pd.cut(consume_df['客单价'],bins=5)
```

通过 pd.Series.value_counts() 方法统计客单价区间分布情况。

```
consume_df['客单价区间'].value_counts()
```

代码运行结果：

```
(115.834, 4772.3]      505
(4772.3, 9405.6]       223
(9405.6, 14038.9]       34
(14038.9, 18672.2]      15
(18672.2, 23305.5]       2
Name: 客单价区间, dtype: int64
```

pd.cut() 中的 bins 参数为将客单价划分的区间数，填入 5，则平均分为 5 档。当然，这个在实操中需要与业务明确，或结合业务场景确定。

6. RFM 建模

完成数据清洗及特征构造后，就进入建模分析环节。

1）Tukey's Test 离群值检测

根据分析经验，离群值会对统计指标造成极大的影响，产生较大误差，例如把马云放到你们班里，计算得出班级平均资产上百亿元。在这里，马云就是离群值，要把它剔除。

所以，在开始对 RFM 阈值进行计算之前，有必要先对 R、F、M 的值进行离群值检测。

这里用 Turkey's Test 方法，简单来说就是通过分位数之间的运算形成数值区间，将在此区间之外的数据标记为离群值。不清楚的读者可以在知乎搜索，这里不展开讲述。

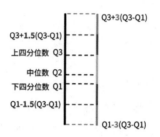

Turkey's Test 方法依赖分位数的计算，在 Pandas 中，通过 pd.Series.quantile 计算分位数。

```python
def turkeys_test(fea):
    Q3 = consume_df[fea].quantile(0.75)
    Q1 = consume_df[fea].quantile(0.25)
    max_ = Q3+1.5*(Q3-Q1)
    min_ = Q1-1.5*(Q3-Q1)

    if min_<0:
        min_ =0

    return max_, min_
```

以上代码实现了 Tukey's Test 函数，其中 Q3 就是 75 分位、Q1 就是 25 分位。而 min_ 和 max_ 则形成合理值区间，在此区间之外的数据，不论太高还是太低都是离群值。注意，在这里因为存在 min_ 是负数的情况，而消费数据不可能是负数，所以补充了一个转为 0 的操作。

接下来，给 RFM 特征数据表新增字段"是否异常"，默认值为 0，然后用 Tukey's Test 函数把异常数据标记为 1，最后只需保留值为 0 的数据即可。

```python
consume_df['是否异常'] = 0

for fea in rfm_features:
    max_, min_= turkeys_test(fea)
    outlet = consume_df[fea].between(min_,max_)   #bool
    consume_df.loc[~outlet,'是否异常']=1

consume_df = consume_df[consume_df['是否异常']==0]
```

2）聚类与二八原则——RFM 阈值计算

现在已经可以确保建模所用的特征是有效的，此时就需要计算各指标阈值，用于 RFM 建模。阈值的计算一般通过聚类算法进行，但这里不涉及机器学习算法。从本质上讲，聚类结果通常是符合二八原则的，也就是说重要客群应该只占 20%，所以可以计算 80 分位数来近似作为 RFM 模型阈值。

```
1  M_threshold = consume_df['累计消费金额'].quantile(0.8)
2  F_threshold=consume_df['累计消费次数'].quantile(0.8)
3  R_threshold = consume_df['休眠天数'].quantile(0.2)
```

3）RFM 模型计算

得到 RFM 阈值后，即可将顾客的 RFM 特征进行计算，超过阈值的则为 1，低于阈值的则为 0，其中 R 值计算逻辑相反，因为 R 值是休眠天数，数值越大越不活跃。

```
1  consume_df['R'] = consume_df['休眠天数'].map(lambda x:1 if x<R_threshold
   else 0)
2  consume_df['F'] = consume_df['累计消费次数'].map(lambda x:1 if x>F_thres
   hold else 0)
3  consume_df['M'] = consume_df['累计消费金额'].map(lambda x:1 if x>M_thres
   hold else 0)
```

```
consume_df[['休眠天数','累计消费次数', '累计消费金额', 'R','F','M']].head()
```

代码运行结果：

客户ID	休眠天数	累计消费次数	累计消费金额	R	F	M
10015	345	5	10103	0	0	0
10030	106	8	27717	0	1	0
10045	29	7	20974	1	1	0
10060	1	7	50407	1	1	1
10075	3	7	29920	1	1	1

对顾客 RFM 特征划分 1 和 0（高与低）后，即可进行分群计算：

```
1   consume_df['RFM'] = consume_df['R'].apply(str)+'-' + consume_df['F'].a
    pply(str)+'-'+ consume_df['M'].apply(str)
2
3   rfm_dict = {
4       '1-1-1':'重要价值用户',
5       '1-0-1':'重要发展用户',
6       '0-1-1':'重要保持用户',
7       '0-0-1':'重要挽留用户',
8       '1-1-0':'一般价值用户',
9       '1-0-0':'一般发展用户',
10      '0-1-0':'一般保持用户',
11      '0-0-0':'一般挽留用户'
12  }
13  consume_df['RFM人群'] = consume_df['RFM'].map(lambda x:rfm_dict[x])
```

```
consume_df[[ 'R','F','M','RFM人群']].head()
```

代码运行结果:

客户ID	R	F	M	RFM人群
10015	0	0	0	一般挽留用户
10030	0	1	0	一般保持用户
10045	1	1	0	一般价值用户
10060	1	1	1	重要价值用户
10075	1	1	1	重要价值用户

至此,已完成 RFM 建模及用户分群计算。

7. 分群画像

完成模型分群后,就要对各族群分别统计人数及客单价分布。

1)人数占比

最简单的画像分析,则是用 pd.Series.value_counts 对各族群进行人数统计,分析相对占比大小。

```
1   rfm_analysis = pd.DataFrame(consume_df['RFM人群'].value_counts()).renam
    e(columns={'RFM人群':'人数'})
2   rfm_analysis['人群占比'] = (rfm_analysis['人数']/rfm_analysis['人数'].sum
    ()).map(lambda x:'%.2f%%'%(x*100))
```

代码运行结果：

	人数	人群占比
一般挽留用户	427	60.14%
一般发展用户	94	13.24%
重要挽留用户	80	11.27%
一般保持用户	39	5.49%
重要发展用户	24	3.38%
重要保持用户	22	3.10%
重要价值用户	16	2.25%
一般价值用户	8	1.13%

2）透视表

各族群客单价分布涉及多维度分析，可以通过 Pandas 透视功能 pd.pivot_table 实现。

代码中，聚合函数 aggfunc 用 pd.Series.nunique 方法，是对值进行去重计数的意思，在这里就是对客户 ID 进行去重计数，统计各价位段的顾客数。

```python
pd.pivot_table(consume_df.reset_index(),      # DataFrame
        values='客户ID',        # 值
        index='RFM人群',        # 分类汇总依据
        columns='客单价区间',      # 列
        aggfunc=pd.Series.nunique,     # 聚合函数
        fill_value=0,        # 对缺失值的填充
        margins=True,        # 是否启用总计行/列
        dropna=False,        # 删除缺失
        margins_name='All'     # 总计行/列的名称
        ).sort_values(by='All',ascending=False)
```

代码运行结果：

客单价区间 RFM人群	(115.834, 4772.3]	(4772.3, 9405.6]	(9405.6, 14038.9]	(14038.9, 18672.2]	(18672.2, 23305.5]	All
All	468	205	27	8	2	710
一般挽留用户	331	85	8	3	0	427
一般发展用户	74	19	0	0	1	94
重要挽留用户	1	59	15	5	0	80
一般保持用户	39	0	0	0	0	39
重要发展用户	0	19	4	0	1	24
重要保持用户	8	14	0	0	0	22
重要价值用户	7	9	0	0	0	16
一般价值用户	8	0	0	0	0	8

这样就得到了每个族群在不同价位段的分布，配合其他维度的画像分析可以进一步形成营销策略。

3）逆透视表

透视后的表属于多维度表格，在导入 PowerBI 等工具进行可视化分析时，需要用 pd.melt 将它们逆透视成一维表。

```
pivot_table.melt(id_vars='RFM人群',
                 value_vars=['(124.359, 3871.2]', '(3871.2, 7599.4]',
                             '(7599.4, 11327.6]', '(11327.6, 15055.8]'
,
                             '(15055.8, 18784.0]']).sort_values(by=['R
FM人群','variable'],ascending=False)
```

代码运行结果：

RFM人群	variable	value
重要挽留用户	(7599.4, 11327.6]	17.0
重要挽留用户	(3871.2, 7599.4]	10.0
重要挽留用户	(15055.8, 18784.0]	2.0
重要挽留用户	(124.359, 3871.2]	0.0
重要挽留用户	(11327.6, 15055.8]	5.0
重要发展用户	(7599.4, 11327.6]	2.0
重要发展用户	(3871.2, 7599.4]	4.0
重要发展用户	(15055.8, 18784.0]	0.0
重要发展用户	(124.359, 3871.2]	0.0
重要发展用户	(11327.6, 15055.8]	1.0
重要保持用户	(7599.4, 11327.6]	0.0

像这样字段名为"人群""指标""值"的表格，可以一行就把信息呈现的就是一维表。而前面各族群人数统计中，需要一行一列来定位信息的就是二维表。

8. 小结

我们已经通过 Pandas 建立了 RFM 模型及分组人群画像分析，完成了业务分析需求。受限于篇幅，本文仅对数据分析过程中 Pandas 高频使用的函数方法进行了演示，同样重要的还有整个分析过程。如果其中对某些函数不熟悉，读者可利用知乎或搜索引擎补充学习。

3.4 PowerBI

第 51 问：什么是商业智能？——商业智能与 PowerBI 入门

> 导读：现在市场上有很多可视化工具，例如 PowerBI、Tableau、FineBI 等，这些工具统称为 BI（Business Intelligence），中文译名叫"商业智能"。接触到它们后，给我们的印象可能是用它们来做图有多方便好看，但这个概念可不只是做图这么简单。

1. 什么是商业智能？

商业智能实际上是一套解决方案，从底层数据源获取、ETL，形成数据仓库（集市），到建模层的表格模型、报表设计，再到最终应用层面，运营人员根据数据反馈选品、制定促销策略，管理者通过仪表盘数据的变动掌握企业经营状况。

2. 商业智能的定位和作用是什么？

商业智能的作用逻辑是把日常经营过程中产生的数据，通过结构框架，甚至是模型，转为有用的信息，让原本仅凭经验、直觉驱动的业务，升级成数据驱动业务决策、战略规划。那这个从数据到决策信息的过程如何落地呢？商业智能在企业的落地形式大概可以分为：

· 描述性分析——可视化报表：发生了什么？

从最简单、基础的表格，到可视化的仪表盘，都是常用的商业智能形式。

· 诊断分析——数据挖掘：为什么会发生？

与单纯呈现数据的报表相比，商业智能还能实现分析的功能，例如分析用户行为路径、商品关联度、归因分析等能力。

· 预测分析——业务预警：将要发生什么？

与前两项相比，预测预警能力（例如用户流失预警、库存不足警告、时序数据预测）对数据的实时性要求更高，不过在成效上看，能让业务及时干预。

3. 常见 BI 工具的区别是什么？

1）国外产品

代表：PowerBI、Tableau。

这是最著名的两款 BI 产品，C 端、B 端用的人、企业都很多。PowerBI 背靠微软，在其体系内与 PowerQuery 等能力打通，优势在于数据分析及挖掘能力；Tableau 更侧重可视化能力。它们之间的差异在于计算机系统的适配，Tableau 可以用在 Windows 和 mac OS 系统，但 PowerBI 只能用在微软自家的 PowerBI 系统。

2）国产产品

代表：观远 BI、Fine BI。

与 PowerBI 等海外产品相比，国内 BI 也有优势。以观远 BI 为例，它更贴近企业的实际业务场景，使用门槛低，定位为企业级一站式分析平台。也就是说在数据管理、报表形式上更符合国人习惯。此外，它在代码层面也更加敏捷灵活，提供二次开发功能。

3）需要开发能力的框架

与前两种类型相比，这类的可视化工具是框架、模块或者组件，都需要一定的开发能力才能使用。Echarts、PyEcharts 是最受欢迎的开源可视化库，除了涵盖各行业丰富的图表之外，还可以自定义画图，基本能满足绝大数可视化图形功能。

Metabase 是一个与数据库交互的可视化工具。设置数据库连接后，仅用 SQL 语句就能生成图表及仪表盘。虽然图形种类没有那么丰富，但是对实际工作场景来说已经足够了。除了可视化平台外，因为是直连数据库，所以响应速度很快，适合作为取数平台。

4）开箱即用的在线工具

虽然前面三种产品功能强大，但只是单纯想要个图表的时候，它们的工序就有点太复杂。此时，可以考虑使用在线的图表工具，例如：BDP、Columbs.Ai、图表秀。

5. 为什么选择 PowerBI？

Excel 里面同样有丰富的图表及函数公式，它可以作为 BI 吗？要视情况而定。Excel 在处理小型数据集时非常方便，是一款优秀的数据处理与分析工具，但当遇到要处理的数据量较大时（例如十万行），就显得力不从心。

在著名咨询公司 Gartner 发布的 2021 分析与商业智能平台（Analytics and Business Intelligence Platforms）魔力四象限 [纵轴是执行能力（Ability to Execute），横轴是愿景完整度（Completeness of Vision）] 报告中，PowerBI 已连续 14 年位于第一象限，并已处在领导地位。

Figure 1: Magic Quadrant for Analytics and Business Intelligence Platforms

Source: Gartner (February 2021)

PowerBI 属于自助式 BI，不仅能大幅度降低报表开发成本，还具有优越性能，和微软家族的产品结合能支撑起企业级别的商业智能方案。

选择 PowerBI 的原因还在于高性价比及更多的可能性。高性价比是因为 PowerBI 的知识体系可以与其他微软工具（例如 Excel、PowerQuery、PowerPivot、AnalysisServices 等）打通，度量值、Dax 语法都可以在这些工具中应用；更多的可能性在于微软打造的数据体系之间可以有更多玩法，例如 PowerBI 和自动化工具 Power Automate 结合实现数据流程自动化，PowerBI 动态报表可以镶嵌在 PPT 让汇报与众不同，等等。

6. 小结

从协作流程的角度来说，先进行数据分析，再通过商业智能落地。数据分析是商业智能的基础，从某种角度来说，商业智能是落地的渠道、工具；数据分析是基于业务出发，明确业务场景，选择分析方法、模型，以分析报告、产品功能、商业智能等形式落地。在业务中落地，是把分析结论融入业务流程中，对业务流程再造。而商业智能是最贴合业务流程的落地形式。

第 52 问：PowerBI 的核心概念有哪些？——一文看懂 PowerBI 运行逻辑

> 导读：PowerBI 整体的运行逻辑是先把"数据源"按指标场景过滤数据，生成"度量值"，然后把度量值作为生成图表的上下文及依据。这个过程涉及几个核心的模块：数据建模、筛选器、度量值。

1. 数据建模

利用 SQL 的思维去看 PowerBI 有助于理解它的运行逻辑，尤其是在数据建模阶段。我们在使用数据库的时候，经常需要通过 Join 方法把不同表格的数据连接起来，用于实现多字段的数据提取及不同维度的计量，但在 PowerBI 并不需要这么麻烦，它是通过数据建模来解决这个问题的。

在 PowerBI 中，数据建模的重要性就好比透视表之于 Excel，因为如果没处理好它，后续的度量值、切片器等工具都会出问题，更不用说计算结果了。

1）什么是数据建模

数据建模是分析的基础，从形式上看，数据建模就是把多个表格关联起来。但它的实际内涵不只于此，可以借用 Excel 里的数据透视表来理解数据建模。

为了更好地理解，我们先回归到数据分析的底层逻辑：报表分析 = 分类维度 × 事实指标。例如业务提出数据需求：要按月看不同品类的销售额。

在这个需求中，业务要看的事实指标是销售额，其余描述该指标的"形容词"就是分类维度：按月（时间日期分类）、不同品类（商品品类分类）。

更直观地从 Excel 透视表来看，行、列标签就是需要透视的维度，表格中的值则是按公式计算的事实指标。

基于该分析逻辑，从应用分析层反推到表格层面，可以把表分为维度表与事实表。在具体使用时，只需要从维度表中选择需要透视（分析）的维度，再从事实表计算指标即可完成报表分析。

这个数据建模类型有一个更专业的名字：维度建模。例如上图的案例是计算每个月不同产品分类的销售额，订单表就是事实表，产品规格、产品表、日期表就是维度表。为了能实现上表的计算需要把事实表和维度表建立关系，这个建立关系的过程，就是数据建模。

如下图所示，订单表与产品规格表通过字段 sku 连接起来；产品表和产品规格表通过字段 spu 连接起来。

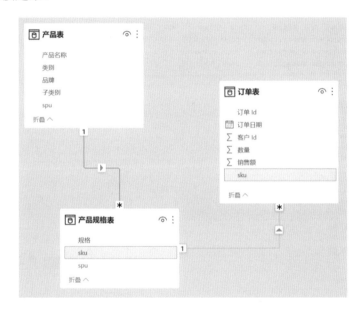

2）关系

数据库表连接中，重要的是不同连接方法，那接下来就谈谈 PowerBI 数据建模中的表间"关系"。要注意，用户创建关系的列必须是一样的，且只能通过一个字段连接。

· 关系的类型

概括来说，数据模型中共有以下三种关系。

● 多对一、一对多：例如学生和校长之间就是多对一的关系，一个学校有多个学生，但只有一个校长。这是数据建模中最为常见且建议使用的关系类型。

● 一对一：例如班级和班主任就是一对一的关系，每个班有且只有一个班主任，每个班主任也只带一个班。

● 多对多：例如学生和任课老师的关系，每个学生有多个科目的老师，每个老师向多个学生教授知识。一般情况下不建议采用这种关系，因为多对多筛选很容易导致筛选混乱，且性能较差。

遇到多对多关系时，一般的解决方案就是拆表：在两个表中间插入一个中间表。例如学生和任课老师之间，插入学校表。多个学生对应一个学校，一个学校对应多个任课老师。

· 关系链

关系有一个重要属性，那就是关系可以形成链条，例如下图案例中，订单表中记录的商品是 sku 级别，所以订单表和产品规格表通过 sku 建立关系，而多个 sku 可能对应一个 sku，所以产品规格表和产品表通过 sku 建立关系。

当我们要从 sku 层级来做汇总分析时，订单表—产品规格表—产品表这个关系链就能起作用，可以计算例如产品类别的合计销售金额。

此时再回到前面遇到多对多关系时的解决方案，就能理解之所以能通过插入中间表解决，就是因为关系链的存在：学生—学校—任课老师。

· 关系方向

在上图案例中，我们观察到，关系是存在方向的，准确来说箭头确定了筛选的方向，例如图中产品规格表和订单表之间一对多的关系是从产品规格表指向了订单表，也就是可以通过产品规格表的字段来筛选分析订单表，但订单表不能反过来筛选分析规格表。

一般来说不建议使用双向筛选的关系，尤其是在复杂数据模型中，双向筛选会导致同一个筛选条件产生多条数据流向，进而产生不同的计算结果。

2. 筛选器

PowerBI 有两个地方可以使用筛选器：一个是筛选器栏；一个是切片器。它们的功能是一样的：在计算之前对数据进行过滤。

假设我们现在有公司总的销售额，想要看单个品类，例如数码产品的销售额，就可以把字段"品类"拖动到筛选器，或者在报表页面新建一个切片器，把字段"品类"拖动到切片器，然后再选择品类"数码产品"，此时页面呈现的数据就是数码产品的销售额。

在实操中，一般放什么到过滤器里？前面数据建模小节中，我们介绍了维度建模，在分析数据时，用维度透视事实数据，也就是说，我们一般是要把维度表里的维度放到过滤器中。例如前面案例中，订单表是事实表，产品表是维度表，我们要做过滤筛选时，就要把产品表里的维度放到过滤器中，例如按产品类型、按品类对销售订单进行过滤。

3. 度量值

度量值是 PowerBI 的核心，通过它使用者可以轻松实现许多复杂的计算。

1）什么是度量值

简单来说度量值是一个计算器，设计好函数公式后，输入指定的数据，返回计算结果。更形象地说，度量值是一个"便携式的计算盒子"，可以放到不同上下文里，用同样的公式计算出不同的结果。

更准确地说，度量值是一个虚拟字段，它不会固定在某个表里，因此也不会改变数据结构。前面说它是"便携的计算盒子"，是因为它的使用方式是要把它拖动到不同报表里呈现计算结果，同时它又随着过滤器的筛选而变化，也可以说它是在与报表交互时才使用的。

如下图所示，新建一个度量值 [销售额] = sum（' 订单表 ' [销售额]）用于计算"合计"的销售额指标，但是它放到不同类别的表格中，统计的就是不同子类别的合计销售额，而把它单独放出来，就是所有品类的合计销售额。

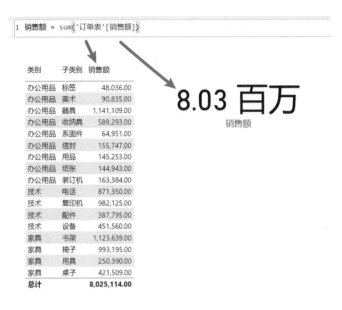

2）度量值与 Excel 透视表

为了帮助理解度量值，可以拿我们最为熟悉的 Excel 透视表来作对比：

$$透视表 = 筛选 + 列 + 行 + 值$$
$$度量值 = 上下文 + 筛选计算$$

由以上两个公式可以看出，度量值里的上下文可以显性地对应到透视表里的行和列，但是它还有隐性的关系链，筛选器的作用能通过这条关系链传递，所以度量值的上下文具有灵活的定义。而度量值里的筛选计算就类似于透视表里的筛选和值，其中值就是公式的计算结果。

4. DAX

前面介绍了强大的度量值，那它是如何被设计的呢？这就要看 DAX 了。

1）什么是 DAX

DAX 的全称叫 Data Analysis Expressions，中文翻译过来就是数据分析表达式，也可以理解成是一种编程语言，我们就是通过它来设计度量值。同样为了便于理解，可以对应 Excel 来学习：DAX 之于 PowerBI，就类似 Excel 函数之于 Excel。

2）如何学习 DAX

有些读者学习 PowerBI 的时候，抱着"DAX 圣经"——《DAX 权威指南》就想啃，但是这本书很厚、内容很多，太难完成，导致学习热情渐渐消失。其实，对于处在从 0 到 1 阶段的初学者，学习还是有"捷径"的，那就是以终为始：工具的作用在于解决业务问题，所以需要满足什么业务需求，就学习对应的功能、函数即可。

3）具体如何做

（1）对照 Excel 学 DAX。

作为同为微软旗下的产品，DAX 在设计之初就尽量地向 Excel 函数靠近，降低用户使用成本。因此，对于常用的函数方法，可以对比在 Excel 中的使用来理解。

（2）学习常用 DAX 函数。

按照以终为始的方法，其实业务中真正常用的函数不多，可以用做项目为思路，做几个完整的项目，遇到不懂的再查询，这样项目完成后，常用的函数就学会了。

在实践中，即使常用的函数也有忘记的时候，但是不用担心，PowerBI 写度量值的公示栏对每个函数都有参数提示。这样能降低 DAX 函数的学习成本，可以让我们把更多精力放在度量值的设计上。

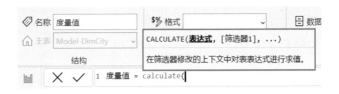

（3）尝试写复杂业务逻辑的度量值。

度量值是 PowerBI 的精髓，想要掌握 PowerBI 就必须先掌握度量值的设计。建议可以借助复杂的业务需求来研究 DAX 的解决方案，由此为起点，探索上下文、数据建模、关系等的协同作用。

4）常用的函数

· Filter

注释：筛选器函数，返回经过表达式过滤后的表。

语法：Filter（＜表＞，＜表达式＞）。

• Calculate

Calculate 是 DAX 中最重要的计算函数，常与 filter 搭配使用。

注释：在由筛选器修改后的上下文中计算表达式。

语法：Calculate（< 表达式 >，<Filter1>，<Fiter2>...）。

• 聚合函数

与 SQL 中的聚合函数（Groupby Function）是一样的概念，例如用于 EDA 描述统计的相关函数：合计（Sum）、平均值（Average）、计数（Count）、中位数（Median）、分位数（Percentile），它们的作用、语法与 Excel 中相似。

在实践中，常与 Calcuate、Filter 搭配使用，实现不同场景下的指标计算。

在上文介绍度量值时，我们说 [销售额] = sum（' 订单表 '[销售额]）可以单独用在不同上下文中，计算不同指标，例如 [家具销售额] = Calculate（[销售额]，Filter（' 产品表 '，' 产品表 '[类别]=" 家具 "）），当然这个度量值等同于 [家具销售额] = Calculate（sum（' 订单表 '[销售额]），Filter（' 产品表 '，' 产品表 '[类别]=" 家具 "）），用于计算家具类别对应订单的销售总额。

在介绍 Calculate 函数时，它的语法中有多个 Filter，也就是说它是可以加多个筛选器的，例如 [2 月家具销售额] = Calculate（[销售额]，Filter（' 产品表 '，' 产品表 '[类别]=" 家具 "），Filter（' 日期表 '，' 日期表 '[月份]=2）。

• 逻辑函数

与 Excel 中相似，DAX 中同样有用于判断的逻辑函数，如 IF、IFERROR 等，因为它们在 Excel 中同样非常常见，这里就不做深入介绍。这里介绍一个比 IF 效率更高的逻辑函数 SWITCH。

注释：用于条件判断。

语法：SWITCH（< 表达式 >，< 值 1>，< 结果 1>，< 值 2>，< 结果 2>，...，<Else>）。

示例：按订单金额划分区间：

```
1  金额区间  = SWITCH ( TRUE(),
2  '订单表'[销售额]<=1000, "(0,1000]" ,
3  '订单表'[销售额] <=2000, "(1000,2000]" ,
4  '订单表'[销售额] <=3000, "(2000,3000]" , "3000元以上"
5  )
```

• 时间函数

顾名思义，时间函数主要用于处理时间、日期数据，例如在 Excel 里的 Date 函数可以生成日期类型的数据；在 DAX 中同样如此。

	A	B	C	D	E	F
1	商品	销量	年	月	日	日期
2	薯条	100	2022	5	20	=DATE(C2,D2,E2)
3	汉堡	58	2022	5	22	2022/5/22

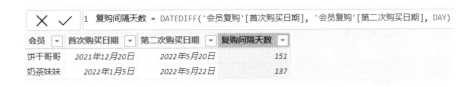

再例如常见的计算两个日期间隔天数的函数，在 Excel 中是 DATEDIF，在 Dax 中是 DATEDIFF。

	A	B	C	D
1	会员	首购日期	第二次购买日期	复购间隔天数
2	饼干哥哥	2021/12/20	2022/5/20	=DATEDIF(B2,C2,"d")
3	奶茶妹妹	2022/1/5	2022/5/22	137

```
1 复购间隔天数 = DATEDIFF('会员复购'[首次购买日期], '会员复购'[第二次购买日期], DAY)
```

会员	首次购买日期	第二次购买日期	复购间隔天数
饼干哥哥	2021年12月20日	2022年5月20日	151
奶茶妹妹	2022年1月5日	2022年5月22日	137

· 日期表

项目实践中，通常需要新建"日期维度表"，并在数据建模中把它（日期）与订单表（订单日期）等事实表连接，用于时间维度的筛选、分析。日期表可以使用以下 DAX 语句直接生成：

```
1  日期表 =
2  --------------------------------------------------------
3  制作日期表的相关参数, 可根据需要修改
4  VAR YearStart = 2019       //起始年度
5  VAR YearEnd = 2021         //结束年度
6  VAR WeekNumberType = 2
7      // WEEKNUM第二个参数类型, 控制每周的开始时间, 返回此周在一年中的编号
8      // 1, 一周从星期日开始
9      // 2, 一周从星期一开始
10 VAR WeekDayType = 2
11     // WEEKDAY第二个参数类型, 控制每周的开始时间, 返回周几的编号
12     // 1, 一周从星期日 (1) 开始, 到星期六 (7) 结束, 编号 1 到 7
13     // 2, 一周从星期一 (1) 开始, 到星期日 (7) 结束, 编号 1 到 7
14     // 3, 一周从星期一 (0) 开始, 到星期日 (6) 结束, 编号 0 到 6
15 --------------------------------------------------------
16 RETURN
17 GENERATE (
18     CALENDAR( DATE( YearStart , 1 , 1 ) , DATE( YearEnd , 12 , 31 ) );
19     VAR Year = YEAR ( [Date] )
20     VAR Month = MONTH ( [Date] )
21     VAR Quarter = QUARTER( [Date] )
22     VAR Day = DAY( [Date] )
```

```
23    VAR YearMonth = Year * 100 + Month
24    VAR Weekday = WEEKDAY( [Date] , WeekDayType )
25    VAR WeekOfYear = WEEKNUM( [Date] , WeekNumberType )
26    RETURN ROW (
27        "年" , Year ,
28        "季" , Quarter ,
29        "月" , Month ,
30        "日" , Day ,
31        "年度名称" , "Y" & Year ,
32        "季度名称" , "Q" & Quarter ,
33        "年度季度", Year & "Q" & Quarter ,
34        "年季编号" , ( Year - YearStart )*4 + Quarter,
35        "月份名称", FORMAT ( [Date], "0000" ) ,
36        "英文月份", FORMAT ( [Date], "MMM" ) ,
37        "年度月份" , YearMonth ,
38        "年月编号" , ( Year - YearStart )*12 + Month,
39        "年度第几日" , INT( [Date] - DATE( Year , 1 , 1 ) + 1 ),
40        "星期编号" , Weekday ,
41        "星期名称" , FORMAT( [Date] , "AAAA" ) ,
42        "星期英文" , FORMAT( [Date] , "DDD" ) ,
43        "年度第几周" , WeekOfYear ,
44        "周编号", "W" & RIGHT( 0 & WeekOfYear , 2 ) ,
45        "年周" , Year & "W" & RIGHT( 0 & WeekOfYear , 2 ) ,
46        "日期编码" , Year * 10000 + Month * 100 + Day
47    )
48  )
```

其中，可以把参数根据事实表中的时间范围进行调整，以生成符合分析范围的日期表。

· 时间智能函数

在时间函数中，有一种类型叫"时间智能函数"，它可以根据当前时间返回不同的相对时间结果，例如当前是 2022 年 6 月 1 日，SAMEPERIODLASTYEAR 可以返回 2021 年 6 月 1 日。由此可见，时间智能函数可以极大简化语法复杂度，尤其适用于业务 KPI 跟踪类型的报表。

那时间智能函数与普通的时间函数有什么区别呢？

日期函数依赖当前行上下文，一般作为新建列使用，例如 YEAR 函数，提取日期列的年份。时间智能函数会重置上下文，一般新建度量值时使用，可以快速移动到指定区间。

时间智能函数计算返回的结果有两种：一种是返回一个期间；另一种是返回期间并计算。

· 返回期间的时间智能函数：这类函数很简单，使用一个日期参数就可以返回对应的时间期间，一般用在 CALCULATE 中的 FILTER。

例如，[同期销售额] = CALCULATE（[销售额]，SAMEPERIODLASTYEAR（'日期表 '[日期]）），该度量值使用了时间智能函数 SAMEPERIODLASTYEAR，返回了去年同期的日期作为上下文计算销售额。

再例如 DATESYTD 函数，返回年初至今的日期"表"，也就是返回一个期间，利用它可以计算业务常见的 KPI 指标：[本年累计销售额] = CALCULATE（[销售额]，DATESYTD（日期 s 表 [日期]））。

• 返回期间并计算的时间智能函数：此类函数除了返回日期外，还能执行运算。

例如，上述本年累计销售额指标，可以使用 TOTALYTD 函数（返回年初至今的表达式的值）简化：[本年累计销售额]=TOTALYTD（[销售额]，日期表 [日期]）。

5）DAX 返回"值"与"表"

DAX 返回的结果有两种：一种是单个的值；一种是表。按这个维度可以把函数类型划分为：值函数、表函数。

值函数与我们在 Excel 中使用的函数相似（例如聚合函数），比较好理解；而表函数则是 DAX 特有的语法，例如上文中的时间智能函数，它返回的至少是一个时间期间上下文，实际上它们就是表函数，返回的结果就是表。

PowerBI 中，在"新建度量值""新建列""新建表"中会使用到 DAX，而前两者需要的是值函数，最后的"新建表"功能需要用到表函数。

在值函数中，也可能会用到表函数，例如经典的 Calculate+Filter 组合，在这里，表函数的作用主要是帮助建立业务指标所需的上下文场景。

5. 小结

PowerBI 是一套商业分析工具，用于在组织中提供见解。可连接数百个数据源、简化数据准备并提供即时分析。作为企业，用 PowerBI 是一整套解决方案；作为个人，用 PowerBI 可以实现自助式商业智能分析。

第 53 问：如何用 PowerBI 做数据分析？——PowerBI 完整数据分析流程案例

> 导读：跟着本问操作，读者能得到一个高频使用的指标拆解模板（杜邦分析），用于销售异动分析。

1. 初识 PowerBI

打开 PowerBI 后，可以看到丰富的操作分区。

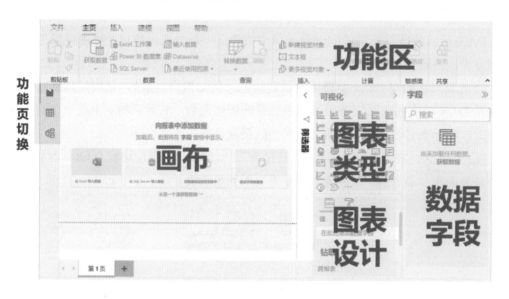

• 功能区：类似于 Excel 的导航栏，有各种功能，包括导入数据。

• 可视化图表区（图表类型、图表设计）：有许多内置的图表，以及图表对应的可视化设计区域。

• 数据字段：导入的数据、新建的度量值等数据字段会显示在这里，用于与图表交互。

• 功能页切换：在这里切换到不同的功能页面进行报表设计、数据处理、建模。

2. 业务需求

销售额异动原因分析是常见的业务需求场景，为了让运营能自主完成，此次案例借助杜邦分析法实现指标销售额的拆解，并通过同比指标判断异常原因。

在产品落地层，该 BI 报表需要便于运营对不同时间段、不同产品类别的销售变动进行原因分析。基于该业务需求，形成了下图所示的报表设计页面。

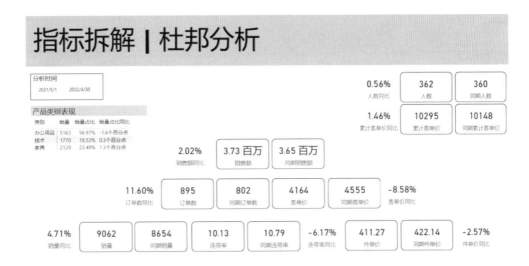

为了便于教程中的对应讲解，把画布中的报表设计分成：页面标题区、分析维度区、指标拆解区、经营成效分析区。下面将逐一完成这些区域的设计。

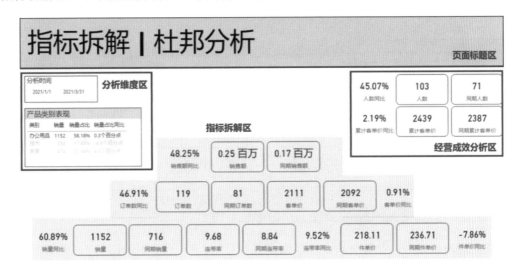

3. 使用场景 | 落地交付

按"以终为始"的落地思维，在开始实现报表之前，需要先对产品最终落地的使用场景进行讨论，才能倒推出所需要的功能、数据。按业务需求，报表需要实现按时间维度及产品维度对销售数据进行分析的功能。

1）时间维度

如下图所示，在分析维度区中的"分析时间"切片器，筛选 2021 年 1 月 1 日至 2021 年 3 月 31 日。指标拆解区和经营成效分析区呈现的销售数据就是 2021 年 1 季度、2020 年 1 季度及它们之间的同比。产品类别表现中，呈现的是 2021 年 1 季度产品类别的销售数据。

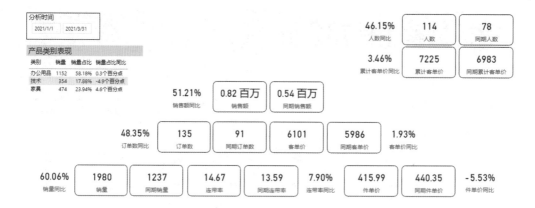

2）时间 × 产品维度

如下图所示，在分析维度区中的"分析时间"切片器，筛选2021年1月1日至2021年3月31日，在"产品类别表现"表格中选中办公用品，则指标拆解区和经营成效分析区呈现的就是2021年1季度、2020年1季度的办公用品销售数据及同比。产品类别表现中，呈现的是2021年1季度办公用品的销售数据。

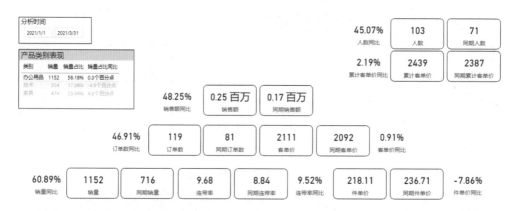

回到落地场景中，业务会结合产品维度进行分析，但是每次操作时应该看哪个产品类别呢？所以，业务还会用到产品类别的数据表现，来帮助做初步的判断。

因此，在这里，分析维度区中以"产品类别表现"的表格形式作为产品维度筛选的依据，具体内容是分析产品的销售结构。

明确了业务需求及最终要交付的报表后，就可以着手开始报表制作。

4. 接入数据

首先，需要接入业务数据。PowerBI提供了丰富的数据源接口，比较常用的有Excel、SQL，可以按需使用。

1）数据源

在业务需求的讨论中，可以明确所需的业务数据是销售表及产品表。

产品表（Model-DimProduct）：用于记录不同产品的数据，例如类别、子类别、产品名称、对应的品牌及标签价。其中，spu 可以简单理解为产品型号。

spu	类别	子类别	产品名称	品牌	标签价
100326	办公用品	信封	搭扣信封	GlobeWeis	62.00
100327	办公用品	装订机	孔加固材料	Cardinal	32.00
100328	办公用品	器具	搅拌机	KitchenAid	464.00
100330	办公用品	装订机	订书机	Ibico	247.00
100332	办公用品	纸张	计划信息表	Green Bar	130.00
100333	办公用品	系固件	橡皮筋	Stockwell	77.00
100335	办公用品	信封	局间信封	Jiffy	233.00
100339	办公用品	用品	尺子	Acme	86.00
100340	办公用品	装订机	孔加固材料	Avery	27.00
100341	办公用品	装订机	装订机	Cardinal	71.00
100344	办公用品	用品	开信刀	Elite	135.00
100345	办公用品	装订机	标签	Wilson Jones	37.00
100347	办公用品	纸张	笔记本	Green Bar	158.00
100348	办公用品	收纳具	盘	Smead	228.00
100351	办公用品	装订机	打孔机	Ibico	149.00
100354	办公用品	收纳具	盘	Tenex	255.00
100355	办公用品	器具	炉灶	Hamilton Beach	2,528.00
100356	办公用品	器具	烤面包机	Hamilton Beach	272.00
100357	办公用品	收纳具	文件夹	Rogers	145.00

销售表（Model-FactSales）：用于记录客户的订单数据，例如订单 Id、订单日期、客户 Id、订单对应的产品 sku（可以简单理解为产品规格）、产品 spu、商品件数及订单金额。

其中，sku 是 spu 的下一级，例如 iPhone13 是 spu，而不同颜色的 iPhone 13 black 是 sku，sku 还可以是不同容量的 iPhone 13 256G。

订单 Id	订单日期	客户 Id	sku	商品件数	订单金额	spu
CN-2018-1047687	2022年1月26日	10240	1020041927	2	124	102004
CN-2018-1070056	2020年9月23日	14605	1006981183	2	76	100698
CN-2018-1070056	2020年9月23日	14605	1007341247	2	101	100734
CN-2018-1122727	2020年8月5日	17710	1008261355	2	3345	100826
CN-2018-1141510	2020年7月29日	19225	1011731643	2	85	101173
CN-2018-1154983	2020年8月4日	11890	1013581759	2	2372	101358
CN-2018-1231498	2022年4月2日	13630	1003310253	2	3856	100331
CN-2018-1232384	2022年3月19日	20905	1015261844	2	3210	101526
CN-2018-1232384	2022年3月19日	20905	1017601899	2	259	101760
CN-2018-1246652	2020年5月3日	19750	1007701295	2	458	100770
CN-2018-1246652	2020年5月3日	19750	1014311797	2	82	101431
CN-2018-1340062	2020年5月19日	13660	1005640901	2	38	100564
CN-2018-1370213	2020年9月15日	20410	1013041718	2	2662	101304

2）新建日期表

对于涉及时间分析的场景，需要新建日期表，通过对日期表中时间字段的筛选，计算不同时间段下的销售指标。

切换到"数据"功能页，在功能区中找到【表工具】→【新建表】功能。

在代码区输入日期表的通用 DAX 代码即可。

```
1   日期表 =
2   -------------------------------------------------------------------
3   --制作日期表的相关参数，可根据需要修改
4
5   VAR YearStart = 2020      //起始年度
6   VAR YearEnd = 2023        //结束年度
7
8   VAR WeekNumberType = 2
9   VAR WeekDayType = 2
10  -------------------------------------------------------------------
11
12  RETURN
13
14  GENERATE (
15      CALENDAR( DATE( YearStart , 1 , 1 ) , DATE( YearEnd , 12 , 31 ) ),
16      VAR Year = YEAR ( [Date] )
17      VAR Month = MONTH ( [Date] )
18      VAR Quarter = QUARTER( [Date] )
19      VAR Day = DAY( [Date] )
20      VAR YearMonth = Year * 100 + Month
21      VAR Weekday = WEEKDAY( [Date] , WeekDayType )
22      VAR WeekOfYear = WEEKNUM( [Date] , WeekNumberType )
23      RETURN ROW (
24          "年" , Year ,
25          "季" , Quarter ,
26          "月" , Month ,
27          "日" , Day ,
28          "日期编码" , Year * 10000 + Month * 100 + Day
29      )
30  )
```

得到的日期表如下图所示。

Date	年	季	月	日	日期编码
2015-7-1 0:00:00	2015	3	7	1	20150701
2015-7-2 0:00:00	2015	3	7	2	20150702
2015-7-3 0:00:00	2015	3	7	3	20150703
2015-7-4 0:00:00	2015	3	7	4	20150704
2015-7-5 0:00:00	2015	3	7	5	20150705
2015-7-6 0:00:00	2015	3	7	6	20150706
2015-7-7 0:00:00	2015	3	7	7	20150707
2015-7-8 0:00:00	2015	3	7	8	20150708
2015-7-9 0:00:00	2015	3	7	9	20150709
2015-7-10 0:00:00	2015	3	7	10	20150710
2015-7-11 0:00:00	2015	3	7	11	20150711
2015-7-12 0:00:00	2015	3	7	12	20150712

5. 数据建模

数据准备好后，切换到"模型"功能页，进行数据建模工作。

在业务需求中，明确了时间、产品类别的分析维度，因此，结合"维度建模"的方法论，需要以日期表、产品表作为维度表，以销售表作为事实表进行分析，使它们之间形成一对多、单向的表间关系，得到的数据模型如下：

- 日期表（'Model-DimDates' [Date]）→ 销售表（'Model-FactSales' [订单日期]）。
- 产品表（'Model-DimProduct' [spu]）→ 销售表（'Model-FactSales' [spu]）。

如何操作？

按住鼠标左键把日期表（Model-DimDates）中的 Date 字段拖动到销售表（Model-FactSales）中的订单日期字段位置，如下图所示，松开鼠标即可完成关联。同理需要完成销售表和产品表之间的关联。

6. 新建度量值（写 DAX）

接下来切换到【数据】功能页，开始可视化报表中度量值的准备。

1）指标拆解区

该区域是此报表中的核心，涉及以下指标及公式：

（1）销售额 = 订单数 × 客单价；

（2）订单数 = 销量 × 连带率；

（3）客单价 = 件单价 × 连带率。

其中，连带率衡量的是每次客户购买时的平均商品数量。

接下来逐个分析如何新建度量值。

· 本期指标

（1）销售额。销售额可以通过把订单表中的金额做累加实现。

```
销售额 = sum('Model-FactSales'[订单金额])
```

如何操作？只需在【表工具】中，单击【新建度量值】，在代码区输入语句即可。

（2）订单数。在零售业务中，对订单的处理逻辑需要按日合并，也就是说，假设客户 A 在 2022 年 6 月 1 日内消费了多笔订单，业务上也认为客户 A 在 2022 年 6 月 1 日

仅消费了一笔。

因此，统计订单数不能直接使用订单 ID，需要重新对每笔订单按客户 ID 和日期做标记，形式是：客户 ID+ 空格 + 订单日期，这样，对每个客户同一天的多个消费订单都有相同的订单标记。

新建列。选择销售表 Model-FactSales，在【功能区】→【表工具】中，选择【新建列】。

输入订单标记的公式即可。其中，CONCATENATE 是对两个字符串进行拼接，而订单标记有三个字符串，所以应用了两次 CONCATENATE。

```
订单标记 = CONCATENATE(CONCATENATE('Model-FactSales'[客户 Id], " "),
                FORMAT('Model-FactSales'[订单日期],"YYYY-MM-dd"))
```

| × √ | 1 | 订单标记 = CONCATENATE(CONCATENATE('Model-FactSales'[客户 Id], " "), |
| | 2 | FORMAT('Model-FactSales'[订单日期],"YYYY-MM-dd")) |

订单 Id	订单日期	客户 Id	sku	商品件数	订单金额	区域 Id	id	spu	订单标记
CN-2018-1047687	2022年1月26日	10240	1020041927	2	124	中南-0068	1	102004	10240 2022-01-26
CN-2018-1070056	2020年9月23日	14605	1006981183	2	76	华北-0004	3	100698	14605 2020-09-23
CN-2018-1070056	2020年9月23日	14605	1007341247	2	101	华北-0004	6	100734	14605 2020-09-23
CN-2018-1122727	2020年8月5日	17710	1008261355	2	3345	中南-0079	11	100826	17710 2020-08-05
CN-2018-1141510	2020年7月29日	19225	1011731643	2	85	中南-0084	12	101173	19225 2020-07-29
CN-2018-1154983	2020年8月4日	11890	1013581759	2	2372	华东-0016	13	101358	11890 2020-08-04
CN-2018-1231498	2022年4月2日	13630	1003310253	2	3856	中南-0020	15	100331	13630 2022-04-02
CN-2018-1232384	2022年3月19日	20905	1015261844	2	3210	东北-0010	19	101526	20905 2022-03-19

订单数计算。此时，通过对订单表中的订单标记字段进行去重计数，就能得到订单数指标。

```
订单数 = DISTINCTCOUNT ( 'Model-FactSales'[订单标记] )
```

（3）客单价。DIVIDE 是 DAX 中的除法函数，利用它，基于前面提及的公式，把销售额除以订单数，即可得到客单价指标。

```
客单价 = DIVIDE ( [销售额], [订单数] )
```

（4）销量。对订单表中商品件数进行求和即可得到销量指标。

```
1  销量 = SUM ( 'Model-FactSales'[商品件数] )
```

（5）连带率。基于前面提及的公式，把销量除以订单数，即可得到连带率指标。

```
1  连带率 = DIVIDE ( [销量], [订单数] )
```

（6）件单价。基于前面提及的公式，把销售额除以销量，即可得到件单价指标。

```
1  件单价 = DIVIDE ( [销售额], [销量] )
```

· 同期指标

利用 CALCULATE+ 时间智能函数 SAMEPERIODLASTYEAR，就可以轻松计算同期数据。

```
1  同期销售额 = CALCULATE([销售额],SAMEPERIODLASTYEAR('Model-DimDates'[dat
   e]))
2  同期订单数 = CALCULATE ( [订单数], SAMEPERIODLASTYEAR('Model-DimDates'[Da
   te] ))
3  同期客单价 = DIVIDE ( [同期销售额], [同期订单数] )
4  同期销量 = CALCULATE ( [销量], SAMEPERIODLASTYEAR('Model-DimDates'[Date]
   ))
5  同期连带率 = DIVIDE ( [同期销量], [同期订单数] )
6  同期件单价 = DIVIDE ( [同期销售额], [同期销量] )
```

· 同比指标

同比的计算公式，例如销售额同比 =（本期销售额 − 同期销售额）/ 同期销售额，经过通分可以优化成：

销售额同比 = 本期销售额 / 同期销售额 −1。

基于此，就可以得到如下同比指标的计算公式：

```
1  销售额同比 = DIVIDE ( [销售额], [同期销售额] ) − 1
2  订单数同比 = DIVIDE ( [订单数], [同期订单数] ) − 1
3  客单价同比 = DIVIDE ( [客单价], [同期客单价] ) − 1
4  销量同比 = DIVIDE ( [销量], [同期销量] ) − 1
5  连带率同比 = DIVIDE ( [连带率], [同期连带率] ) − 1
6  件单价同比 = DIVIDE ( [件单价], [同期件单价] ) − 1
```

2）经营成效分析区

基于公式：累计客单价 = 销售额 / 人数，就可得到度量值计算语句。

```
1  人数 = DISTINCTCOUNT ( 'Model-factsales'[客户 Id] )
2  累计客单价 = DIVIDE ( [销售额], [人数] )
```

其中，客单价与累计客单价指标的区别在于，前者是每个客户单次订单的平均金额，而后者是每个客户多次订单的累计金额。客单价的使用场景可以是每次活动前的选品，而累计客单价则用于衡量客户的消费能力。

3）分析维度区

分析维度区的作用在于选择不同维度进行筛选计算，其中，时间维度可以直接通过日期表中的字段进行筛选，不需要新建度量值。

而产品类别维度其实一般来说也是直接使用产品表的字段，但是为了展示通过表格筛选数据的效果，同时，也是为业务提供更好的报表使用体验，这里也新建了产品相关的度量值。

· 销量占比

在产品类别表现表中，同步销量占比来分析产品类别的销售结构。这里的计算逻辑稍微复杂了一些。

总体的公式：销量占比 = 销量 / 总销量。其中，为了消除上下文的限制，使用 ALL() 函数选择了所有的产品，这样放到产品类别表现中，得到的结果就是某个类别的销量占所有类别销量的比例。

```
1  销量占比 =
2  DIVIDE ( [销量], CALCULATE ( [销量], ALL ( 'Model-DimProduct' ) ) )
```

· 销量占比同比

结构分析中，同样需要通过同比分析销量结构的变化。而比例、占比、百分比类型的指标做同比时，一般不说提升 / 降低了百分之多少，而是通过提升 / 降低了多少个百分点来表示。

例如，2022 年办公用品销量占比 20%，而 2021 年办公用品销量占比 10%，一般不说 2022 年办公用品销量占比同比提升 100%，而是说 2022 年办公用品销量占比同比提升了 10 个百分点。

在介绍 PowerBI 的核心概念时，提到"利用 SQL 的思维去看 PowerBI 有助于我们理解它的运行逻辑"，在这里就得到了印证：回到度量值的语句中，要展示多少个百分点的语句逻辑其实跟 SQL 相似，例如 SQL 写百分数的语句是：

```
1  SELECT CONCAT(CAST(ROUND((3/21)*100,2) AS CHAR),'%') AS '百分比' FROM T
   ABLE
```

在 PowerBI 中，写销量占比同比需要先用 FORMAT() 函数对计算结果进行格式化，再利用 CONCATENATE () 将数字结果和单位"个百分点"拼接起来。

```
1   销量占比同比 = CONCATENATE ( FORMAT ( ( [销量占比] - [同期销量占比] ) * 100,
    "0.0" ),                  "个百分点" )
```

至此，我们就完成了所有度量值的建立。

7. 数据可视化

接下来切换到【报表】功能页，开始可视化报表的操作。

1）指标拆解区 & 页面标题区

·新建卡片

这里的报表指标主要以"卡片"的形式实现。

从【可视化】→【图表类型】中，找到【卡片图】，然后把"销售额"指标拖动到卡片图的【字段】位置即可。同样的原理，新建所有需要的卡片。

·调整格式

新建图表后，读者会发现新建的图表和书中建立的图表不一致。那是因为，笔者团队已对图表进行了格式设计，以优化业务使用时的可视体验。

如何做呢？单击需要调整的图表，在图表设计区域，进入格式栏。在这里可以对图表进行不同的可视化设计，例如把边框去掉、调整数据标签中的字体类型及大小，就能得到如下图所示的"人数同比"的卡片样式。

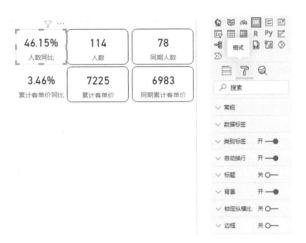

2）分析维度区

·时间维度

日期的筛选是通过切片器实现的。

在【可视化】→【图表类型】中找到切片器，拖动到画布中，把日期表 Model-DimDates 中的 Date 拖动到【字段】中即可。

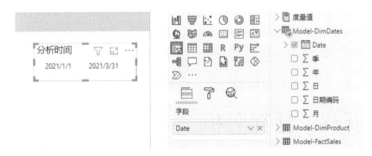

·产品维度

产品类别表现是一个表格，按如下图所示的顺序把表格字段及度量值拖动到"值"的位置即可。

3）页面标题区

最后，作为完整的分析报表，需要有标题。

· 导航背景

在功能区找到【形状】→【矩形】，插入后调整格式中的填充等设置即可。

· 标题（文本框）

在功能区相同的位置找到文本框，插入、填写标题后对格式进行调整即可。

8. 动态图

至此，我们就完成了报表页面的制作，效果如下图所示。

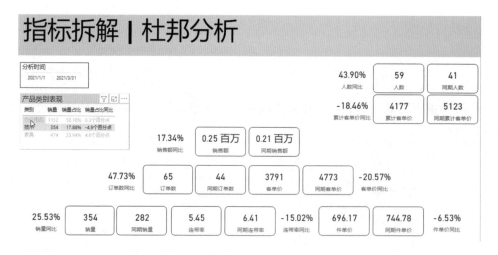

9. 小结

上文通过一个完整的数据分析流程，实践了用 PowerBI 制作动态报表。这个过程不仅让读者体会到了很多 DAX 函数的使用，还让读者对 PowerBI 的核心概念有了进一步的理解。建议读者读完本问后，回到第 52 问重新看一遍，相信你对"数据建模、筛选器、度量值到底是什么"的问题已经有了答案。

最后，留一个小课题请读者自己探索：报表如何实现更新？

提示：尝试先把数据源手动做修改，例如在 Excel 或者 SQL 上修改订单金额，然后回到 PowerBI，在功能区找到"刷新"，单击一下，看看数据是不是都更新了呢？

第 4 章
项目落地

在职场中，重要的是解决问题的能力，而数据分析能力模型中的项目能力就是为此而生：把理论分析中的结论在实际业务流程中落地应用，解决业务问题。数据分析从业人员除了技术相关的硬性实力还要了解数据产生的背景，洞察业务背后的逻辑，考察数据的真实性，也要有良好的沟通能力、协调能力、逻辑分析能力、抗压能力、项目能力、图表设计能力等软实力。只有兼具"硬性＋软性"实力才能更上一层楼。

帮助项目落地的能力是一种必备的软性实力，它贯穿分析项目的整个过程。

· 目标管理

需求是数据分析的起点，对需求进行目标管理的过程也是价值管理的过程，目的是将有限的分析资源（时间、精力）分配到更有价值的需求上，使最终能落地的价值最大化。

· 项目计划

为了提高分析效率，数据分析师需要沉淀出一套从提出问题到落地实施的完整流程。其中，在得到分析目标后，制订可落地的项目计划可有效指引分析落地工作。

· 横向连接

推动跨部门协作的沟通能力本质就是在连接不同资源，尤其是在试验过程中，需要连接例如零售行业中用户运营部门的人群触达资源、产品部门的供应资源、销售管理部门的价格折扣资源等来推动落地。

· 向上管理

在企业中，只有领导才有能力推动项目，如何利用管理手段帮助推动落地是一门有趣的学问。

· 结论报告

同样的分析内容，如何结构化地呈现？通过制作体现价值的分析报告把数据故事讲出来很重要，因为只有这样才能把分析形成闭环。

4.1　落地思维

第 54 问：数据分析的结果该如何落地？

> 导读：经常看到新入行的数据分析师抱怨分析得出的结论无法在业务落地，导致无法体现价值。再追问原因，得到的回答是抱怨业务不配合。但真是如此吗？要知道，让公司成熟运营的流程因为一个分析结论而做改变很难。也就是说，想要分析结论能顺利落地，要改变的其实是分析师的做法。那么，到底数据分析的结果该如何落地？

1. 什么是有价值的数据分析结果?

数据分析结果落地的前提是它是有价值的,能对业务产生积极的影响。有价值的数据分析结果应该符合以下两个条件:

(1)分析逻辑紧贴业务场景。

我们说数据分析是从业务到数据,再回到业务的过程,这个过程要求分析的逻辑需要先考虑业务场景最后才能体现价值,相反,一旦所做的分析脱离实际业务,落地的难度就很高。

在拿到需求时,明确目标后,分析师要批判性地、利用效度信度思维去判断需求,刨根问底地还原场景。而且这个过程应该由专业的数据分析师主导,同时,这部分的作用实际上是确保方向是正确的,业务对支撑结论的数据分析逻辑是认可的。

(2)分析结论与建议是否与具体业务结合。

除非是已具备较好数据思维能力且已习惯于此的人,要不然对于大多数的业务运营方而言,他们拿到数据分析师给的数据结论时,很多情况下是不知道如何应用到业务产生价值的。因此,分析师需要把数据结论升级到业务建议给到业务方,而如何才能给到"有效"的建议,需要达到以下两点:

① 深入下钻分析能力。

这一点实际就是数据分析师自身的功夫:面对业务问题,能否不断下钻分析以找到最细粒度的解决方案及业务增长点。

举一个实际业务中的例子:业务公司明年要针对 K 产品发力,销售额增长 100%,如何做?

a. 因为对接的是用户运营部同事,所以其考核的 KPI 指标是复购人群比例及其金额占比,即是要通过精细化人群运营,提升复购率。

b. 明确目标后,就利用 RFM 模型对现有人群进行结构剖析,发现重要人群占比同比下滑,且客单价有一定程度下降。

c. 接下来针对发现的重要人群问题,逐一进行杜邦分析—指标拆解分析,发现重要价值用户客单价的下降主要是由店铺的平均吊牌价引起的,由此可以提出假设:可能是因为店铺产品销售结构变化引起。

d. 针对 c 中的假设进行检验:将该人群与产品交叉分析,发现销售结构并无显著变化,反而发现问题是在高价的 A、B 品类成交价的下降。

e. 综上可得对于明年 K 产品业绩增长,用户运营这块可针对特征 RFM 人群进行运营,对于其中的重要价值用户,注重 A、B 高价品类价格策略的调整。

经过以上的下钻过程,在与业务公司开会讲解分析报告后,产品、运营都能针对此具体的情况,主动提出他们的看法、行动计划与进一步的分析需求。

② "点线面体"的思考能力。

"点线面体"是指面对同一业务问题,需要同时了解、考虑如产品、运营、企划、供应链等多个模块，构建立体业务模型的思考能力，知道面对的某具体业务问题的抽象构成。

再举一个实际业务中的例子，此前针对京东节假日复购人群的溯源分析，如圣诞节共有 100 名老顾客复购，溯源分析即追踪这些老顾客上一次消费是什么时候，目的是圈选节日前营销的精准人群。

与业务公司开会时，业务老板根据此分析报告即可有具体的策略方向的判断：

a. 结合京东渠道特性：男性顾客中数码产品爱好者较多，可知情感类节日如情人节、妇女节及 "520" 节日购买首饰类产品的会员需求很可能是送礼。

b. 如果假设 a 成立，这些客户在这三个节日有可能是会连续购买的，所以运营方面同事可以考虑在三个节日设计打包套餐销售。

c. 企划同事在针对送礼场景的包装设计及新品开发方面可配合进行；用户运营同事在人群圈选触达方面，可重点关注当月及近期活跃人群。

我们都知道，领导是把控整体战略方向的，也就是说，某个具体的业务问题其实在他看来是个立体的多因素的构成。所以说只有建立 "线面体" 的业务模型，而不是分析某个点，才能与老板同频，分析师说的话他才能听进去。这部分内容在 "第 56 问" 有更详细的解读。

2. 得到对业务有价值的结果后，如何应用落地？

（1）与业务 KPI、运营计划挂钩。

并不是每个部门都认可精细化管理、数字化决策，至少从行动上并不能很好地执行。笔者在与业务公司的用户部门对接时，尽管领导已经发话要做，但他们也还要去做运营、产品、企划等部门的工作。

具体来说，即使领导在会上交代让各业务部门针对数据分析结果，提出自己部门相关业务的看法和行动计划，会后基本都是 "各回各家，各找各妈" 的状态，还是需要分析师去主动沟通。

业务方尚且如此，数据相关的人员更是要想清楚数据分析项目结论可以怎样帮助他们做业绩提升。而这个就是了解他们 KPI、运营计划的过程，只要和这些内容结合，自然也就能搞定他们了。

（2）明确对领导来说的利益点。

直接推动业务产生绩效是最好的利益点，但现实情况可能会更复杂一些。如果业务是在本部门内部，大家都是自己人就什么都好说，只要明确测试场景后，基于 SAMRT 原则、甘特图等工具，提出测试方案、预估效果、ROI 目标等，大概率就可以执行了。

但如果是跨部门项目，例如分析师是在独立的数据部门，而业务是子品牌公司，则要 "向上管理"，灵活地利用直接上级这个 "管理工具" 建群、发邮件等，抓紧在分析报告解读会议上就把测试方案附在 PPT 后面，在双方领导都在场的时候，最好能有明确的下一步结论。需要按照项目管理的形式，不断推动分析结论的落地与业务价值提升。

3. 小结

在职场中，需要的是解决问题的能力，而数据分析的结论如果不能落地，就谈不上解决问题，也就没有价值。因此，数据分析师的工作不只是数据层面分析，更包括对公司层、业务层、部门／领导关系、大环境背景的分析。

第 55 问：数据分析没有思路怎么办？——数据分析中"以终为始"的思考逻辑

> 导读：数据分析解决业务问题有一套"标准化流程"：明确需求、清洗数据、分析原因、提出建议。对于这大同小异的过程，有的分析师驾轻就熟，但有的却频频卡壳，或许拿到了数据不知从何入手，或许分析一轮后却被否认。

针对这些问题，我们需要"以终为始"，使得数据分析的全流程始终围绕着同一个目的进行：解决业务问题。

1. 什么是"以终为始"？

"以终为始"是一种"逆向思维"，要求从目的出发，倒推现阶段要做的事。

"以终为始"是一种"目标管理"，把当下要做的事限制在"目标达成"的框架里。

"以终为始"是一条"通关路径"，沿着它向前奔跑不会偏离方向。

例如，我要把"饼干数据分析脑暴会"打造成乐于分享的社群，这是目标，那如何衡量目标达成？确定评估指标为"每月达人直播分享会数量"，即每月都有 1 个达人进行主题直播分享。

要达成这个目标，需要先考虑一个问题：达人为什么会来直播分享？回答：按等价交换原则，达人来分享是帮助提高社群活跃度，那么达人能获得什么呢？从物质、精神维度划分，或许是金钱、名声。所以社群就需要解决付费以及听众的问题。

听众的问题可以量化成社群人数，认为社群覆盖的人数足够多，达人即可获得更高知名度；对于付费的问题，一般认为更多人愿意为优秀产品付费，所以该问题可以转为：如何做一场优秀的分享会？

要提高社群人数可以通过内容创作及多渠道宣传，而为了帮助达人做优秀的分享会，需要把分享会经验沉淀成开箱即用工具包，帮助降低分享门槛的同时确保分享会质量。

至此，我们为了达成"乐于分享的社群"的目标，倒推到当下要做的事就是创作内容、积攒分享会经验，逆着以上思路便可形成阶段里程碑。这就是以终为始的具象表达。

2. 为什么"以终为始"很必要?

数据分析过程中存在很多的问题,都是因为没有"以终为始"引发的:

(1)想要转行数据分析,但是学海茫茫,不知从何学起。

"以终为始"的解决方案:先结合个人发展规划,明确数据分析领域的岗位。对标中大厂该岗位的要求,形成学习技能树目标,逐个实现即可。

(2)学习过程中,为了学习工具而学习工具。

"以终为始"的解决方案:以解决问题的思路,先简单后复杂,先入门后进阶,先完成后完美。在学习过程中,对需要的知识应该"适度"把控,先确定某知识点应该学到什么程度,设定里程碑阶段,确保方向正确,才能离目标越来越近。

(3)给业务进行数据分析的过程中,没有思路,不知道从哪里开始搭框架。

"以终为始"的解决方案:回到此次数据分析的目的,是要解决特定业务场景下的业务问题。没有思路,是否因为没有把对应的业务问题拆透?需要进一步把业务问题根据"业务目的"拆解成多个子问题,才能转成数据问题,才能基于此搭建分析框架。

3. 实际业务中"以终为始"的应用案例

数据部门应产品部门需求搭建模型评估单品价值。然而,在沟通需求的过程中,数据分析新人一直在讨论需要什么数据、什么算法,导致整个讨论逐渐往数据、算法本身上去了,效率很低。

此时需要"以终为始":先让产品部门回答"做这件事的目的"以及"如何评估最终形成的数据模型的作用"这两个问题,围绕着答案,对前面头脑风暴过程中讨论的数据指标进行删减、对算法根据评估指标进行优化,很快就搭建起了整体框架。

这个小案例中,新入行的数据分析师和需求部门的沟通问题其实很常见,夸张点说是"为了做数据分析而做数据",而以终为始的思维就要求我们回到目的去思考如何解决业务问题,只有这样才能确保我们的分析过程、逻辑和最终的交付物是能产生价值的。

4. 数据分析师如何做到"以终为始"?

至此,我们知道了什么是"以终为始",以及为什么需要它。在数据分析实践中,笔者团队总结了三个步骤帮助我们应用"以终为始"的思维。

(1)从业务层面思考,要解决什么业务问题?

前面在介绍必要性时,以终为始的思维给零基础转行的读者提供了一个解决方案:在学习数据分析知识前,先明确岗位要求。而这就是在业务层面思考问题,也就是考虑要达成的数据分析能力可以解决什么样的业务问题?例如是围绕用户的运营,还是针对互联网产品的优化。

小提示：入门数据分析师沟通数据需求，资深数据分析师沟通业务需求。

回到上述"单品价值模型"小案例中，业务（产品部门）要解决的问题是库存积压占用资金成本，所以希望通过优化"库存结构"来解决此问题。换成运营的语言，就是要通过采购更多高价值的单品、清理低价值单品等方式，提高库存周转率，提高资金利用率。

（2）从数据层面思考，分解目标：真正的问题在哪？

可以借用逻辑树和 SMART 原则工具，对目标进行管理，最终映射到数字空间，转换成数据问题。

接着上述的"单品价值模型"小案例，这个步骤要求思考如何才能把业务问题转成数据问题（如何计算单品的价值）。回到业务需求中，优化库存结构的结果通过"存销比"来衡量，也就是说单品价值的计算公式需要与存销比指标挂钩，换句话说需要通过指标公式判断热销产品。

如何判断热销产品？在零售行业，可以套用人货场模型：

● 人：历史数据中更多人买的商品是热销？还是针对核心用户群的商品是热销？

● 货：单价在哪个区间商品？还是不同品类决定了销售情况？

● 场：热销品是否存在季节效应？

（3）从执行层面思考，制定做事顺序：形成解决问题的步骤。

这一步需要对由业务问题转成的数据问题进行原因分析。分析过程中，需要"以终为始"思考最终数据分析的产出形式，也就是说在原因分析过程中需要围绕着最终的"业务目标"和"产出形式"形成完整的分析框架。

接着上述的"单品价值模型"小案例，问题已经转成了通过人货场模型找到热销产品的特点，考虑到最终的产出是以模型公式的形式对每个单品的价值进行定义计算，所以在人货场模型的分析后，需要形成公式：单品价值 = 用户指标 × 商品指标 × 周期指标。对公式中每个因子的探索就形成了具体的步骤。

5. 小结

什么是数据分析逻辑？笔者认为"以终为始"就是重要的思考能力，可以帮助我们梳理分析框架，真正解决业务问题。始终保持"以终为始"的思考，可以帮助数据分析高效产出，并且使产出的结果更加精准。

第 56 问：如何从不同层次理解业务？——数据分析中"点线面体"的思考逻辑

> 导读：数学思维是世间事物的抽象底层逻辑，非常值得学习。在数学的课程中，"点线面体"的内容会教大家点如何组成线、线如何组成面、面如何组成体，以及如何在立体空间里计算它们之间的交互关系。数学世界的"点线面体"映射到物理世界，也是一种帮助我们思考的逻辑结构。

数据分析新人经常感觉自己做的是无用功，有可能是因为他们做事容易聚焦在"点"上，具体表现在：

- 关注数据本身，与业务沟通时，只聊数据需求。
- 只会非常具体的工作，如做表、取数。
- 只会被动接需求，不会主动思考需求背后的真实目的。
- 为了做数据而做数据，不去思考可以给业务带来什么价值。

为了解决这些问题，下文会结合场景案例来讨论，什么是数据分析中的"点线面体"，以及它们是如何帮助数据分析落地的。

1. 什么是数据分析中的"点线面体"

假设有这样一个场景：在电商行业的某个企业，业务同事找到"奶茶妹妹"提需求，想要看一下商品之前的关联度，形成商品组合。

1）点

"点"："奶茶妹妹"对 Apriori 关联算法模型很熟悉，很快就能利用 Python 工具，根据业务部门的数据需求，计算出不同单品间的关联度，输出商品关联度表格给到业务。

- 说明：聚焦在"点"层面的分析师，容易在拿到数据需求后就直接做事。当然，对于有些工作经验的数据分析师来说，他们都具有一定的硬实力，实现具体的数据需求不是问题，而且面对具体的工作能够"高效率地完成"。
- 风险：没有考虑业务场景，交付一个需求后，很容易马上就来第二个需求，比如业务看了数据后，想再看看产品品类间、价格间是否有关联度，或者业务拿到数据后不知如何落地，以致业务看完数据以后就没有下文了。这些就是只关注"点"的问题，忽略了"业务场景"。

2）线

"线"："奶茶妹妹"拿到业务需求后，进一步追问：业务场景是什么？要解决什么问题？了解到业务是想参考关联数据来开发新产品，"奶茶妹妹"形成分析框架：先计算单品、价位段、产品系列之间相关性，再针对高相关单品下钻分析消费者，形成新品开发建议。

- 说明：从"点"出发挖到业务"线"，能够关注当下的"业务场景"，已经能够帮助数据分析师解决大部分场景下的分析问题。

- 风险：不过这些业务场景都局限在与你沟通的业务同事的逻辑框架下，那这样又有什么问题呢？其实，有时候业务说的不一定是对的，他提的是他当下的业务需求，很多时候他们是从自身的立场出发。解决这些业务问题，并不代表你作为数据分析师能产生价值。

3）面

"面"："奶茶妹妹"平时参与业务方月度会议，了解近期营销节点、年度目标等业务信息。在"奶茶妹妹"拿到业务提的需求、明确业务场景及业务问题后，判断此需求属于"紧急不重要"象限，紧急是因为业务当下就需要数据用于判断下一步工作，不重要是因为业务要开发的新品属于 A 品类，属于低频消费且全新的领域，而今年公司的考核 KPI 是要主推 B 品类。

- 说明：站在经营"面"来判断业务"线"的功能在于平时的业务积累。"面"更确切的是公司某个方面的运营策略，例如用户、产品、供应链等。这个层面开始考虑数据分析的"价值"，如何把有限的精力放在重要的方向上，借"面"的势，来审视数据分析工作的"价值"。

4）体

"体"：在公司层面通盘考虑多个"面"的情况，但数据分析师并不太需要到这个层次思考，因为不太有机会能把想法落地，或者说到总监级别才能独立操盘项目。

2. 如何使用"点线面"的思考逻辑？

沟通时，从"点"到"面"地思考，深挖分析需求。

做事前，从"面"到"点"地拆解，明确分析框架。

分析时，重新聚焦在解决已明确的"点"上。

汇总报告时把它们串成"线"，甚至形成"面"，让领导看到你的业务视角。

除了帮助数据分析落地外，"点线面"的思考结构还在向上管理、业务沟通等场景发挥作用。"向上管理"即与领导的沟通、汇报，至少要聚焦在"线"或"面"上，确保自己的语言是与领导的视角是统一的，这样才能对上话。"业务沟通"场景至少要聚焦在"线"上，时刻回到具体业务场景、解决业务问题。在沟通需求时，永远关注业务需求，再从数据分析师的专业角度将业务需求转化成数据需求。

3. 小结

"点线面体"的思维是一种从具体到抽象的底层逻辑思维。在进行数据分析时，不要只局限于单点的思考，更多时候还要站在业务的"线"和经营的"面"甚至公司的整"体"上去思考如何给业务提供帮助、驱动公司业务增长、让数据分析产生价值，只有这样才能避免成为数据需求"工具人"，成为真正有价值的数据分析师。

第 57 问：数据分析怎么做才有价值？——数据分析中的目标管理

> 导读：目标管理对数据分析的重要性不言而喻，但是在实践过程中，或许还会力不从心：目标要怎么定？什么样的目标才有价值？在大大小小的分析事务中，如何管理众多的目标？通常来说，数据分析项目的起点是业务需求。按"以终为始"的落地思维，项目过程需要围绕着业务目标开展，但是业务需求做不做？如果要做的话，需要做到什么程度？这些需要对其背后的业务价值进行思考。

因此，为了讨论清楚目标管理，需要探清其上下游：需求管理（What，解决做什么的问题）—目标管理（How，解决怎么做的问题）—价值管理（Why，解决做到什么程度的问题）。

1. 需求管理

数据分析师会遇到大大小小的许多分析需求，在对它们进行管理之前，需要先知道有哪些需求。

- 按时效性区分，可以把业务需求划分为临时需求（例如取数、统计指标）、专项需求（例如活动效果分析、人群运营策略）与长期需求（例如指标体系、日常运营监控、数据产品需求）。
- 按输出形态区分，可以把业务需求划分为 PPT 报告（例如针对活动的分析报告）、Excel 表格数据（例如从数据库提数、聚合后的报表）、BI 报表（例如 BI 系统中的实时报表）、REST 接口（例如模型以接口形式落地，供前端调用）。

最理想的状态就是在拿到需求后能迅速识别分析项目的风险、影响、难点。

- 风险：更多指的是无法落地的项目，可能多是出自领导"伟大的构思"，最终不了了之。
- 影响：分析结果会影响什么及程度多大？是仅仅给业务瞅一眼，还是会根据分析结论调整产品功能？
- 难点：对风险低、高影响的分析需求，是否具备可行性？

不论是"老鸟"还是新手，分析师起码能对以上三方面有初步的判断，接下来还需结合优先级思维做决策。

数据分析实践中，面对业务需求，很少场景能让分析师决定做不做，因此，面对众多的需求，更重要的是如何分配优先级，同时，这也是重要的落地思维之一。基于重要紧急模型，可以把需求分为重要紧急、重要不紧急、紧急不重要、不重要不紧急。虽然说需求的判断力依赖沉淀的经验，但是可以大体分为以下几个维度的思考。

- 交付日期：帮助判断需求的"紧急与否"维度。

- 重要性：如何判断需求的重要性？某个事物的重要性在于它对其他事物的影响，也就是要回归到业务场景来看当前需求在业务流程里的作用。同时，也可以反向思考它的必要性：如果不做这个需求会怎么样。

- 需求方：在经营管理中，强调"以客户为中心"，作为数据分析师，需要思考我们的客户是谁：部门领导、业务部门、产品经理等。需求方来自哪个客户，实际上也是对需求重要性的加权。

直接上级：从考核指标来说，这类需求的权重最大。

项目相关业务方：除了领导交代的任务，数据分析师所在的项目在不同阶段都有不同的需求，因为项目的成败关系自身的考核，所以这些需求也同样拥有较高权重。

非直属的业务领导：一些扁平化管理、管理灵活的组织存在跨部门协作，因此会有来自其他部门的领导的需求，虽然他们往往和自身考核关联不大，但由于存在职位权力，可以赋予一般的权重。

无项目相关的业务方：除以上的需求方，其余的业务方的需求，就显得不那么重要。什么是业务方？我想是那些与自身的考核方向、项目外延相关的。虽然这类需求很多时候与自己无关，但是从维护职场关系的层面来说，可以用"安排排期"的形式来承接。

其他职能部门需求（非业务方）：剩余的需求方恐怕除了是同事外就没有什么关系，这类需求往往就是同事个人想请求数据分析师的协助。建议直接拒绝。

至此，通过需求管理，我们解决了需求做不做、何时做的问题，接下来需要借助目标管理来指导如何做。

2. 目标管理

项目管理实际上就是在做目标管理：制定项目最终的落地目标，按"以终为始"的思维倒推到当前节点，把过程拆解成里程碑阶段性目标，如下图所示，而甘特图上每个流程节点都有输出交付的小目标。

序号	阶段类型	任务项	里程碑	产出	开始时间	结束时间	责任部门/人	任务分析
1	业务分析	业务调研		业务模型	2021-01-01	2021-01-03	数据分析/张三	结合业务模型，分析业务现状
2	业务分析	需求分析	√	量化指标	2021-01-03	2021-01-04	数据分析/张三	对业务提出的需求进行拆解、明确
3	数据分析	数据分析		分析报告	2021-01-05	2021-01-07	数据分析/张三	分析用户消费行为在数据中的发现
4	业务分析	定性讨论		修改优化	2021-01-07	2021-01-07	平台运营/李四	讨论数据发现是否符合业务常识，将数据规律转为业务的因果关系
5	数据分析	优化结论	√	分析报告	2021-01-08	2021-01-10	数据分析/张三	优化内容、下钻分析
6	业务分析	业务策略		测试方案	2021-01-11	2021-01-13	平台运营/王五	讨论业务层面的策略
7	测试活动	投放测试		/	2021-01-14	2021-01-28	平台运营/李四	验证分析结果与策略的可靠性
8	测试活动	数据回收	√	效果分析	2021-01-29	2021-01-29	数据分析/张三	统计测试效果
9	总结报告	结项报告	√	有效结论	2021-01-30	2021-01-31	数据分析/张三	复盘项目过程
10	常规支持	数据产品	√	数据产品	2021-02-01	2021-02-28	开发部门/赵六	常规化支持

有了目标之后，在开展分析工作的过程中，尤其是在最后给业务建议的环节，都需要评估当前的工作是否在为目标服务。

制定一个落地的目标可以借助 SMART 工具，SMART 工具的含义如下图所示。

前面在讲需求管理时，提到对需求风险的评估表，也就是对于"项目能否落地"这一点就可以借助 SMART 原则来评估。

假设某个项目需求对应的目标缺少了 SMART 原则中的其中一项，还能通过调整目标来实现，风险可控；但是一旦缺少了两项及以上，项目落地风险就剧增。例如缺少了 R 和 A，说明这是一项全新的业务，现有资源无法支持，需要拉长战线持续投入，此时项目充满的是未知数，自然就谈不上落地。更不用说缺少了 SMART 原则中三项及以上的要素，一旦遇到则要及时停止。

3. 价值管理

落地思维有一个重要的内容，就是对"程度"的思考：从输出形态的角度，对同样一件事，是给数据结论就可以了，还是说要做成分析报告？是给数据报表就可以了，还是说要做成 BI 在线报表？做得越深的事情意味着需要付出更多的精力，这同时也需要有更高的价值支撑。

并不是说所有事都值得全力以赴。这里强调的是对需求交付目标的把控需要和价值匹配：

避免用力过度：业务只需要临时看一眼指标，竟然收到一份完整的分析报告。

避免不及预期：业务期望从分析师结论建议中找到功能迭代的方向，却只收到一份结果数据的呈现报表。

具体如何做呢？可以从数据分析师自身价值和分析项目价值两个方向出发考虑。

1）数据分析师的价值

这件事中数据分析师自身的发展是否有价值？例如分析师刚开始学习 SQL，缺少了实际的工作场景，此时产品部门提需求做较为复杂的存销分析报表，尽管此项工作并非考核内容，但是可以帮助分析师实践、强化 SQL 能力，那就值得去做。

2）分析项目的价值

目标的设定除了要符合 SMART 原则外，还要紧贴项目的最终落地价值。例如电商业务中，为了探索人货场打通的策略，老板说这次项目是要扩大目标人群的规模。此时，如果只是围绕这个目标去扩大人群，最终容易陷入价值困境，因为如果扩大的人群不能带来转化就没有价值。所以基于老板告知的目标，考虑其最终的价值落地在于人群转化的产出业绩。在实践中，应该先打造高转化率的典型场景，再基于此扩大人群，此时，随着人群的扩大，转化率会有下降，但是能确保一个基准。反之，如果先扩大人群再考虑转化率的问题，落地难度很高。

完整的价值管理应该包括以下步骤：

（1）价值判断。思考分析需求背后的业务价值点，以及设定的项目目标、里程碑目标是否紧贴落地价值。

（2）预期管理。最好能让团队成员（或者是需求方、业务方）对需求、甚至是项目的目标及背后的价值达成共识。尤其是对领导给的风险较大的分析项目，及时向上管理对齐预期，减少不必要的效率浪费。

（3）价值落地。完成项目分析的最后一公里，通过策略建议、BI 报表等所见即所得的形式落地。

（4）价值升级。能落地的价值证明分析师已经满足了这个层次的要求，接下来可以持续上扬，而这可以借助 PDCA 循环工具来实现。

PDCA 循环是项目质量管理工具，它把项目工作分为 Plan（计划）、Do（执行）、Check（检查）、Action（处理），简单来说就是不断地复盘、调整。在实践中，PDCA循环的魔力在于每一次项目之间，通过标准化沉淀经验，持续释放数据分析价值。

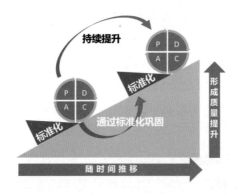

PDCA 循环强调的是价值升级，具体体现在对需求的主动升级上：临时取数 → 统计指标 → 指标体系 → 专项分析 → 产品落地。例如临时取数的需求没有价值可以言，但是在取数交付时可以与业务沟通是在做什么统计，分析师可以用更专业的视角来帮助统计指标。通过不断的主动升级，将数据分析价值在业务流程中落地，实现变革提效。

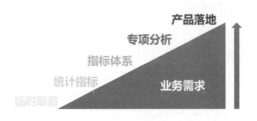

4. 小结

德鲁克认为，目标管理的具体形式多种多样，但其基本内容是一致的，即先有了目标之后，才根据目标确定每个人的工作，而不是有了工作才有目标。因此，只有找到目标，才能选择正确的数据分析方法。反过来，"数据分析"也可以作为量化目标、监测目标、分析目标达成好坏原因的工具。

4.2　理解业务本质

第 58 问：常说的业务场景是什么？——从营销角度出发构建 "业务场景模型"

> 导读：在与有经验的数据分析师交流的过程中，经常看到"业务场景"这个概念：脱离业务场景的分析是纸上谈兵，无法落地。既然业务场景这么重要，下面就来聊聊业务场景。

1. 业务场景的必要性

结合业务场景，可以完善数据逻辑，包括数据清洗、特征工程等。

结合业务场景，可以构建分析框架，要做什么分析、哪些分析不需要，这些都取决于业务场景。

结合业务场景，可以给出可落地的业务建议。

2. 什么是业务场景？

讨论业务场景需要回归到营销理论的发展，早在 1960 年，杰瑞·麦卡锡教授在其著作《营销学》中提出的 "4P 理论" 是最为经典的营销框架。4P 理论关注产品，"产品为王"的年代，似乎只要做好产品、定价、铺货和促销，生意就能大卖。

时间来到 1993 年，美国营销专家劳特朋教授提出 "4C 理论"，认为在物质极度丰富的当下，企业营销应该 "以用户为王"，只有透视顾客的需求、成本，为顾客提供便利以及保持沟通，才能让品牌受到市场青睐。这个阶段，企业一直讨论如何进行人货匹配，用 "STP+4P" 做市场细分的本质也是在不断划分人群，抢夺不同细分人群的用户心智。

随后，互联网尤其是移动互联网的发展，重塑了传统社交的时空格局。此时，对产品的需求是动态的。例如平时不会去买昂贵茶叶的人，可能在升职评选的时候会咬咬牙买来送领导；平时不怎么装扮的人，在出游前会临时买凸显个性的饰品，等等。因此，营销行业引入了"场景"的概念，认为"特殊情况特殊分析"，用户和产品之间需要通过场景来连接。

由前面营销理论的发展，我们可以分辨出营销的核心要素：产品、用户、场景，这也就是我们要提出的业务场景模型。

1）产品

借助4P理论可以构建一个简单的分析框架，即通过产品力（Product）、定价策略（Price）、销售渠道（Place）、营销概念（Promotion）帮助我们建立对产品的全面认知。

产品不仅仅是一个实体（例如鼠标、天气App等），还应该包括它的服务，也就是说这里是"大产品"的概念：为用户提供的一整套解决方案。

2）用户

针对用户的4C理论［Customer（关注顾客价值）、Cost（关注顾客广义的购买成本）、Convenience（考虑顾客的便利性）、Communication（寻求与顾客的积极沟通）］能帮助品牌时刻围绕用户创造价值。

营销专家特劳特的《定位》开启了对用户进行细分的研究先河，现在的用户运营部门或者会员管理部门的精细化运营，实际上都是在不断地做用户分层（细分）。

3）场景

产品从广义上来说，不再是一个静态的概念，而是用户愿意为一个具体场景对应的方案买单，这就是场景赋予产品的意义。同时，从这个角度上来看，场景也更能配合大产品的概念（实体及其配套服务）。

在移动互联网时代的当下，场景起的作用不仅是连接用户和产品，从消费者行为模式AISAS来看，用户的注意、兴趣、搜索、购买、分享链路都是在特定场景下进行的。

3. 什么是场景?

用户使用产品的底层逻辑是先有一个目标，或者说是任务，然后他在实现目标的过程（环境）中存在一些痛点，需要使用某款产品来帮助达成目标。这里的"目标＋环境＋痛点"，就是场景。

场景要素

例如"饼干哥哥"在深圳工作（用户），下周国庆放七天假（环境），打算回家探望母亲（目标），但是家乡没有高铁站，坐大巴又不舒服，直接打车回去又太贵（痛点），所以提前使用滴滴预约顺风车（产品）。这里假期返乡及对费用敏感的场景把滴滴的产品（顺风车）和用户（城市工作的人群）连接在了一起。

再例如对珠宝首饰企业来说，情人节（环境／时间）是一个重要节点，男生想买首饰送给女朋友（目标），但不知道怎么选（痛点）。此时某公司推出售后 7 天免费换新的政策来促销（大产品）。这个案例中，该公司根据情人节的典型场景，设计了新玩法帮助促销产品。

对场景有大概的印象后，接下来，我们把场景拆解开来看看各要素的概念。

目标：利用场景营销的出发点，但这里的目标不仅是具体的任务，还包括内在的需求，例如社交需求、分享好物给闺蜜，也就是常见的 AARRR 模型里的 Refer（自传播场景）；也可以从马斯诺需求理论来理解用户的不同行为起点。

痛点：用户在实现目标的过程中，一定是遇到了某种痛点，因为只有这样，用户才会对产品产生需求。

环境：这是最大的变量，也是为什么有这么多不同细分场景给不同产品落地的原因。

不同的时间在周期性强的领域最为显著，例如电商中不同的节日；以及基于地点的场景衍生出了携程、12306 等产品需求。

不同状态主要表现在不同条件下，例如我们看 B 站的时候，有 WiFi 时视频能顺畅播放，而无 WiFi 时画面就切到“是否使用移动流量观看视频”的提醒，连流量都没有的时候就切到“断开连接”的画面，这就是因不同网络状态产生的不同场景。

4. 如何使用场景？

1）利用场景分析用户

营销领域中，场景营销已经成为品牌营销中的热点，例如 RIO 微醺借助“独居青年”的场景，打造“一个人的小酒”概念，赢得年轻人的青睐，相关话题更是在微博收获上亿阅读量。再如加多宝的广告展示的是吃麻辣火锅的场景，配上“怕上火，喝加多宝”的广告语，占据用户担心上火的心理。

从用户消费链路来看，场景可以分为决策场景、购买场景、使用场景、分享场景。

· 决策场景

什么影响用户的决策？阿里利用心智模型洞察用户，推出美妆行业的 JCGP 落地方法论，帮助商家在"双十一"拉新获客。

· 购买场景

珠宝行业的周大福在全国推出不同风格"主题体验店"，例如位于北京的"传"空间体验店一改传统珠宝门店的设计风格，在墙面上绘制了北海的春日海棠、夏季荷花、白塔龙船等紫禁城记忆元素；在店面陈列上也打破传统的"柜内柜外、你说我听"的销售模式，改成了"旋转展台"。这些动作都是在为顾客构建一个与品牌印记相符的沉浸式购物场景。

· 使用场景

用户是在什么场景下使用你的产品？例如杜蕾斯通常会在特定节日（如情人节、七夕等）氛围下，强化它的网络营销活动，因为这是它的典型使用场景之一。

· 分享场景

如何刺激用户分享？分享的首要前提是产品具有分享基因，能激发用户分享的欲望。通过给用户分级（依次为流量用户、普通用户、中度用户、核心用户），培养核心用户，找到意见领袖，打造产品 IP，多渠道激发用户分享。

2）利用场景设计产品

产品从需求到设计、落地，每一步的逻辑要成立都需要场景的支撑，按此流程可以把场景分为用户需求场景、用户使用场景、产品商业化场景。

· 用户需求场景

用户与产品之间要能联系起来，需要的不只是用户"需求"或者痒点，而是要深挖用户的痛点。例如，出国留学的场景，学生的目标是要到海外求学，所以需要学英语，但这不是痛点，还需要深挖。学生在国内没有语言环境，所以"没有使用英语的场景来培养语感"或许才是痛点，针对该点设计的 hellotalk 主打"语言交换"，可以让用户与国外想学习中文的朋友进行社交。

· 用户使用场景

在设计产品的过程中，很需要回归到用户的使用场景，尽量让用户保持一个良好的使用体验。用户使用场景分为时间场景、地点场景、状态场景等。

时间场景：例如 f.lux 是一款过滤蓝光的软件，它可以随日出、日中、日落的时间变化，调整电脑屏幕的色度和亮度，让用户眼睛达到一个最舒服的状态。

地点场景：例如携程、12306 等 App 就是基于地理场景的应用，帮助用户解决出行痛点。

状态场景：在产品设计阶段要充分考虑各种条件在不同状态下的变化，例如前文提及的 B 站在不同网络状态下的页面变化。

· **产品商业化场景**

产品商业化主要通过增值产品发散和现有路径阻断实现。

从场景的角度来理解：场景＝目标＋环境＋痛点。简单来说，增值产品发散就是满足用户的痛点，而现有路径阻断则是在用户达成目标的路径上下功夫。

例如百度网盘的常规操作——限速，就是在用户想要文件（目标）的路径上阻断；而它推出增值产品"一刻相册"，则是通过满足用户更多（存储图片视频）的痛点来提高收入。

5. 小结

前面我们花了大篇幅讨论场景，那在业务场景中，何为业务？业务可以理解为不同职能部门围绕产品、用户的不同分工。

例如互联网行业，产品经理设计产品，技术人员开发、上线产品；用户运营基于AARRR 模型来做用户的获取、激活、留存、促转及分享；运营根据不同的节点、场景设计活动、策略；广告部门根据人群、产品做新媒体投放、贴片广告等。

例如电商行业，用户运营基于"AIPL+FAST"模型来做用户认识、兴趣、购买、忠诚阶段的转化；平台运营在"618""双十一"、圣诞节等节点策划促销活动；投放部门利用数据银行圈选渠道 I 人群，利用达摩盘对单品进行广告推广。这些就是实际落地中的业务场景。

因此，一个业务场景可以通过"谁""在什么环境下""干什么及遇到什么问题""如何互动""有何价值"来阐述。

· 谁：识别参与者，用人或者系统描述；
· 在什么环境下：识别上下文，用时间、空间和状态描述；
· 干什么及遇到什么问题：识别完成的事情，用任务序列描述；
· 如何互动：识别人如何与业务连接，用产品介质和服务形态描述；
· 有何价值：识别目标，用价值描述。

第 59 问：零售行业常说的人货场是什么？——从"人货场模型"看落地场景中的数据分析

> 导读：数据分析需要围绕着业务展开、落地。而在"新零售"的概念中，增加了线上线下结合场景，移动互联网和大数据的技术运用，优化了生产流通销售等各个零售的环节，但依然可以发现，人、货、场的基本要素并没有改变。

1. 新零售与"人货场"模型

配合新零售的战略，"人货场"模型随即提出：与以往传统零售业关注消费者、产品、人货匹配相比，新零售领域同时强调"场景"的作用。

新零售的"新"体现在对"人货场"的重构：

·人：全链路连接用户。这一点在于做深用户运营，采集用户的统计特征、消费路径、支付信息、情感偏好等数据，形成更精准的人群画像，最终实现千人千面的个性推荐。

·货：供应链革新。除了开发更精准的产品，"货"重要的作用就是基于物流信息的整合，提高供应链管理效率。

·场：场景革命。传统零售卖场呈现的销售氛围更浓烈，但现在场景革命要求商业环境的打造更多考虑消费者的场景（使用、社交等）。所以我们看到盒马生鲜、超级物种打通了多元的场景，给用户带来全新的体验。

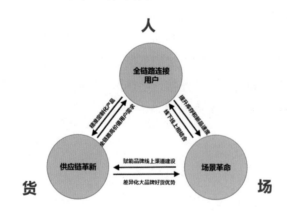

2. 用户运营

了解完随新零售而来的人货场后，具体到运营流程中，看业务是如何随人货场模型开展工作的。以用户运营为例。简单来说，用户运营就是围绕着用户生命周期做运营，通过提升用户价值，推动业绩增长。在电商实操场景中，用户运营的核心就是围绕"人货场"展开，进而提升复购率等指标。

"人"即客户，了解整体画像，根据场景进行用户分层营销。

"货"即产品及与之搭配的促销策略。

"场"广义来说，即为渠道、节日活动，与客户触达的"天时地利"。

用通俗的语言来说，就是解决"什么时候什么样的人会在什么样的场合下购买什么产品"的问题。

根据"人货场"的不同组合，可产生不同的业务场景，例如：

"货场→人"：天猫确定了情人节活动，产品部门要求主推情人节套装产品，平台运营明确了折扣政策，此时，用户运营人员就出场，圈选出可能会在情人节复购的人群A，圈选可能偏好主推产品的人群B，对人群A与人群B做交叉即为此活动目标人群，根据促销政策制定优惠券，并触达人群。

"人场→货"：用户运营部门使用RFM模型对人群精细化运营，明确需提升重要价值用户比例，即明确了目标人群，此时用户运营人员就需要去找产品要合适的产品，找运营拿折扣，甚至找推广配合做投放。

3. 数据分析

在"人货场"各种组合而成的复杂业务场景中，仅凭"直觉"甚至"拍脑袋"，已经无法达成业务目标。绝大部分行业进入存量运营的今天，数据化决策已经成为必备武器。

所以，前面"用户运营"的工作中存在着许多数据分析的需求。它们的目的是通过数据分析找到业务增长的钥匙。

"货场→人"场景已明确需主推的产品、节点及促销政策，需进行数据分析的地方如下。

人货匹配：确定产品后，需要从全量人群中找到可能喜欢该产品的人。简单点的方式可以通过历史订单统计实现，即提取出产品的元素，如爱心形，再从人群历史订单中找到喜欢心形的客户，认为他们可能也喜欢该新品。复杂点的方式可以通过例如复购关联分析、商品推荐等模型反向找人群。

复购周期：每个客户的活跃状态都不同，要先了解行业或者该品类客户的生命周期是多长，即复购间隔，以30天为例，找出30前刚买完的客户，认为他们处于活跃购买状态。

节日偏好：一般认为多次在节日节点购买的客户是偏好该节日的，例如产品有送礼属性，则客户在情人节买就是送对象的，一般他们感情不破裂就有可能在下个情人节继续送。

折扣敏感：不可否认的确存在对价格敏感的客户，甚至是"羊毛党"，折扣力度大才会现身购买，发现这样的规律能更好地将优惠券与客户匹配。

"人场→货"场景与"货场→人"场景不同的是，此场景先明确人群，再去匹配产品、折扣等，需进行数据分析的地方如下。

RFM：基于 RFM 模型划分人群后，提出目标要提升重要价值用户是无法落地的，需要进一步讨论该行业或品类下的重要价值用户更容易从哪个人群转化而来？例如一般价值用户，刺激他们连带消费、复购，即提升 M，就可转为重要价值用户。这样才能提出落地的策略：针对一般价值用户进行连带提升。

商品推荐：找出人群可能喜欢的商品，简单的方式可通过对历史订单的统计，复杂的方式可通过协同过滤等算法实现。此外，需要将推荐模型与实际场景结合，此处目标为提升连带，可以结合"购物篮分析"设计搭配组合。

偏好价格：每个客户历史消费的客单价都不同，需要列出价格带分布进行分组营销，避免对低价位段客户推荐高价品。当然一个好的推荐模型可以避免这样的尴尬。

注意：并不是说要对每个场景都这样严格进行人群交并。更重要的是灵活应用，例如人群基数太少，则减少划分规则，或选择性地合并人群。

4. 小结

新零售中"人"从消费者升级到了用户，更注重消费者的体验；"货"从标准工业品升级到个性化产品；"场"从卖场升级到场景。从事新零售一定要沉下心去研究、关注、理解消费者，以及研究他们的需求发生了怎样的变化，行为轨迹的变化又是什么，在这些变化的基础上进行思考。

📖 第 60 问：如何深入理解业务？——利用点线面思维构建"业务模型"

> 导读：每一个有经验的数据分析师，都会强调业务的重要性。但是，业务是个很广很虚的概念，如何了解业务？是很多刚入行、想入行数据分析师最大的困惑。

1. 为什么要了解业务？

数据分析师是支撑型岗位，Python、SQL 用得熟练，机器学习模型信手拈来，可以做到业务那群人做不到的事，为什么还要了解业务？

刚入职的新人可能积累了很多工具、思维方法相关的理论知识，但是一到岗位上，很容易被业务人员指责："我们早就知道了""这个结论没法落地"。与此相比，经验丰富的数据分析师之所以可以使分析结论落地，进而促进业务增长，核心在于"对业务的深刻理解"。

2. 如何了解业务？

笔者结合工作经验沉淀出一套"业务模型"建模的方法论，对业务进行抽象，把复杂的业务抽象出简化的模型，能帮助读者降低认知成本，更好、更深入地理解业务。

我们可以借助"点线面"的思考逻辑进行建模。

- 点：具体的分析工作都是一个个单点，但这并不意味着可以忽略线（业务场景），此时可以从业务流程入手，了解业务。
- 线：业务流程是具体而复杂的动作流程，需要结合营销模型，抽象出营收公式（即企业的核心增长逻辑，各部门围绕着该公式展开工作）。
- 面：从生意公式出发，把不同的业务线条交织起来，形成立体的业务模型。

我们可以看到，从点到面的过程，就是从具体到抽象的过程。反过来，建立业务模型（线→面）其实是为了更好地帮助分析师完成"点"上的工作。

接下来具体讨论如何实现"线→面"的建模过程。

1）线

- 梳理业务流程

以传统的零售业为例。零售行业的商业本质就是将商品卖出去，拆分成具体的业务流程如下图所示，这是一个典型的用户旅程地图（UJM，User Journey Map），即从用户的视角出发梳理的业务流程。

接收信息：用户以某种载体接收到信息的刺激，开始进入流程。

进店：如果此时刺激用户的利益点足够强，用户会选择进入门店。

店员推销：用户进店后，导购会前来推销，即使无导购，也会受到营销氛围的影响，刺激冲动消费。

用户消费：多种因素的刺激下，用户可能会选择付费购买心仪的产品。

新增积分：消费行为完成后，往往都会邀请用户注册会员，将客户转到私域中，并赠送积分作为复购的触点。

离开：用户消费完成离开后，会通过各种运营手段触达用户，刺激用户复购回到第一个流程。

- 明确企业营销模型

这是个常见的从用户视角出发的业务流程。之所以这个流程可以走得通，就是因为前面提及的"人货场"部门在围绕客户生命周期来服务。

"人"：例如用户收到信息，涉及的内容就是用户分层、消费特点。

"货"：之所以用户愿意进店，必定是被一些手段吸引的，也就是常说的拉新、促活等策略玩法，例如送礼品。

"场"：进店后的营销、购买，也是受到某种利益点的触动，不论是品牌故事还是促销打折。

这一步实际上是要构思好企业收入增长的营销模型，零售业常见的就是上述的"人货场"。还有如创业前期的 AARRR 模型、阿里电商的 OAIPL 模型等。

● 明确营收公式

基于这样的业务流程以及"人货场"模型的思考，我们可以抽象出该企业的营收公式：

$$收入 = 流量 \times 进店 \times 转化 \times 客单价$$

实际上，前面业务流程中的"循环"，在业务公式中应是"复购"，但本文将该要素去掉以降低复杂度。

该营收公式是从业务流程中抽象出来的，如何解读？

流量：流程中的"接收信息"，从更通用的定义上看，即为企业可以在公域私域、线上线下等渠道触达到的人群，这是成交业务的起点。

进店：从流量池中，被有效触达且产品利益点与自身匹配的那群人，会进入企业的门店或电商页面。

转化：转化和客单价一起，将用户消费行为划分。进入页面的人群中，进一步受到营销氛围影响，或是冲动消费，或是需求驱动，有一部分人转为付费客户。

客单价：这部分付费客户中，除非是单一卖品的企业，否则每个客户都会购买不同的产品，进而产生不同的成交金额。

这个业务公式也就是"企业底层的赚钱逻辑"，业务场景就是基于这个公式，不断去优化方案，提升收入。例如渠道部门通过加大投放力度，提升流量；销售管理部门，通过策划促销方案，提升进店和转化；用户运营部门，通过关联购买模型，提升连带率，进而提升客单价，等等。

2）面

● 建立全局业务模型

如果企业的业务比较单一，那上述公式就是企业的通用公式，上下一心按公式分工、执行。各部门在该公式指导下的分工汇总起来就形成了企业全局的业务模型。

而企业全局的业务模型对应发展战略，是部门领导或高管在思考的事，一般不会轻易改变。

● 建立局部业务模型

业务部门的分工需要非常具体明确，所以要达到深刻理解业务的目标，在全局业务模型这个层面还是不够，需要具体到局部业务模型。局部业务模型要与业务目标相匹配，但随着企业生命周期的变化，业务目标是动态可变的。例如在创业中期，发现前期引进来的流量转化率低，所以将短期目标定在促进这些新人转化成为付费客户。下图是就是基于该目标梳理的用户运营局部模型。

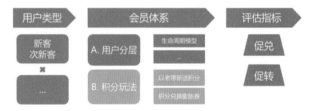

3. 小结

构建好业务模型后，已经对业务有了充分的理解。其实业务模型重要的不是结果，而是构建的过程，对业务流程的思考和梳理的过程。这个过程就是在不断地定义业务场景，基于这些明确好的业务场景，再去应用数据分析工具与思维，得出的结论将更好地在业务落地。

🔲 第 61 问：如何梳理业务流程？——从 "线" 的层次思考业务

> 导读：对于数据分析的 "老将" 而言，"做分析要紧贴业务" 已经是基本共识，须从业务角度切入进去，把整个业务条线的流程梳理清楚。要熟悉客户怎么来、客户的流向是怎样的、需要什么功能来引导客户、怎样维护管理客户、怎样促进成交等流程。只有找到业务流程中的重要节点，才能精准地发现业务上可能存在的问题。

1. 什么是业务流程？

业务流程是为达到特定的价值目标而由不同的人分别共同完成的一系列活动，这是广义上的业务流程的含义。狭义的业务流程，则认为它仅仅是与客户价值的满足相联系的一系列活动。

从业务流程的定义里，我们需要关注以下几个要素。

● 角色：这是业务流程里的第一个基本要素。有了角色才会有分工、有协作，才能完成特定的业务目标。

● 活动：也就是指具体做的事，每个角色都会有具体要做的事。

● 协作：一家公司或者说一个组织里面，不同人做不同事，最终通过协助才能完成一系列的事。而且协作方式上，有并行和串行之分（可以在同一时间完成，或者是不同的时间段里完成）。

● 产出物：每个人有了具体活动，就会有产出，产出的东西形成产出物，以使不同活动在不同岗位间进行转手交接成为可能。

● 规则：无规矩不成方圆，活动的内容、方式、责任等也必须有明确的安排和界定。

2. 如何梳理以及绘制业务流程?

梳理业务流程是一个相当复杂的过程，主要是以实际的业务场景为基础来获取业务信息，然后抽象出一个以参与对象为节点的业务流程。在形式上，我们可以使用"泳道图"等工具将流程的要素及细节等信息，用一目了然的方式展现出来。展示步骤如下：

第一步：获取详细且真实业务流程信息。

一般有两种获取业务流程的方法：从业务方直接获取，或者依靠自己去观察、了解业务流程。

关于第一种，优点是，业务部门一般都会有现成的整理好的流程；缺点是，这种模式一般不能直接拿来用。因为很多业务都是针对自己当前的业务整理的，或者针对自己部门的业务整理，并不是完整的全局流程。梳理业务流程需要考虑全局性，甚至未来的扩展性。

关于第二种，费时费力，但是完成后效率将倍增。如果业务部门没有纸面上的流程图，只能靠业务人员的口述去了解他们的业务流程。这时最好的方法，就是自己先模拟走一遍流程，最终落到纸面上，形成业务流程。然后我们拿着这份流程图与业务再次进行核实，甚至需要重复核实及校对，因为流程常常会随着业务方向的变化而变化。

第二步：明确全业务流程里关键角色。

要弄清楚哪些人会参与解决问题。解决一个问题往往需要完成多个任务，每一个任务都会由一个或多个人参与。找到那些执行相同任务的人，把他们定义为一个角色。

针对 B 类产品客户可能不仅仅是单一角色，可能还会涉及多个角色，如销售员、客服、运营人员，在不同阶段参与人和参与度都不同。可能会涉及产品定位以外的人员，例如技术人员等。早期可不做深入挖掘，但也需要收集，了解其参与的作用。

第三步：识别相关路径节点，拆解主要数据指标。

关键任务节点有两个特征：一是能够推进业务往下进行；二是推动业务在不同角色间流转。业务流程路径则反映了整个业务流程逻辑。通过关键节点转化关系及结果，反映业务状况的好坏。

对于主要的数据指标，层层分解。同时根据分解的细分指标，了解每个业务环节的关键指标。拆解是在分析时将事物拆分成各个组成成分的过程，拆解方法则是同一维度直接相加、同一流程直接相乘、其他关系理逻辑 / 找公式。

需要注意的是：

- 需要拆解的数据指标均处于同一维度，并可以通过相加的方式将其拼起来，例如：

  时间维度：新时间、旧时间。

  性别维度：男性、女性。

  地区维度：东、西、南、北。

  位置维度：内部、外部等。

- 需要拆解的数据指标处于流程的某一环节当中，可通过对流程拆解的方式找到原因。
- 需要梳理清楚数据指标之间的逻辑关系，确认变量之间的公式后再拆解，往往条件和结果之间并非同一维度或同一流程的单一关系。

这里可以使用 MECE（Mutually-Exclusive-Collectively-Exhaustive）模型。这个模型名字上的意思是"相互独立，完全穷尽"，来自《金字塔原理》这本书，意思是业务拆解要全面，且相互独立。这个原则比较好理解，如果拆解得不全面，有遗漏，就可能找不到最终原因；如果拆解的子模块互相影响有交集，就没办法清晰确定是哪个部分的原因。

例如，B 端"数字化 HR 考勤平台软件"的客户成交量拆解为"客户成交量 = 客户流量 × 付费转化率 × 客单价"，详细模块如下图所示。

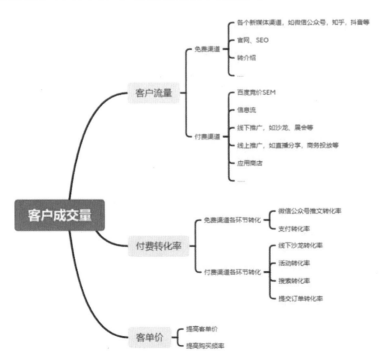

完成了拆解还未结束，我们需要了解每个环节对应的执行目标和相应的数据指标，来衡量每个环节的完成效果和质量。对于产品而言，需要优化产品来提高各环节的转化率；对于内容运营而言，需要丰富有趣以及干货的内容来提升文章阅读量；对于渠道运营而言，需要筛选优质渠道来增加更多流量；对于产品运营而言，需要思考如何定价来提高付费用户数和订单数；等等。要通过数据指标拆解、数据验证的过程，找到业务模式背后的逻辑，从而更深入地了解业务。

第四步：找到用户参与的关键步骤。

业务流程的设计中，如果加入用户参与的角度，会使整个流程更具有针对性和合理性。完整的业务流程中，参与的人大部分是团队内部成员，加入外部成员后，相当于引入了可以提供反馈及增长动力要素。

而这一点，在流程设计及页面优化和调整上，起到关键作用。梳理业务流程不是简单地照搬，需要分析现有实际场景中各节点的必要性，现有流程是否可以进行优化或者调整。

第五步：观察不同业务场景对流程的影响。

从产品生命周期中，我们需要考虑，周期内不同阶段的营销及管理策略的差异，会给业务流程带来的影响。从业务场景中，同一个场景内不同画像的客户群体的差异，会给业务流程带来的影响。甚至在某些特殊的时间节点和场合，例如像"双十一"等业绩旺季的业务流程调整。我们梳理业务流程初衷就是便于进行数据采集及分析，把分析的结论和成果同步给业务团队。

3. 案例

获悉 B 端"数字化 HR 考勤平台软件"相关信息后，我们需要将相关内容分类梳理归集存档，存档结果可以通过"泳道图"表现出来，如下页图所示。

4. 小结

做数据分析，理解"业务流程"是必备的思维方式，尤其是刚入门数据分析时，必须要了解目力之所及的业务流程、参与其中的业务对象、操作时的数据留痕以及表面产生的问题。当对当前业务有了以上角度的了解，才算是真正的入门。任何一个角度的不完善，都能造成理解、分析问题、提出解决方案时的盲区。

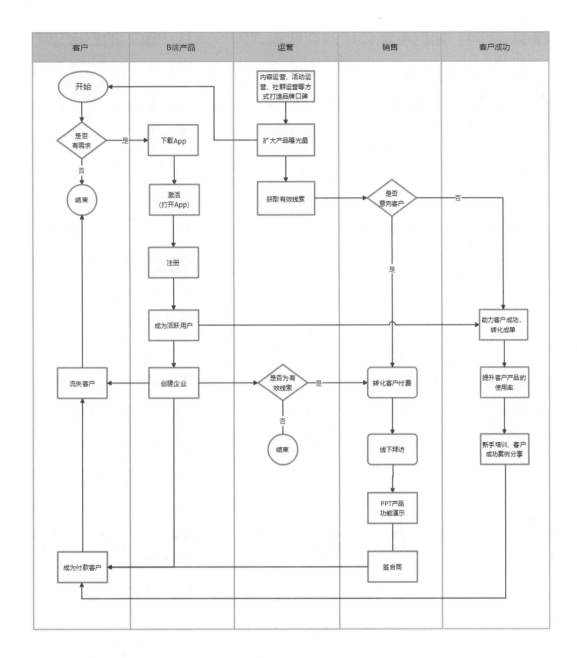

第62问：如何看懂公司的商业模式？——从"面"的层次思考业务

> 导读：拥有越多的信息，就越能解读出更多的细节，而我们利用好这些细节的信息，就一定能找到这些业务细节与数据之间的联系，从而分析出更有价值的结论。

1. 通过商业画布了解公司业务

公司的业务做大是需要资源支撑的。而各种资源又是有不同代价的，这个时候就需要考虑以下几点。

公司要持续发展，就要在某个领域有核心竞争力，不能市场热闹什么就追什么。要为企业的长久发展放弃一些机会，同时也要在核心能力建设上投入更多的资源，可能这种投入在短期还无法营利。

公司发展既需要内部力量，也需要外部力量。就需要了解：哪些领域必须是自己全部控制的？哪些领域是可以让合作伙伴来完成的？有哪些力量愿意帮助我们？我们怎么选择这些合作伙伴？我们需要付出什么成本？

我们可以通过商业画布来了解公司全局业务。即先要了解目标用户群，再确定他们的需求（价值定位），想好如何接触到他们（流量），怎么实现成交和收入，凭借什么筹码实现营利（核心资源），如何处理客户和我们的关系，如何找到能向你伸出援手的人（合伙伙伴），以及业务的收入——成本情况。

商业画布有九个维度，结合资源观，再从正反两个角度去理解印象会更强烈。

1）客户细分

正：谁是你的目标客户？

反：哪些客户不是我们要的，甚至坚决不碰的？

客户细分模块用来描绘一个企业想要接触和服务的不同人群和组织。客户群体现为独立的客户细分群体，其客户身份可分为：决策者、购买者、影响者、分享者、使用者。

2）价值主张

正：我们给客户独特价值是什么？

反：哪些机会我们是不要碰的，而且终究是没有竞争力的。哪些机会是我们要抓住的，对我们独特价值建设能添砖加瓦？

3）用户渠道

正：我们自己主导的力量获得客户流量，包括媒体宣传、市场营销活动，等等。

反：有没有别人主动帮我们传播获得流量，包括口碑传播、粉丝传播、社交媒体传播，等等。

深度思考：成交客户肯定口碑传播、粉丝传播、社交传播更好，怎么才能做到呢？我们需要采取什么策略和措施呢？

渠道具有 5 个不同阶段：

- 认知：我们如何在客户中提升公司产品和服务的认知？
- 评估：我们如何帮客户评估公司价值主张？
- 购买：我们如何协助客户购买特定的产品和服务？
- 传递：我们如何把价值主张传递给客户？
- 售后：我们如何提供售后支持？

4）客户关系

正：我们要给客户什么印象？我们怎么有效地服务 / 留住客户？

反：客户流失的概率大吗？哪些因素造成了客户的流失？

5）关键业务

正：我们具有竞争性的业务是什么？

反：哪些业务看起来短期赚钱，但是实际上不在我们核心领域内，是机会性业务？

6）核心资源

正：我们公司有哪些关键资源？

反：这些关键资源会受到冲击长久存在吗？现在哪些技术进步会对我们的核心资源产生较大的冲击？

7）收入来源

正：我们挣钱方式主要有哪些？

反：这些挣钱方式是我们核心竞争力造成的还是机会造成的？

8）重要合作

正：这些合作伙伴能给我们提供什么价值？我们怎么维护和他们的关系？

反：对于这些核心功能是自建好，还是合作好？例如腾讯以前就模仿很多竞争者，后来发现这种模式其实失败率也挺高。后来就改为用生态支持这些创业伙伴自己占股的模式，这种模式反而给企业带来更大的竞争机会。

9）成本结构

正：哪些是固定成本？哪些是浮动成本？怎么结合业务去优化自己的成本？

反：怎么建立更多业务增长而成本相对保持不变的业务？

商业画布的好处就是从资源角度去思考公司的业务体系。其实商业画布也是很好训练中基层干部和骨干员工经营逻辑的课程。我们实际做企业经营就会发现各种经营思路下做业务难度是不一样的，所以采取怎么样的策略对我们业务发展有根本的影响。

2. 通过各种调研补充业务认知

要对业务有深入的了解，除了公司层面的资源、数据洞察以外，还需要用通过各种渠道去补齐信息，例如阅读行业书籍、实地走访、与用户沟通、分析数据等方式，获得业务的第一手资料，更加贴近业务和客户诉求。

- 对于行业方面的书籍，常用的有《全球财富》《战略与风险管理》等。
- 对于实地走访，常用的有随机走访、有针对性的走访等方式。
- 对于常用的数据方面的资源，常用的有国研网数据库、国家统计局、中经网、艾瑞网、中国经济信息网数据库等。

事实上，调研的方式千万种，可供调研的渠道也有千万条，朋友们可以通过平时的观察和思考，收集最适合自己使用的渠道，并进行相应的储备和使用。

3. 案例

场景：如何从"面"的层次思考一个B端"数字化HR考勤平台软件"业务？通过上述方法，B端"数字化HR考勤平台软件"最终可以构成一张什么样的地图？

（1）对于企业来说，小企业没有能力开发企业HR管理系统、制度不健全、客户管理难；对于用户来说，在微信或QQ沟通，会把私人的生活跟工作混在一起，随之而来的是办公效率低下、公私不分、缺乏管理机制。中国中小型企业占据着很高的比例，企业级服务是一个千亿级市场。所以，客户群体分类为中小型企业。

（2）需求和机会在哪里？OA、人力、财务等对于移动端的依赖性更强，一方面需要利用碎片化时间整理信息而不需要每天专门抽出成段时间做信息整理；另一方面需要实现移动端和PC端的协同，在PC端完成相对复杂的工作。

（3）要用什么样的产品或方案来解决中小型企业的需求呢？为了实现高效沟通和办公协同，需要HR考勤、硬件、软件、增值服务。

（4）确定产品独特的价值主张。想传递给用户的价值定位到底是什么？是专为中小型企业打造的一个工作商务沟通、协同、智能移动办公平台。帮助数千万企业降低沟通、协同、管理成本，提升办公效率，实现数字化新工作方式。传播点可以为"实现数字化新工作方式"。

（5）确定竞争优势是用户可使用低代码平台，快速按自己的需求搭建应用。快速会议工具则可以在会前定时书写会议简要内容，会后直接生成文字记录等。

（6）确定推广的方式是裂变活动。

（7）确定成本主要包括软件 / 硬件运营成本、市场开拓成本、队伍的建设和拓展。

（8）确定关键指标是企业数量、付费客户数量。

（9）确定收入来源是会员、企业支付服务费抽水、文档处理与企业云盘等。

因此，B 端"数字化 HR 考勤平台软件"的商业画布如下所示。

<table>
<tr><td colspan="6" align="center">商业画布</td></tr>
<tr>
<td rowspan="2">①重要合作伙伴
1. 电子商务平台
2. 软件厂商</td>
<td>③关键业务
1. HR 考勤
2. 硬件 / 软件
3. 增值服务</td>
<td rowspan="2">④价值主张
1. 产品差异化
2. 服务差异化</td>
<td>⑤门槛优势
功能优势</td>
<td rowspan="2">②客户群体
分类
中小型企业</td>
</tr>
<tr>
<td>⑧关键指标
企业数量、付费客户
数量等</td>
<td>⑥渠道通路
1. 自建渠道：
销售团队
2. 合作伙伴</td>
</tr>
<tr>
<td colspan="3">⑦成本结构
1. 硬件开发
2. 软件开发
3. 市场推广
4. 平台维护</td>
<td colspan="2">⑨收入来源
1. 会员
2. 硬件
3. 企业支付服务费抽水
4. 数据服务
5. 文档处理与企业云盘</td>
</tr>
</table>

4. 小结

做数据分析要深究业务的本质其实就是从"公司层面"去了解目标用户和利润，理解业务决策背后的原因、理解某个业务线各个角色的诉求和痛点、理解自身产品和项目对业务的价值和影响等。最终，来审视数据分析工作的"价值"。

对公司各部门的职能分工一清二楚，各流程环节了如指掌，目标客户是谁，应用场景是什么，在什么时机，做什么事情，解决什么问题等；还有对每个业务环节的设立、分工、影响、协作，如何数据监控，如何数据追踪，如何疏通，如何限制等统统都了如指掌时，其实，我们就已经逐步形成了一个较为完整的数据分析思路框架了。

第 63 问：从战略层次全局看待业务？——从"体"的层次思考业务

> 导读：理解业务，从微观的视角看即懂业务运作流程，了解行业中某个企业的业务线上不同岗位/角色职责、如何相互协作的以及运作流程等。那么，从宏观的视角看，既要懂得行业模式，又要了解行业中某些约定俗成的规则以及方法论等。

1. 数据分析的"定义域"

以数据分析入门为起点，当把视角拉长，向上升维，从战略层次看待业务，全局地进行纵览，我们就会发现：在做数据分析时，其实很多局部明显的问题根源在其他地方。那么，我们就会逐步有了一个数据分析思路的大框架，不会出现无边际去扩大分析的维度。所以，可以说从战略层次全局看待业务，即数据分析的"定义域"。

"定义域"是数学函数里面的概念，是函数关系的起点，这个起点会影响最后函数返回的结果。同样的，数据分析的起点，必然是一个高维度的思考框架，只有在这个框架中进行业务数据的收集、清理、分析甚至展示，才不会偏离数据分析的方向，而只有在这个框架之中，囊括了各种情况的业务场景，这样分析出来的结果，才是相对客观和准确的。

2. 如何从战略层次全局看待业务？

1）通过熟悉行业基础信息，了解行业整体概况

根据行业生命周期理论，可以把所有行业生命周期分为四个阶段：初创期、成长期、成熟期、衰退期。

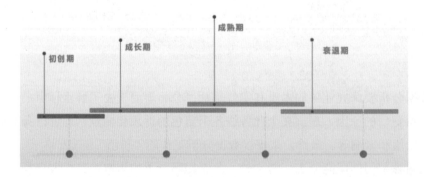

处于成长期和成熟期的行业，收入和利润增长空间大，确定性强，创造的利润最多。成长期的特点是细分行业的市场规模增长率高，年复合增长率一般大于 10%，龙头企业收入增加很快，行业特点、技术研发方向和目标客户的相对确定。衰退期的特点是销售增长率开始下降，参与竞争的企业数量下降，市场集中度提高。

其次，我们可以通过各类报告、政府网站数据及公司内部资料的收集与阅读，对整个行业层面及公司经营层面有大体的了解。通过访谈、问卷调研、实地考察、座谈会等方法，我们可以加深理解，并对之前了解的内容进行补充与完善。

通过对行业定义、提供产品与服务、行业市场规模/增速、行业的历史发展的了解，我们可以形成初步的认识。掌握这些基本信息，有利于从宏观整体对行业以及行业所处的生命周期有一个大概的认识，为后续深入的分析奠定基础。

2）通过 PEST 分析，了解外部经营环境

"PEST 分析"是指一切影响行业和企业的宏观因素，主要针对宏观环境的分析。对于宏观环境，不同行业和企业根据自身特点和经营需要，分析的具体内容会有差异，但一般都会对政治（Political）、经济（Economic）、社会（Social）和技术（Technological）这四大类影响企业的主要外部环境因素进行分析。

通过 PEST 分析，从整体宏观角度对行业所处的政治、经济、文化、科技等环境因素是如何影响行业、未来会如何影响、是否影响到行业内企业的进出门槛、利润率，甚至研发生产、后续营销等做出判断。

3）通过"波特五力模型"，了解内部市场环境

"波特五力模型"由迈克尔·波特（Michael Porter）于 20 世纪 80 年代初提出，他把行业竞争中众多复杂的因素简化成了 5 个核心因素，帮助分析企业的竞争态势，了解内部市场环境。这 5 个因素分别是：同行业内现有竞争者的竞争能力、供应商的议价能力、购买者的讨价还价能力、潜在竞争者进入的能力、替代品的替代能力。

波特五力模型一般应用在两个场景：

（1）进入新市场：例如小米刚进入手机市场就采用了低价策略。

（2）提升利润：例如抖音从短视频到直播、淘宝商品橱窗等，就是想通过自己的渠道优势打败其他竞争者。

购买者的讨价还价能力，决定了能不能以更高的价格把产品卖给顾客。供应商的议价能力，决定了能不能以更低的成本采购原材料。而与同行业、替代品、新进入者的竞争，决定了能够占据多大的市场份额。我们可以通过"波特五力模型"了解内部市场环境、行业供应链、行业竞争情况如何（资源集中度、准入门槛）。

4）通过标杆企业，了解销售渠道、供应链等问题

通过 4P 理论（产品、价格、渠道、促销）了解标杆企业面向谁提供什么服务，是什么产品，功能如何，清楚行业里的目标消费者是谁，他们的规模有多大，他们的消费需求和消费行为如何，未来是否会改变，价格体系怎样，行业的这些产品销售渠道模式是什么，是直销，还是渠道分销，供应链产品的推广策略又是什么，针对消费者做了哪些推广，主要典型和标杆企业有哪些，他们优劣势和关键成功因素是什么，企业间竞争核心是技术还是营销或服务。

3. 案例

场景：如何从"体"的层次思考"数字化 HR 考勤平台软件"业务？

1）了解行业整体概况

（1）经济下行压力大，市场竞争加剧迫使企业数字化转型。

中国的企业经过改革开放后 40 年的迅速发展，取得了经济上的腾飞，但企业管理方法上却不尽相同，企业在规模扩大的过程中，落后的管理方式使得管理成本慢慢加大，数字化程度低成为中国众多企业的通病。在近年经济增速放缓，加之中美贸易持续摩擦，在此背景下企业迫切需要进行数字化转型，达到降本增效的目的。

（2）中国信息建设迅速，办公方式正在慢慢改变。

我国信息化建设迅速，4G 网络基本实现全国覆盖，目前正处于 5G 网络建设之中，基础的网络通信设施快速而稳定地运转，移动办公的需求日益增长。自 2020 年新冠疫情暴发，很多企业开启远程办公模式，办公方式的改变带来了各类办公需求。中小企业无力开发各种系统，会寻求优秀的 SaaS 产品服务，打造企业内部办公一体化平台。

（3）企业管理方式参差不齐，中小企业需要成熟的解决方案。

企业的管理包括对内和对外两部分，对内的人事管理、考勤薪酬、审批报销等；对外的客户关系管理、营销管理、客服等。由于行业不同、企业体量不同等原因，不同企业的管理方式均有差别。而中小型企业由于积累薄弱，急需成熟的业务解决方案，让企业少走弯路，更加高效地进行管理。

2）PEST 宏观环境分析

PEST 宏观环境分析如下图所示。

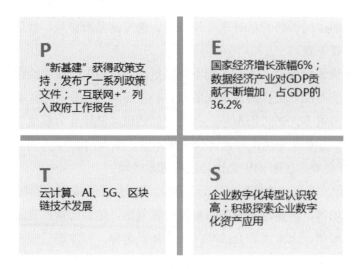

3）波特五力模型分析

波特五力模型分析如下图所示。

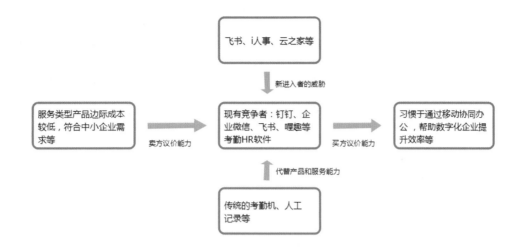

4）4P 分析

产品（Product）：以钉钉为例，分析企业、产品市场地位。截至 2019 年 6 月 30 日，钉钉宣布注册用户超过 2 亿，超过 1000 万家企业使用钉钉，活跃用户数是第二名到第十名的总和。

分析：钉钉于 2015 年 1 月正式上线，凭借先发优势，初期就确定的产品重心在"强管控、强协同"上，诸如企业云盘、消息触达状态、回执消息、强提醒等特色功能都是钉钉先提出的，另外企业协同办公平台的战略也是钉钉率先开始打造的，所以钉钉相比于同类产品拥有了不少的 ISV，钉钉自身作为一个 SaaS 平台又构建了一个 PaaS 平台来接入软件服务提供商，形成一个良好的生态，总的来说，钉钉在先手占领 B 端市场的过程中构建了自身特色，产品在未来市场的发展依旧乐观。

产品定位以及目标着眼于解决企业老板管理及人员线上工作流通问题，把"做一款让中国中小企业用到爽为止的产品"作为初心。 钉钉的功能广度和深度相对同类产品来说更高，总体来看综合水平强，基本覆盖中小企业的 OA、协同、管控的各项业务需求，可见钉钉定位为企业管理的高效工具，目标成为移动办公类 SaaS 产品的龙头。

渠道（Place）：①在企业用户方面，阿里巴巴本身就有很多企业资源，淘宝平台上的中小企业也具备自来流量的优势，而对于中小企业来说，钉钉的产品功能基本满足业务需求，所以推测钉钉目前的目标用户集中于中小企业。②在非营利性质的单位上，钉钉先发制人通过"群直播""钉盘""贴合管理者的习惯的 IM 功能"拿下了许多校园单位，尤其是在 2020 年上半年，相对于企业微信，钉钉的校园用户更加全面，从小学、中学到大学，因为钉钉主要是以满足网课需求的最优方案来获取用户。③钉钉的主要用户分布在国内经济发达地区，或许是有阿里巴巴集团的影响，在浙江地区钉钉的影响相比同类产品更大，钉钉目前的企业类型也是集中于互联网公司或轻产业企业。

价格（Price）：钉钉盈利模式目前主要有增值服务、配套硬件设备销售、知识付费、第三方服务抽佣等方式盈利，有电话会议、电话 / 短信 Ding 的余额充值套餐、钉盘扩容套餐、安全密盾等，主要的增值服务是集中于深度使用协作办公，诸如打卡、视频会议、课程直播、培训、云存储等有更高要求再收取费用；除了软件上的功能服务，还有配套的硬件设备销售，特别是会议投影仪和打卡机等；钉钉自身拥有庞大的 ISV 第三方软件服务提供商，企业如果有在细分领域更高要求的服务需求，可以购买第三方软件服务商的产品，推测钉钉也会在此交易中抽取一定的费用贡献盈利，另外在内容上构建了商学院进行知识付费。其实整个企业协同办公领域都还没有开始正式盈利，目前仍在打造完善各自产品的阶段。

促销（Promotion）：细分行业切入，通过分析可以看出钉钉在国内市场中拿下了大部分的中小企业，并且功能齐全，飞书已入局，策略上应该避免正面与钉钉碰撞。钉钉主要以中小企业为主，涉及各个行业，从企业办公的需求角度出发，专注专一工作，使得钉钉能够比企业微信占据较大市场份额。在内容产品上寻求突破，找到自媒体背后的组织，可以作为入局的切入点在一个行业先做深，打造爆点，进行营销。

4. 小结

通过了解以及分析，我们看到的是整个行业全景：行业的整体规模、年度产销增长率、目标客户、应用场景、行业过去到现在的发展历程如何、产业链分工上有哪些角色、各自的价值贡献是什么、经历的重大发展节点有哪些、在每一个产业链角色中参与企业数量有多少、主要典型和标杆企业有哪些、他们优劣势和关键成功因素是什么、企业间竞争核心是技术还是营销或服务、行业的技术研发能力如何、与国外相比差异如何、未来会如何影响、是否影响到行业内企业的进出门槛和利润率甚至研发生产、后续营销，等等。

此时，我们对行业有了具象、画面感式的了解，对"业务理解"有着全局整体的认识，知晓公司战略层面的目标，掌握各条业务线的布局及相互支撑、影响。

4.3　互联网产品数据分析实践

第 64 问：如何分析用户行为数据？——还原实际业务中的落地分析流程

> 导读：不论是哪种类型的企业，用户的重要性都是不言而喻的，为用户提供相应的客户服务是企业的业务之一，而用户行为分析是了解用户的方式之一，那么，我们就来看看用户行为分析如何落地。

1. 用户行为分析

1）用户行为分析是什么？

用户行为分析实质上是从点击、频次等多维深度地还原用户动态使用场景和用户体验，再通过对用户行为监测获取的数据进行分析，可以更加详细、清楚地了解用户的行为习惯，从中发现用户使用移动互联网产品的规律，这些规律用于精确营销、产品优化。

用户行为分析可以找出产品功能、网站、推广渠道等各个业务线中存在的问题，让产品业务线更加精准、有效，提高转化率，还可以进行用户分层和用户分群，实现用户精准营销和精细化运营，从而驱动业务实现增长。

2）用户行为数据有哪些？

用户行为数据概括来说就是 Who（谁）、When（在什么时间）、Where（在哪里）、What（做了什么行为）、Why（目的是什么）、How（通过什么方式）、How much（用了多长时间、花了多少钱）。

如在用户注册环节上进行数据埋点，监控用户什么时间、在什么样设备、什么样的机型进行注册，完成注册之后浏览了什么页面，每个页面停留了多长时间，购买了什么商品，消费了多少钱等一系列行为。每个节点进行数据埋点，打上标签，就可以采集这些用户行为数据，进行分析，根据不同用户的不同标签对用户实现精准营销等。

按数据来源，用户行为的数据可以分为线上触点数据（App、H5、Web 网页、小程序、各个网络平台等）及线下触点数据（门店动线、可穿戴设备等）。

按行为类型，用户行为的数据可分为消费行为数据和操作行为数据，其中，消费行为数据有：用户的客单价、订单数、会员购买率。

操作行为数据有：

- 用户的 PV、UV、IP、老访问数、新访问数；
- 用户停留时间、使用时间及频次、跳出率、回访次数、回访相隔天数；
- 用户来源渠道、地区；
- 用户使用频次分布、时间段分布，平均停留时长；
- 用户所使用搜索引擎、关键词、关联关键词和站内关键字；
- 用户在页面上的点击量；
- 用户进入下一个路径的转化率；
- 用户发视频数，创建企业数，等等。

用户使用产品有很多的场景，所以用户行为数据有很多，在这里不一一介绍了，这些数据反映的都是产品业务线的总体情况，数据的价值除了反映现状，还有更重要的是应用。（详细指标见第 4 问：常见的指标有哪些？）

3）常用的分析方法有什么？

常用的用户行为分析方法有漏斗模型分析、页面点击分析、行为路径分析、偏好分析、用户健康度分析、用户画像分析等。

（1）漏斗模型分析实质是转化分析，衡量每一个转化步骤的转化率，转化率是持续经营的核心，通过转化率的异常数据找出有问题的环节并解决，进而实现优化整个流程的完成率，以 AARRR 模型展示。

（2）页面点击分析主要用于显示页面或页面组（结构相同的页面，如商品详情页、官网首页等）区域中不同元素点击密度的图示，如某元素（如按钮）的点击次数、占比、哪些用户做了点击行为等，以热点图展示。

（3）通过对用户的行为路径进行分析，可以发现路径中存在的问题，如转化率问题，在发现具体问题的基础上，可以结合业务场景进行相应的优化提高，以桑基图展示。

（4）偏好分析、用户健康度分析、用户画像分析，则通过对数据进行挖掘和分析，给用户"贴标签"，"标签"用来表示用户某一维度特征的标识，可用于业务运营和数据分析，体现产品的运营情况，为产品的发展进行预警等。如 RFM 模型定位最有可能成为品牌忠诚客户的群体，让我们把主要精力放在最有价值的用户身上。进而实现精准的营销以及用户维护，驱动业务增长。

2. 实战场景中的用户行为分析

1）涉及运营部门

以互联网 B 端产品的职能架构为例，来感受一下业务流程中每个角色的作用。各部门的重点工作如下：

- 市场部：基于用户路径分析，获取足够流量及销售线索，降低渠道成本，提升渠道转化，有渠道投放质量。
- 产品设计部：基于用户路径分析，输出产品方案，帮助商家解决业务问题，能得到用户对不同功能模块的反馈，进而优化功能。
- 运营部：基于用户路径分析，优化用户质量以及打造品牌口碑，进行内容运营、活动运营、社群运营等。
- 销售部：基于用户偏好分析，将有效的销售线索，转化至与客户成交这一步骤，需要经常进行线下拜访、PPT 演示、签订合同等相关工作。
- 客户成功部：根据用户分群进行分析，刻画该目标群体的兴趣画像，获取目标用户的兴趣爱好，针对性服务重点客户，成功客户转化以及续费。
- 客服部：根据用户分层，针对性地维护客户，收集客户真实需求。

2）用户行为分析的场景

定义用户的生命周期为拉新—转化—促活—留存—商业化，具体分析场景如下：

- 拉新：渠道分析、用户质量分析、SEM 分析等。
- 转化：新增用户注册转化过程、产品使用过程转化（搜索、推荐等）等。

- 促活：用户停留时长、用户行为分布等。
- 留存：用户留存分析等。
- 商业化：根据用户历史行为展示广告等。

3. 用户行为分析如何落地?

当接到业务需求，先定义问题；然后回到业务场景，结合分析目标，形成分析思路；最后与业务沟通形成落地的建议。

1）接到业务需求，先要定义问题

定义问题是理解、厘清业务需求的第一步，如果能够量化地定义更好。所谓问题，即预期目标与实际目标的差距。例如某产品的重要数据指标是销售额，业务员找到数据分析人员说："我这个月的销售额很低，只有 100 万元，我们定的销售额目标是 500 万元，需要帮我分析一下是什么原因导致的？"

这其中目标是 500 万元，而实际销售额是 100 万元，100 万元到 500 万元的差距便产生了问题。

那么，如何定义问题呢？

第一，清晰准确描述问题。用清晰的描述和量化的数据代替模糊不清的口头表达。

第二，划分问题边界。初步预判解决问题的方向、设定评价标准、分析目标的预期值。

第三，区分问题类型。用专业的判断定义问题发生的场景、问题类型。

第四，明确输出产物。把一个具体的场景事件转化为要解决的问题。

2）结合业务场景和目标，形成分析思路

在实际数据分析工作中，面对诸多问题，大家的想法是零散的，不能形成有体系化的分析思路，就会导致找不到核心的问题点。没有数据分析思路的人总会说"我感觉""我认为"等口头语，而且只会使用数据分析相关工具做很多可视化图表，不知道使用哪些数据分析方法，最后也发现不了其中的问题。

数据分析要紧密结合业务，分析思路也是如此。我们需要能将零散的想法整理成有条理的思路，从而快速解决问题。那么，如何形成体系化的分析思路？

第一，结合具体业务场景，了解整体数据情况。了解产品业务线的整体用户行为数据概况。

第二，根据需求问题和目标，明确分析的数据指标。数据指标是分析的基础，先定指标，再谈分类维度，最后谈怎么分析。用户行为分析可利用转化漏斗梳理用户全行为路径，明确待分析的核心数据指标。

第三，了解核心指标，观察数据规律变化。用户在不同时段的访问量和使用间隔情况分布、新增和活跃数据的走势情况等，用户行为分析要通过数据规律和分布情况了解人群特征和用户行为习惯。

第四，挖掘异常变化的原因，有逻辑地进行论证。通过数据监控，发现异常情况，与同期对比，按时序看走势，必要时拆解结构，找出异常，进而下钻分析原因，从而锁定问题点，进行深入分析。

第五，基于数据分析模型，深入洞察原因。一般常用的数据分析模型为"结构分析法＋指标拆解法"。对问题进行拆解，找到问题发生点。

第六，进行问题点测试，验证分析结果。找问题点后，进行多轮测试验证，确保分析结果准确性、可靠性，还能知道哪种方法好用，发现内在逻辑，积累分析实战经验。

3）根据分析结果，给出落地建议

能否落地、执行、见效，是很多做数据分析的人员被质疑的点，数据分析的结果是否能够落地、执行、见效体现了分析本身的意义，只有推动执行了，才能给公司带来巨大价值。

那么，如何根据分析结果给出可执行的落地建议呢？

第一，确认分析的数据逻辑性、可靠性、准确性。一定要用数据证明分析结果有价值，预计能带来多少的收益。

第二，认清事实，清晰了解各个部门落地目标。数据分析结果在各个部门里落地生根，利用 STAR 模型［Situation（情景）、Target（目标）、Action（行动）、Result（结果）］把公司目标—部门目标—项目目标串起来，使得各个部门人员配合落地执行。

第三，结合业务动作，提出切实可行的方案。仅是分析结果是不够的，还要提出切实可行的方案。

第四，获得领导的支持和认可。领导认可才会分配相应的资源，交给相应的人员去实施。我们首要证明分析是正确的；其次有非常准确可靠的价值描述；最后，必须有清晰明确，成本可控的落地方案。

第五，上线测试，复盘效果，优化迭代。一定要给业务方讲清楚：没有历史数据无法分析，一定要做测试。试验数据跟自己预期的效果有差异，一定要分析出具体原因，优化迭代。

对于用户行为分析，还有一个需要考虑的是成本问题。用户行为分析既要有一套完整的数据监控体系，又要确保数据是真实的，同时拿到一大堆用户的行为数据来分析，也是很头疼的一件事。从产入产出比来看，如果用户行为分析只是用在用户画像和智能推荐的话，成本是一个必须要考虑的问题。

4. 小结

明确需求、定义问题是落地分析流程的第一步，主要是与业务方沟通时将相关内容清晰及准确地理解、表达。在每个环节都要围绕初始"需求"，使落地分析流程形成一个"闭环"。所谓"闭环"在做的事情其实就是"扬长避短"，让数据引导动作到更有价值的地方，实现资源配置最大化，用最小的成本撬动最大的利益杠杆。

第 65 问：如何定义问题？——AARRR 模型中获取阶段的落地分析

> 导读：如何利用 AARRR 模型对互联网产品进行用户行为分析？本问单独分析模型中的获取阶段（Acquisition）。思路如下。
>
> 理论层：获取阶段有什么数据？
>
> 业务层：获取阶段的相关业务有什么？
>
> 落地层：如何分析获取阶段数据？

1. 获取阶段有什么数据？

1）获取阶段数据定义

获取阶段产生的"数据"是每个产品或者线下门店（商家）都绕不开的，是开展各个业务线以及运营等工作的基础。即便在互联网后半场，一些大平台依然会用"烧"钱补贴等方式吸引新用户进来。而"新增用户数据"是衡量获取阶段效果的最基础指标，分析获取阶段相关数据，找到有效的推广渠道以及发力点，实现精准推广引流，从而驱动业务实现增长。因此，一般情况下首次使用产品并注册成功的用户为新增用户。

2）获取阶段有哪些数据？

所有的新增用户都离不开"渠道"，且用户的获取很接近线性思维，如考勤 HR 软件用户获取渠道的行为路径就是：用户接触→用户认知→用户兴趣→用户行动 / 下载→用户激活→用户注册→创建企业客户。

在统计新增用户数据时会看到各获取渠道路径的曝光量、下载量、推广费用、新增用户转化成本等一系列数据。而值得注意的是，《精益创业》中提到，曝光量、下载量都为"虚荣指标"，真正能衡量用户价值的新增数据指标，为新增用户次日、7 日留存率、新增用户的付费用户数量。

获取阶段数据统计步骤如下：

首先，统计曝光量、新增下载量、激活量、获客成本（ROI）等来评估渠道的引流效果；

其次，统计新增注册用户、企业创建、转化率、1 次访问用户等来评估渠道转化用户的质量；

最后，加入"活跃度""企业拉人率"等统计指标，通过统计活跃用户占比，评估有效用户数量，进一步评估转化成本。统计渠道维度可参考下表，还有日、周、月等时间维度未展示。

渠道	来源总激活规模	曝光量	付费下载用户数	付费激活用户数(打开率)	激活率	付费新增用户	注册转化率	付费新增企业数	付费企业创增成本	付费率道转化ROI	1次访问用户	新增用户数	自然新增	名获用户数	新增用户流出量
渠道1															
渠道2															
渠道3															
渠道4															
渠道5															
渠道6															
渠道7															
渠道8															

渠道新增数据统计报表

埋点好用户的不同来源渠道数据后，其中有几个维度的数据需要特别说明：

- 下载激活率：激活量 / 新增下载量。
- 注册转化率：注册量 / 激活量。
- 1次访问用户：是指下载后仅打开过 1 次，当天甚至未来 7 天内都没有产生访问行为的用户。
- 活跃度：活跃度数据是指评估用户产生价值的用户，产品不同对活跃的定义也有所不同，如短视频类产品可以定义为浏览视频时长大于 1 分钟的用户，电商类产品可以定义为浏览商品详情页大于 3 次的用户，有的产品打开即为活跃用户，具体衡量维度需要考虑产品业务线核心指标（北极星指标）以及产品属性。

这一环节的重要数据指标如下。

- 渠道曝光量：有多少人看到产品推广的线索。
- 渠道转化率：有多少用户因为曝光转化成注册用户。
- 日新增用户数：每天新增用户有多少。
- 日应用下载量：每天有多少用户下载了产品。
- 获客成本：获取一个客户所花费的成本。
- ROI：投入产出比。

2. 获取阶段的相关业务有什么？

一般情况下涉及运营部门的渠道推广业务，需要通过表格以及可视化建立新增用户数据的分析维度，以用户行为为中心，关注新增用户数据增长趋势以及后续转化行为，不断地优化引流策略、区分不同维度的新增数据渠道来源标签，实现精细化运营、衡量新增转化用户的质量，及时地调整渠道投放预算、更关注新增用户的后续价值，找到业务增长的发力点。

根据运营人员的分析需求，可以分为日新增、周新增、月新增。新增数据又可分为自然流量和付费流量：第一种是自然流量，无推广费用，通过自身产品亮点以及内容营销等运营手段引来的；第二种是付费流量，有推广费用，这部分用户在通过渠道推广、ASO 优化、百度竞价等手段引来的。

获取新用户是在获取阶段的第一步，也就是让用户第一次接触到产品的价值，完成关键的转化，这样才能让用户留下来，该阶段的核心目标就是获取更多的潜在客户。数据显示，绝大多数应用在 3 天内就流失了超过 75% 的用户，而且新用户的窗口期非常重要，如果用户在这期间没有感受到产品对他的价值，很快就会离开，所以做好新用户激活也是极其重要的。

3. 如何分析获取阶段数据？

场景：针对某互联网产品，负责渠道推广的同事找到数据分析师说："最近投放 ROI 下降了，帮忙看看。"

1）定义问题

与渠道推广的同事沟通后，根据前面"如何定义问题"的步骤，进一步明确问题具体如下：

（1）清晰描述问题。

要知道分析的 ROI 意义是什么，挖掘原始的需求，不能只看业务的需求想要什么样的结果，而是要了解为什么想要这样的结果，清晰了解获取阶段相关数据指标背后的业务含义。遇到具体问题具体讨论，越细致越容易出结果。

通过对渠道 ROI 进行分析，其目的是一定程度上的精准投放，根据新增用户数和渠道成本进行计算，得出效果最好的渠道 ROI，并在后期进行投放策略优化、费用分配等问题，精准地对好渠道加大投入。因此，其问题投放 ROI 下降了，就是渠道推广的同事想知道渠道整体获客能力——渠道规模和拉新能力。

（2）划分问题边界。

初步预判解决问题的方向、设定评价标准、分析目标的预期值。

① 一般渠道分线上渠道和线下渠道，线上渠道包括百度 / 应用商城竞价、360、搜狗等搜索引擎，以及直接访问、外部链接等；线下渠道包括车站广告、户外广告、地推广告、自营店面广告等。解决问题的方向从投放渠道 ROI（投入产出比）指标进行拆解，基础公式：ROI = 获取的用户数 / 投放费用，从而找到问题原因。

② 通过不同时期同比 / 环比进行对比，选择不同时期的渠道 ROI 指标数值作为对比标准，从而分析出异常波动的范围。针对不同时期不同渠道获客量级做出判断标准。

● 渠道获客量级少，用户质量高：对渠道要扩量，扩量之后还要继续关注质量，因为量多了之后留存可能会下跌。

● 渠道获客量级多，质量高：这个渠道是很好的，要加快变现能力。

● 渠道获客量级多，质量不太好：对渠道进行精细化运营，一般是有一个子渠道用户不太匹配产品或者产品交互上出了问题。

● 渠道获客量极少，质量差：渠道直接放弃。

③ 通过分析目标得到预期值。找到渠道 ROI 下降的原因。

（3）区分问题类型。区分"是什么、为什么、怎么样"到底归属哪一类。

● 如果不清楚现状（描述性统计）——是多少。

● 如果想给现状找标准（什么算好，多少算好）——是什么。

- 如果想给现状下判断（好坏，多少，涨跌，类别）——是什么。
- 如果想给多个方案选一个（根据标准打分）——是什么。
- 如果想知道问题的原因——为什么。
- 如果想预测未来——会怎样。
- 问题很复杂的时候需要多个分析层次。

例如，分析当下的新增用户情况：

- 描述现状：新增了多少，区各渠道转化，新增变化趋势。
- 树标杆：根据历史习惯、KPI 达成率、领导期望等树立一个衡量标准。
- 明问题：好的话能不能持续，不好的话原因是什么。
- 为什么能持续：先找好的原因，再看能否持续。
- 为什么不好：先找到不好的点，再找原因。

（4）明确输出产物。

- 是多少——数据，数据报表。
- 是什么——判断标准，判断依据。
- 为什么——有哪些原因，哪个原因影响最大。
- 会怎么样——预计有哪些效果。

问题最终定义为：

2021 年 3 月 21 日较往常平均渠道 ROI 下降 25%，而正常波动范围是 ±8%，因此认为有显著下降。此次分析的目标在于找出下降的主要原因，并在次日解决。

2）分析思路

根据前面"如何形成分析思路"的步骤，简化的分析思路如下：

（1）确认渠道 ROI 下降 25% 准确性。

（2）了解产品业务线的整体渠道新增数据增长趋势情况。通过新增数据整体趋势情况，分析出趋势高低的原因以及是否为周期性增长。如下图所示，可看出企业创建数周末影响较大，周末都为较低点，具有周期性。

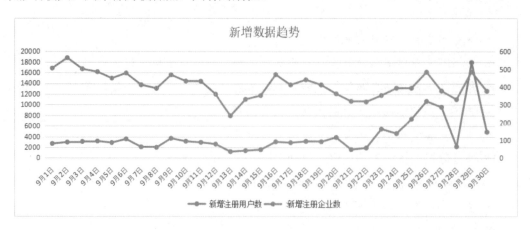

（3）通过对曝光量、下载量、激活（打开）量、新增用户量、投放费用等数据的统计，各维度数据需要在同一周期内取平均值，关注该维度数据与平均值的对比、与昨日数据对比，观察变化因素。

同时，为了找出影响因素，在推广条件相同（相同渠道推广花费相同）下，对比不同月份、工作日和周末还有节假日以及 24 小时不同时间的变化情况，分析时间因素对数据的影响。

（4）通过对比分析方法，不同维度区分新增用户的来源，如自然新增和付费新增、不同渠道的新增等。通过区分不同用户来源的渠道用户质量、留存、活跃、变现能力等，筛选出优质渠道，优化获客较弱的渠道，使获客渠道更加精准。如下图所示，可看出华为应用市场占比较大，而 vivo 占比较小，由此可见华为获客能力较强。

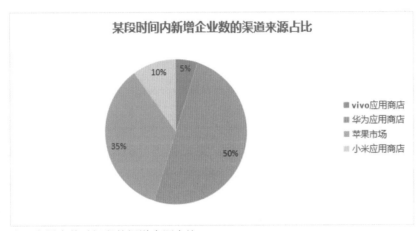

注：本图为某时间段的渠道来源占比。

维度上除了关注下载量、新增用户量，还要关注 1 次访问用户，如果 1 次访问用户量过多，说明渠道不精准。

最后，通过各渠道转化 ROI 的对比和不同付费方式的转化 ROI 对比，找出最具性价比的推广渠道，同时关注有效 ROI，从用户价值的角度衡量转化效果。

3）落地建议

可看出华为应用市场占比较大，而 vivo 占比较小，由此可见华为获客能力较强，还可持续通过扩充调整渠道关键词优化渠道获客能力，并做好标签，实现精细化运营。vivo 渠道可持续观察，小米渠道有优化空间，可对其进行优化。针对自然流量趋势的低点做营销推广活动，例如周末下载量低，可增加付费投放预算，设立特惠日等引流等运营手段（但要综合考虑产品属性和用户属性）。

4. 小结

通过新增数据统计出各渠道曝光、下载量，对渠道效果有一个浅层的认知，而通过表格以及可视化建立新增用户数据的分析维度，以用户行为为中心，关注新增用户数据增长趋势以及后续转化行为，不断地优化引流策略、区分不同维度的新增数据渠道来源标签，实现精细化运营、衡量新增转化用户的质量，及时地调整渠道投放预算、更关注新增用户的后续价值，找到业务增长的发力点。

🔲 第 66 问：如何形成分析思路？——AARRR 模型中促活阶段的落地分析

> 导读：如何利用 AARRR 模型对互联网产品进行用户行为分析？本问单独分析激活阶段（Activation）。思路如下。
>
> 理论层：促活阶段有什么数据？
>
> 业务层：促活阶段的相关业务有什么？
>
> 落地层：如何分析活跃数据？

1. 促活阶段有什么数据？

1）用户活跃数据定义

"用户活跃数据"是常见的数据指标，更是很多产品业务线的核心指标。在用户"引流"效果稳定的情况下，就需要考虑"截流"的问题，用户多久活跃一次，用户第一次使用体验如何，如何提升用户活跃，怎么让用户留下来（重复使用），等等。而分析活跃数据，不是为了让用户每天来走个过场挣点广告费的，而是获悉产品业务线的健康程度，提升付费转化率、老客户转介绍等提供稳定的数据支持，实现对优质用户进行分层运营，重点维护，且不断优化以及调整业务增长策略。

然而，从本质上看，所谓的互联网产品讲用户活跃，就像线下门店让新老顾客到店一样。所以，"用户活跃数据"的影响因素太多，必须抓大放小，聚焦执行策略，更不能空谈活跃，不重视转化，促活和留存是相辅相成的。通过内容、品牌、活动等各个方面的运营策略，将用户活跃数据提升，从而提高产品业务线的整体盈利能力。

下载量、新增注册用户等指标有很明确的指向以及定义，但"活跃用户"可针对不同目标、不同产品生命周期、不同业务，有不同定义。例如：

- 在某个阶段时间内凡有访问行为的用户就算为活跃用户。
- 登录后用户有每日多次访问、发帖、发视频、点赞等相关行为的就算为活跃用户。
- 短视频类产品"1 天内浏览 5 个视频的新注册用户"才算为活跃用户。
- 资讯类产品"浏览文章大于 3 篇的用户"才算为活跃用户。
- 电商类产品"30 天内下单女性用户"才算为活跃用户。
- 针对老用户，打开 App 就算为活跃用户。

而"活跃"合适的定义标准则需要我们深刻理解用户和业务场景,根据自身产品业务线的特征及目标、发展阶段、产品生命周期、产品属性等作为参考,不断调研迭代、校准数据。

2)"活跃数据"有哪些分析维度?

首先,拆解"活跃用户"。

活跃用户 = 新增用户 + 老用户留存 + 回流用户 - 流失用户。新增用户以及回流用户的数量要大于流失用户的增加量,才能保持活跃用户持续上升。如下图所示,好比有一个大水池,要不停地往里灌水,但水池也会漏水,如果漏水速度太大,那么水池就干了。新用户下降可能因为市场竞争激烈、产品功能改版、投放费用减少等导致拉新乏力,流失用户加大可能因运营策略调整、产品功能下线等因素导致。

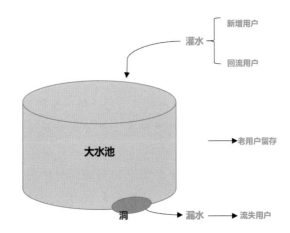

然后,还需要继续思考:

- 每天有多少活跃用户变得不活跃?
- 有多少忠诚用户变得不活跃?
- 调研分析忠诚用户,挖掘有什么共同特征,为什么爱用我们产品?
- 回访流失用户,了解有什么共同特征,为什么流失,是需求不符,还是价格等原因?
- 某一段时间回流用户增加,是电话召回、产品更新、市场推广,还是活动营销?
- 忠诚或流失用户是否在推广渠道上有显著差异(需要结合新增留存数据)?

因此,这一环节的重要数据指标有:

- 日活跃用户数(简称日活/DAU):一天之内,登录或使用了某个产品的用户数。类似的还有周活跃用户数、月活跃用户数。
- 活跃率(活跃用户占比):某一时间段内活跃用户在总用户量的占比。根据时间可分为日活跃率、周活跃率、月活跃率等。
- 产品使用每个节点用户的流失率。

- PV（Page View，页面浏览量）：用户每打开一个网页可以看作一个 PV，用户看了 10 个网页，则 PV 为 10。
- UV（Unique Visitor，独立访客数）：一定时间内访问网页的人数。在同一天内，不管用户访问了多少网页，他都只算一个独立访客。

2. 促活阶段的相关业务有什么？

促活阶段一般情况涉及运营部门、销售部门、客服部、客户成功部等，促活就是激活新用户的阶段，促活的目的就是让用户在知道你的产品之后有进一步的行为。如果用户只是在外部渠道看到你的产品，但是并没有实际注册使用，那么这不算是一个真正的"客户"。

这部分工作根据不同产品所定义的激活不同，例如有的产品不能直接使用，那么公司可能定义添加微信好友是一种"激活"；有的是产品有网站，并且需要注册使用，那么会算注册为一种"激活"。

最后，还要考虑以下维度：

- DAU（日活）峰值，即某段时间内的日活的峰值。值得注意的是，日活未必能反映业务的增长，未排除时间、市场等因素，若认为是运营策略带来的增长不太准确。
- DAU（日活）同比。同比是消除时间上的影响，对比去年 10 月和今年 10 月的数据，反映整个产品今年的表现，如果今年 10 月的 DAU 同比去年降低了，则产品可能已经在走下坡路了，或者今年整体市场行情不好，具体情况具体分析，一般情况下需要看下几个月的年同比趋势如何。
- DAU（日活）环比。环比一般是和上周对比或者上月对比，本周与上一周 DAU 数值差异，时间段越接近，外界和时间影响因素差异一般越小，可反映本周的运营策略对 DAU 的影响。
- DAU（日活）占比。需要筛选出满足条件的用户数量，而满足条件用户在整体用户中的占比，观察到不同活跃层的变化。如新老用户占比，发现活跃用户构成情况，连续 1 日、2 日、3 日……活跃用户占比，对于那些连续活跃用户可发展为忠诚用户，需要重点维护。
- DAU（日活）趋势。看趋势是为了看各项指标几段连续时间内的表现是否一致，了解用户活跃趋势情况，如年同比是否一致，上周趋势是否一致，中间出现断层的话是否存在自然的周期性，是否存在异常等，去分析涨和跌在哪里，聚焦更多精力到运营和业务上。

3. 如何分析活跃数据？

场景：针对某互联网产品公司，产品运营同事找到数据分析师说："DAU 下降了，帮忙分析一下原因。"

1）定义问题

与业务沟通后，根据"如何定义问题"的步骤，进一步明确了问题：2021 年 4 月 DAU 环比 / 同步下降 30%，而正常波动范围是 ±10%，因此认为有显著下降。此次分析的目标在于找出下降的主要原因，并在下个月（5 月）解决。

2）分析思路

第一，确认数据真实性，了解整体数据情况。

数据质量是数据分析的生命线，在开始着手分析前，一定要确认数据的真实性：DAU 环比 / 同步下降 30% 的准确性。我们经常会遇到数据服务、数据上报、数据统计上的漏洞，在数据报表上就会出现异常值。所以，先去找数据流相关的产品和研发确认下数据的真实性。

了解整体数据情况，如 PV、日均访问量、用户总数、订单数、会员数、总销售额、用户来源分布及占比、有购买行为的用户数量、用户的客单价、复购率，等等，明确整体用户概况数据。了解活跃用户的规律，市场政策的变化。节假日、电商节等节日，以及常见的运营策略调整都能引发活跃数据变化。找到一些明显的规律后，根据未来要发生的时间，预计指标波动情况，及时调整运营策略。

如下图所示，可看出活跃用户数在周末以及十一节假日呈阶梯式下降，有对应事件发生以及对应波动形态，可见具有周期性规律，在周末时可调整营销活动等运营策略，使增长趋势平稳，但要综合考虑产品属性和用户属性。

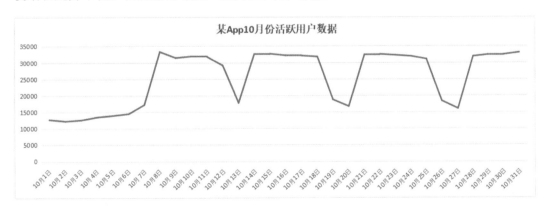

第二，确定结合具体业务场景，拆解日活（DUA）指标。

通过初步拆分，定位原因大致范围，如下图所示。

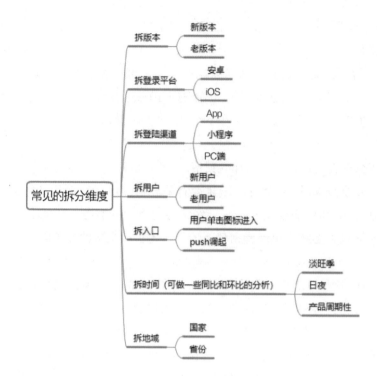

第三，通过对比分析方法，观察 DUA 同比 / 环比 / 占比，区分活跃数据的异常变化情况。

通过观察 DUA 同比 / 环比 / 占比，出现阶梯式、持续性、非规律性等活跃波动为异常。但不是所有的异常波动都值得排查，要记录发生时间，观察走势，当问题出现恶化时方便溯源。这就是为什么要建立数据监控体系。

如下图所示，可看出活跃用户数在红框区域出现活跃异常波动，首先要了解日活究竟跌了多少，其次通过 DUA 同比 / 环比 / 占比，观察跌幅是否在合理的范围，最后确定为非规律性异常。

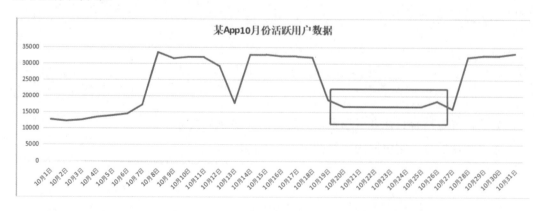

第四，异常范围定位后，挖掘异常变化的原因，进一步做假设。

针对初步定位的影响范围，做进一步的排查。分三个维度来做假设，建议针对数据异常问题专门建一个群，拉上相应的产品、技术、运营人员一起，了解数据异常时间点附近做了什么产品、技术、运营调整。

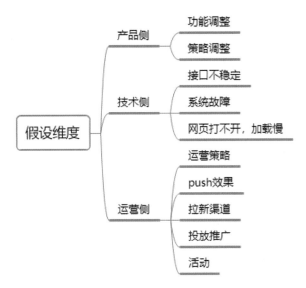

综合考虑以往数据异常原因、产品运营技术侧调整，初步定位影响范围可能由什么原因造成，再结合自身业务经验确定几个最可能的原因假设，给这些假设排数据验证的优先级，逐一排查。

第五，细分假设，确立原因。

除了上述维度，可以细分分析的维度实在太多了，逻辑上说核心点在于一个假设得到验证后，在这个假设为真的基础上，进行更细维度的数据拆分。我们需要记住这种分析方式，当猜测是某种原因造成数据异常时，只要找到该原因所代表的细分对立面做对比，就可以证明或证伪我们的猜测，直到最后找到真正原因。

第六，进行问题点测试，验证分析结果。

拆分新老用户活跃量（因为如果不是产品异常，最有可能的是新用户影响的），通过分析，如果确定是新用户问题，我们再把新用户日活按渠道进行拆分：新用户 = 渠道 1+ 渠道 2+ 渠道 3+ 其他渠道。

通过渠道拆分，我们会发现是具体哪个渠道效果发生了问题，验证分析结果。然后去联系此渠道的负责人一起定位具体原因，是渠道转化率降低？还是渠道平台的问题？找出原因后，再针对原因解决问题，制定渠道优化策略。

3）落地建议

通过判断问题轻重缓急，对紧急重要的问题找到问题的源头，及时调整业务增长的活动以及运营策略，以提升活跃数据，预防用户大规模流失。

● 优化完善用户成长体系（会员体系），提升用户活跃度，使用户有归属感，不断地优化用户激励体系，让用户想用产品，提升活跃度。

● 优化产品功能以及流程，例如注册流优化，减少一个环节可能提升 5% 以上的转化率。可利用 AB 测试来做验证，不断地优化产品功能。

一般情况下，活跃数据的异常往往与事件有关，例如季节性促销，沉默用户唤醒以及影响活动，新功能上线，等等。因此在挖掘异常原因时，可以分别对新老用户进行观察。对新用户的行为路径的各个环节的转化进行梳理，对老用户标签化管理，实现不同触达，进而可刺激老用户复购及推广。

4. 小结

从活跃用户数据出发制定增长策略，要注意活跃用户内的新增、老用户留存、回流、流失各个部分的比重，比重较大的部分适当地倾斜资源，比重较小的部分视成本决定取舍。

活跃用户数据是业务增长形成转介绍以及裂变的基础，从活跃用户数据中，针对不同用户制定不同的营销、推送等增长策略，实现用户分层管理，且不断地优化业务增长策略。另外值得注意的是，要结合产品生命周期的特性，来制定活跃提升策略，例如产品生命周期较短的产品，活跃策略应侧重减少流失，反之，则应侧重提高留存率。

第 67 问：如何给落地建议？——AARRR 模型中留存阶段的落地分析

> 导读：如何利用 AARRR 模型对互联网产品进行用户行为分析？本问单独分析留存阶段（Retention）。
>
> 思路：
>
> 理论层：留存阶段有什么数据？
>
> 业务层：留存阶段的相关业务有什么？
>
> 落地层：如何分析留存数据？

1. 留存阶段有什么数据？

1）"留存"的定义

"留存"就是当通过推广、内容、活动等引流营销的手段把用户吸引过来后，随着用户体量的增长，洞察用户行为，针对不同类型的用户进行分群管理，挖掘性价比最优的转化、成长等路径，再施加引导激励措施，把新来的用户转化成为忠诚的高质量用户。

在互联网 App 中，用户注册后在一定时间内或者一段时间后有登录行为，仍然继续使用该应用的用户，被称为该应用的留存用户，这部分留存用户占当时新增用户的比例即为留存率。

"留存数据"在很大程度上也制约着业务产品线的商业变现的能力。通过在"留存数据"中的洞察分析，可以反映出产品业务线的系统性、结构性等问题，如产品用户体验不好、产品竞争力不足、运营策略效果差等。其本质上是帮助我们了解自身产品业务线留住用户的能力，收集用户对产品的使用意见反馈，最终，找到业务产品线的提升点，指导我们去试验、迭代和优化产品功能（商品组合等），完善用户体验。

2）留存阶段有什么数据？

"留存率"主要是验证用户黏性的关键指标，衡量用户的黏性和忠诚度。重点关注次日、7 日、30 日留存率即可。一般业内应该次日留存率在 40% 左右，7 日留存率在 20% 左右，30 日留存率在 10% 左右，但留存率跟 App 的类型也有很大关联性。留存更关注的是产品行为，需要较长时间观察，对留存的影响一般是产品的体验、质量、核心功能等。

例如，6 月 13 日某考勤工具类 App 新增用户 3000 人，这 3000 人在 6 月 14 日启动过应用的有 1500 人，一周后启动过应用的有 1000 人，一个月后启动过应用的有 500 人，则说明 6 月 13 日新增用户次日留存率是 50%，7 日留存率 33%，30 日的留存率是 17%。

然而，不同产品天然使用周期属性是所有不同的，如：

- 理财类产品：每周～每月；
- 社交以及工具类产品：每天；
- 短视频以及内容类产品：每天～每周；
- 保险类产品：每周～每月；
- 游戏类产品：每天。

因此，这一环节的重要数据指标有：

- 次日留存率：当天新增的用户中，在第 2 天使用过产品的用户数 / 第一天新增总用户数；
- 3 日留存率：第一天新增用户中，在第 3 天使用过产品的用户数 / 第一天新增总用户数；
- 7 日留存率和 30 日留存率原理与上述一样。

2. 留存阶段的相关业务有什么？

留存阶段一般情况涉及运营部门、销售部门、客服部、客户成功部等，通过一系列动作让用户留下来。留存分析伴随了整个公司的发展周期，在不同的时期留存分析的策略也会有所不同。在前期的产品测试阶段，留存分析能很好地揭示你的产品是否能够迎合市场需求。如果留存曲线没有达到一定水平上稳定下来，而是一直趋向于 0，就需要反思自己的产品本身是否满足了市场的需求，是否需要调整产品的方向。

如果有一部分用户在你的产品上留下来了，那么就需要分析这些用户为什么会留下来，产品中的哪个点真正地吸引了他们。了解这些留存用户留下来的原因，并且让更多人因此而留下来就成为了你运营的关键。当产品趋于稳定，留存分析的核心作用又转变为评估迭代与优化的效果，根据留存的数据不断调整产品优化的方向。相关业务动作如下：

（1）筛选优质用户：不同来源的渠道用户，对于产品的需求会存在明显的差异。当渠道的用户质量较差，用户需求和产品所提供的价值不符，那么最终会体现在产品整体的用户留存上。所以，投放的过程要持续监控不同渠道的用户质量，重视精准的投放，提升用户留存状况。

例如，某产品投放针对目标群体是企业用户，那么对于渠道的筛选就要以此为依据，在投放一段时间后，分析投放效果，就能辨别该渠道是否足够精准，是否值得长期投放。

（2）优化产品使用路径指引。用户的期望就是能使用到产品的核心功能，从而发现产品的价值，逐渐成长为产品的忠实用户。

例如，新用户初次使用产品的时候，清晰的引导就尤其重要，要尽可能简化用户的使用路径，让用户在短时间内使用到产品的核心功能。

（3）符合用户需求预期。当用户发现产品功能不满足或者门槛超过了预期，就有可能放弃产品。记录反馈用户意见和降低产品的使用门槛是非常有必要的，同时也降低了用户的决策成本，方便用户快速体验到产品的核心价值。

例如，之前有很多理财产品需要 1 万元起投，现在余额宝有免费体验金以及红包，降低了用户的决策成本，吸引了很多用户。

（4）培养用户使用习惯。如果用户在使用产品的过程中，没形成稳定的习惯，同时缺乏持续的触发去引导用户，一定会对活跃和留存产生不利的影响。所以，合理的唤醒和触发机制，建立完善的用户成长体系，能改善这种用户沉默的情况。

例如，腾讯动漫的产品签到功能，连续签到给奖励，培养用户的使用习惯。

（5）完善用户激励体系。缺乏用户激励机制，用户很难对产品产生持续留存和活跃，除非工具类产品。设计多种合适的激励玩法，引导用户完成关键行为。

例如，瑞幸咖啡针对在一段时间内未下单的低频消费用户，经常推送优惠券的短信，并指引用户下载 App 使用免费券，促使用户完成下单。

（6）用户分群分层。不同类型的用户在相同需求上，也会表现出明显的差异化需求，单一的服务和权益则无法满足，用户留存同样受到影响，甚至引起用户流失。

例如，常见的手段新老用户分层运营，新人特惠券包、首单五折、老用户专属包邮券等。通过精准营销提升用户留存和转化。

3. 如何分析留存数据？

场景：针对某互联网产品，负责运营的同事找到数据分析师说："昨天次日用户留存率明显下降了，帮忙看看。"

1）定义问题

与运营伙伴沟通后，根据前面"如何定义问题"的步骤，进一步明确了问题如下：2021 年 4 月 21 日次日用户留存率下降 5%，而正常波动范围是 ±1%，因此认为有显著下降。此次分析的目标在于找出下降的主要原因，并在当日解决。

主要考虑：

- 问题主要出现在什么用户群，次日留存这个指标是对新客而言的，新客还可以从哪些维度进行细分？
- 发生在什么终端或者哪个业务环节？
- 什么时候开始降低的？降低的幅度有多大？

2）分析思路

根据前面"如何形成分析思路"的步骤，简化的分析思路如下：

（1）确认次日用户留存率下降了 5% 的准确性。

（2）了解次日留存率的业务指标，观察留存规律，要结合产品所属行业的整体趋势；与头部产品比较数据差异性以及产品差异。根据留存趋势表现，留存率能够帮助我们快速定位问题，是否某渠道的用户质量问题，某一日或几日外部事件导致的留存变化。如果是用户质量问题，那么该批次用户次日留存率、二日、三日等留存率都会偏低；如果是外部事件导致的，那么就是不同批次用户在某一统计日的留存率会表现得很低。

（3）对用户进行细分，包括新老、渠道、活动、画像等多个维度，然后分别计算每个维度下不同用户的次日留存率。通过这种方法定位到导致留存率下降的用户群体是谁。

先看历史数据趋势：以前有没有出现类似情况？当时是发生了什么？是否具有周期性，例如是否遇到节假日就会下降？

再做同期群分析：出问题的这段时间和先前的正常时间段来的用户在上述特征中存在什么差异？同期群分析时候要注意群体的匹配性，例如用户属性、运营活动、产品策略上要具有可比性。

（4）对次日留存影响因素进行梳理，功能需求满足、获客等。

（5）通过异常范围定位后，要根据业务进一步做假设，实际具体情况具体分析。对于目标群体次日留存下降问题，具体情况具体分析。计算出各个维度的留存率，定位哪些维度的留存有异常。例如，哪个渠道用户的留存比较差？留存较差的渠道的用户画像是什么样的？什么类型的用户留存差？这类型用户的留存为什么差？在 App 上的行为和留存好的用户有什么差异？行为差异的原因什么？

具体分析可以采用"内部→外部"因素考虑：

① 内部因素分为获客（渠道质量低、活动获取非目标用户）、满足需求（新功能改动引发某类用户不满）、提活手段（签到等提活手段没达成目标、产品自然使用周期低

导致上次获得的大量用户短期内不需要再使用等）；

② 外部因素采用 PEST 分析，包括政治（政策影响）、经济（短期内主要是竞争环境，如对竞争对手的活动）、社会（舆论压力、用户生活方式变化、消费心理变化、价值观变化等偏好变化）、技术（创新解决方案的出现、分销渠道变化等）。

（6）假设检验，并进行预测未来是否还会下跌？应该采取什么方式避免下跌？与业务沟通反馈分析结论，探讨后续方案的执行。

3）落地建议

第一，确认分析的数据逻辑性、可靠性、准确性。客户使用产品，时间越长越好，越长带来的现金流或者利润越高，这就是提高留存的核心意义。

第二，认清事实，清晰各个部门落地目标。数据分析结果在各个部门里落地生根，利用 STAR 模型［Situation（情景）、Target（目标）、Action（行动）、Result（结果）］把公司目标—部门目标—项目目标串起来，使得各个部门人员配合落地执行。

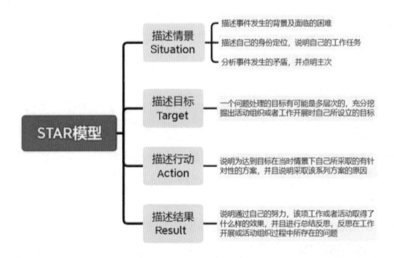

第三，结合业务动作，提出切实可行的方案。

（1）优化引导流程关键点：减少摩擦、清晰表明进展情况、构建社交网络、提供奖励、提供用户案例、使用简短有用的教程；在工作中做的引导模块，也用到了提供奖励和清晰表明进展这两点。

（2）利用推送通知真正有意义的推送，是触发用户的互动行为。而且注意要把推送通知的质量和数量控制在用户可以容忍的程度：

● 非强制，有打开或关闭按钮。

● 围绕最有意义的事件进行推送，不能滥用；自己在做方案的时候，一开始把所有用户都考虑在被推送的范围之内，例如流失用户、沉默用户也进行推送，没有考虑到推送的内容是否真正能引起他们的兴趣，所以这样的做法意义就不大。

● 个性化通知，推送与用户相关或真正感兴趣的内容。

第四，获得领导的支持和认可。领导认可才会分配相应的资源，交给相应的人员去实施。我们首先证明分析是正确的；其次有非常准确可靠的价值描述；最后必须有清晰明确、成本可控的落地方案。

第五，上线测试，复盘效果，优化迭代。

（1）猜测原因，如首页推荐更新频率太低，以及搜索结果不符合用户预期。

（2）试验改进，优化迭代：①今日推荐改成每日推荐，每天都更新；②优化算法，让排序在前的结果符合预期。

4. 小结

现在的获客成本非常高，要投入广告、人力、时间等成本。如果用户还没有产生什么价值就流失了，那一定是业务成本的巨大浪费。就长期而言，获客难度系数和成本会随着时间而上涨，若没有健康的用户留存，仅靠拉新，产品业务很难产生持续的价值，因此，提高用户的存留，是为公司创造更多价值的重要一环。

4.4 报告呈现

第 68 问：为什么要做数据分析报告？——向上汇报与横向沟通

> 导读：数据分析报告是完成数据分析项目的关键一步，一份高质量的数据分析报告，不仅能够清晰地阐述结论，展现数据分析的价值，更是梳理整个业务逻辑、提升分析思维能力的载体。

1. 数据报告有哪些类型？

以数据分析工作场景的不同，以及面对汇报对象、内容、方法等情况的不同，将数据报告分为日常工作类、专题分析类、综合研究分析类等类型。在实际应用中，不同类型对应的数据分析报告以及对于数据分析技能的要求也有所差异。

1）日常工作类报告

此类数据报告一般以日报、周报、月报、季报、年报的形式，定期对某一个业务场景进行数据分析。这种报告主要描绘发生了什么事情、为什么发生，通过对业务现状进行分析和判断，预测未来会发生什么，给出可行性建议，不求最深但求最全。如公司的日常运营报告、电商的日常销售报告、产品运营周报等。

主要特点：具备一定的时效性、涵盖核心指标、反映业务情况、快速出具结果。这类分析要求数据分析人员要贴合业务场景，搭建起符合业务场景的指标体系，以实现对业务的常态化监控，能帮助决策者掌握业务线的最新动态。

2）专题分析类报告

此类分析报告一般没有固定的时间周期，会对业务中的某一方面或某一个问题进行专门研究的一种数据分析报告。主要是为决策者制定某项政策、解决某个问题提供决策参考。如活跃数据异常分析、用户流失分析、用户转化率分析等。

主要特点：问题聚焦，重点突出，集中精力解决主要的问题。包括对问题的具体描述、原因分析和提出可行的解决办法。这类分析要求数据分析人员对业务有深入的认识和了解、有较强的数据思维能力、数据敏感度，通过专题分析深入分析、挖掘问题，往往对业务的增长产生意想不到的促进效果。

3）综合研究类报告

此类分析报告一般是全面评价一个地区、市场、业务等发展情况的一种数据分析报告。主要是从宏观角度反映指标之间关系，并站在全局高度反映总体特征，做出总体评价。如海外市场研究报告、企业运营分析报告等。

主要特点：从宏观角度研究分析对象，并站在全局高度评估对象的各个方面，做出总体评价。

2. 数据分析报告的意义何在？

1）向上汇报

向上汇报是数据分析人员阶段性工作成果的展示，也关系着数据分析项目的落地和执行。

（1）展示分析结果，成果才能被看见，进而落地。

一份优秀的分析报告能够让领导迅速了解问题的基本情况、原因、结论和建议等。只有准确、及时地汇报自己的分析结果，才能获得领导的关注，进而推进分析项目的落地。

（2）验证分析质量，展现自身的工作能力。

汇报只占了一个员工全部工作的20%，但是这20%的汇报却决定了80%的工作成果。这也是展示自我工作能力和成效的一个重要过程。

那怎么向上汇报呢？要注意把握几点关键性策略：

- 了解上司，态度端正。"知己知彼，百战不殆"。摸清楚领导的行事作风能决定你的这份汇报他是否能够完整地听完。
- 思路清晰，内容言简意赅。一个汇报工作时思维混乱的职场人，很难被上司认可。汇报时思路清晰，言简意赅可以加分很多。
- 汇报要清晰表达决策需要的信息。汇报对象的不同，要表达的关键信息也有差别，工作汇报中，一定要有针对性地传达出决策需要的信息。

2）横向连接

横向连接即跨部门沟通、协作配合，数据分析报告能够让你的合作方清晰地了解分析过程和结论，更好地配合完成数据分析落地、异常问题优化等。要注意把握几点关键性策略：

- 态度上要主动。主动合作还表现在重视与他人的合作。
- 方法上要得当。尊重是前提，真诚是原则，明确是基础。
- 机制上要完善。明确职责、理顺关系、建立渠道。

3. 小结

数据分析报告通过对数据全方位的科学分析来评估企业运营质量，为决策者提供科学、严谨的决策依据。不同的业务场景，数据分析报告也不尽相同，除本文中介绍的几种分析报告外，还有很多类型的报告，如竞品分析报告、行业报告、各类研究数据报告等。然而，一份高质量的数据分析报告，需要一个数据分析人员根据自己的实际业务场景，且运用自己技能以及方法论，针对性发现问题、分析问题、解决问题，在此过程中不断地总结反馈优化，逐步形成自己的方法论和撰写技巧，而这将是一个长期训练和学习的过程。

🔘 第 69 问：如何用数据来讲故事？——报告结构与金字塔原理

> 导读：用数据讲故事，是将数据分析的结论和分析过程以讲故事的形式传达出来，便于他人了解数据分析的来龙去脉、前因后果。将枯燥繁杂的数据转变成易于理解认知的业务见解，进而来影响业务策略，形成可执行的落地方案。用数据讲故事通常基于数据报告展开，一个好的数据故事的背后一定是一篇好的数据报告。

1. 数据报告的基本组成

数据报告是对整个数据分析过程的总结，也是一种与业务人员沟通交流的形式，将分析结果、可行性建议以及其他价值的信息传递给业务或者决策人员，帮助其做出有针对性、可落地的决策。一份完整的数据报告包括如下组成部分。

- 背景以及目的——阐述报告的业务背景，受众了解了背景，才知道为何要做这个分析。
- 数据来源——注明数据来源，保证数据可信度。
- 数据展示——图表、文字合理排版，言简意赅，重点突出。
- 分析过程——逻辑清晰，主次分明，先描述现状再探索原因，先描述整体再细化到部分，只有逻辑严密的分析过程才能得出准确可靠的结论。

- 抛出结论——有结论的才叫数据分析，否则只是数据统计。
- 提出建议——根据分析结论提出可落地执行的建议。

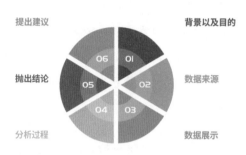

数据报告基本组成

2. 金字塔原理

上文介绍了一个数据报告的组成部分，但真正呈现出来要注意先后顺序。这里可以借助"金字塔原理"的结构进行呈现：

1）结论建议

"金字塔原理"的结构就是把重点的内容放在前面，先列出数据报告的结论和建议，让受众第一时间获取分析报告的核心内容。

2）分析过程

陈述完主要结论后，接着是说明这些结论的分析过程：你的假设是什么？你从哪些角度验证的？怎么由各个论据得出最终结论的？

3）补充数据

这部分可以补充一些数据或图表、参考书目等，方便他人查阅。

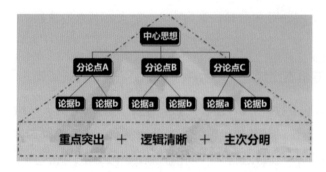

3. 完成数据报告的建议

1）明确数据报告的受众

从报告对象的角度组织内容、结构，以及报告里各个模块的侧重点。

如果受众对象是公司领导层，报告侧重点就在于关键指标是否达到目标预期，若未到达是为什么，问题出在哪里，未来如何改进。或是若到达预期，做了哪些动作，是否可以复用推广。

2）清晰界定问题，明确分析框架

一个好的数据报告一定是研究了某个清晰且具体的问题，如果问题都没有界定清楚，很容易出现分析思路混乱、结论错误的情况。另外，好的数据报告一定是逻辑清晰、层次分明的，这也是产出可靠数据结论的必要保证。所以，一个逻辑清晰且严密的分析框架尤为重要。

例如，需要为一个门店的运营情况做分析，我们首要明确到底是想解决什么问题，养成"先谋而后动"的习惯。进而梳理一个完整的分析框架，要分析哪些内容？要用到哪些数据？要得出哪些结论？

3）明确数据指标和业务标准

没有指标就没法量化业务，没有标准就无法判断好坏，所谓的标准就需要对业务有深刻的理解，基于业务经验来定。

例如，某个门店连续三天销售额下跌，累计下跌 5%，其原因就有可能是促销活动下线后的自然下跌，或者是月底、周末等周期性下跌。这时就需要多方位地考虑，参考过往的经验和数据，才能得出明确的结论。

4）信息图表化，重点标注

图表有助于人们更形象更直观地理解数据和结论，当然，图表也不要太多，过多的图表一样会让人不知所云。另外，异常数据、重要数据、发现的亮点一定要重点标注，将重要信息传达出去。

例如，可用饼图、环形图、百分比堆积柱形图等展现数据的分类和占比情况；柱形图、条形图、雷达图通常用来比较类别间的大小、高低；折线图、面积图通常用来表示随时间变化的趋势情况；散点图、气泡图通常用来做相关性对比。

5）分析结论不要多要精

分析结论不求多，如果一个分析能发现一个重大问题，目的就达到了，如果结论太多，很容易让人抓不到重点，看完就像没看过一样，再多的结论也没有意义。例如，每页 PPT 表达一个内容，把想表达的观点和内容都写在标题上。

6）要有可行性的建议和解决方案，正视问题，敢于指出，随时跟进

数据报告除了要给出结论外，还要敢于提出可行性的建议和方案。因为报告的制作人是最清楚数据的，可以为决策者提供一些建议和方案做参考，报告做出来后，一定要和相关业务方进行沟通，收集反馈，快速调整，以防结论和建议无法落地。

4. 举例说明

以某 App 的产品运营周报为例，展示一份完整的数据报告是如何呈现的，请在本书前言扫码获取小册子查看。

5. 小结

用数据讲故事是一个数据分析师非常重要的技能，能做出好的分析固然重要，但如何把分析的成果展示给他人，形成落地效果进而产生影响力也非常重要。而这个过程就需要学会讲故事的能力，具体到操作层面就是产出一份优秀的数据报告。

要完成一份优秀的数据报告有很多细节，需要在实际操作中逐步完善。而对于一些刚入门的新人，建议前期套用一些数据报告的模板，但切忌生搬硬套，要结合自己的业务场景，才能做出一份有价值的数据报告。

第 70 问：如何制作一个图表？——数据可视化的逻辑

> 导读："字不如表，表不如图"，将数据以可视化图表的方式展示，可以让受众更容易、更深入地获取数据背后的业务含义。尤其在大数据时代，对于复杂且体量庞大的数据，图表可以承载的信息量要大得多，所以，一个好的数据可视化对于准确、快速传达业务信息十分重要。

1. 数据可视化定义

数据可视化即把数据以图形化的手段进行有效的表达，准确高效、简洁全面地传递某种信息，帮助我们发现数据背后的规律和特征，挖掘数据背后的价值。简单来说，数据可视化就是用图形的方式来展示数据的规律。要明确以下几点：

（1）数据可视化只是锦上添花，数据分析才是核心。只有数据分析内容丰富、价值高，数据可视化才能内容丰富、有价值。

（2）其他人对于数据并不是很了解，只有把数据可视化做得简单易懂，他们才能理解数据分析的内容。

（3）对于数据可视化，最重要的不是图形、工具、配色，而重在实用、易于阅读。

2. 数据可视化重要性

（1）便于业务人员查询所需数据。

（2）便于管理层迅速获取重要信息。

（3）降低合作方的数据理解成本，将更多精力放在决策和方案落地上。

3. 常见的可视化图表

根据传达信息的不同可视化图表可以分为四类：比较、分布、联系、构成。

1）比较

比较类可视化图表如下图所示。

柱形图

又称长条图、柱状图，用垂直的长方形显示类别之间的数值比较，适合分类对比。

雷达图

用来进行多指标体系比较分析，见的最多的就是在《王者荣耀》里英雄把几个主要指标放在雷达图上面。

2）分布

分布类可视化图表如下图所示。

散点图

用两组数据构成多个坐标点，考察坐标点的分布，判断两变量之间是否存在某种关联或总结坐标点的分布模式。

K线图

也叫股市K线图，根据价格或指数在一定周期内的走势中形成的四个价位，K线的线构可分为上影线、下影线及中间实体三部分。

3）联系

联系类可视化图表如下图所示。

桑基图

用来展示数据的"流动"变化，分支的宽度表示流量的大小，用来展示数据的"流动"变化，分支的宽度表示流量的大小。

折线图

用于显示数据在一个连续的时间间隔或者时间跨度上的变化，反映事物随时间或有序类别而变化的趋势。

4）构成

构成类可视化图表如下图所示。

4. 可视化图表展示逻辑

不要随意地使用图表，每种图表有特定的展示逻辑和使用场景，对于不同的数据，要选择合适的图表。如展示趋势一般会用折线图，展示分布一般会用饼图或者柱状图。不合适的图表不仅会增加阅读者的理解成本，甚至可能对数据产生误解。所以，实际工作中如何进行图表展示，有以下几点需要注意：

- 明确图表展示的目的。明确数据是给谁看的，不同的人关注的重点不一样，同一份数据的展示形式也会有区别。
- 选"对"的图表，而不是最好看的。"对"的图表是最能展示数据逻辑的图表。
- 和时间相关的图表，最好按照受众的阅读习惯，从左到右对应时间的由远及近进行排列。
- 和成分、排序相关的图表，一定要按照从大到小或从小到大的逻辑排列。
- 不要把不同数量级的数据放到一个坐标轴展示。如把数值型数据和比例型数据放一起，因为两者的数量级不同，同一个坐标轴下很难同时看两个数据，可以把比例型数据放到次坐标轴上展示。
- 选用合适的配色，字体统一、排版整齐。
- 尽量选择理解成本低的图表，瀑布图、树形图等较复杂的图表慎用。
- 简单就是美，不要给一张图赋予太多内容，否则会信息杂乱。
- 突出重点，可以适当用颜色和标注进行标记，把重点凸显出来。
- 尽量不要用立体图表，因为会让人产生视觉差，从而影响判断。

5. 小结

不同人的关注点不一样。核心管理层关心整个企业内部的经营情况，部门领导关心所辖业务的关键指标。核心管理层看指标是为了确定公司发展方向，部门领导更关心这个月的 KPI 完成了没有。对于数据可视化而言，要同时考虑数据、图表和呈现对象这三个要素。应该给谁呈现哪些数据？以什么样的形式呈现？只有兼顾了这些因素，才算完整地完成了数据可视化工作。

4.5 项目复现实战

第 71 问：游戏行业，如何分析活动？

本案例将主要针对商业化运营中常见的运营策略——节日主题活动（万圣节主题活动）进行效果分析。

1. 手游行业商业化运营基本指标

商业化运营，按字面意思，即以盈利为目标，对产品进行市场化。游戏行业的商业化运营，具体来说包括规划投放节奏、设计商业化活动并推进研发和上线，对流水 KPI 负责。

为了方便非游戏从业人员理解，按 AARRR 模型进行划分，游戏商业化运营主要对 R—付费指标负责，次要对 A—活跃、R—留存指标负责，长期关注 A—获客，知道 A—传播。

基于此，游戏商业化运营中常用的指标如下：

- R—付费：付费金额、付费人数、付费率、ARPPU（Average Revenue Per Paying User，每付费用户平均收益）、ARPU（Average Revenue Per User，每用户平均收入）、LTV（Life Time Value 生命周期价值）、付费留存等。
- A—活跃：注册人数、活跃人数（日活跃、周活跃、月活跃等）。
- R—留存：日留存（次日留存、3 日留存、7 日留存、14 日留存）、周留存等。

2. 项目分析：节日主题活动效果分析

活动效果分析，即主要基于 Why（活动目的）来评估目的是否达成？达成程度和质量如何？影响这些结果的正面和负面原因有哪些？好的地方进行复用，不好的地方予以优化建议。

1）项目背景

借助 5W2H 分析方法，介绍项目背景（可参考"第 28 问：什么是 5W2H 分析？"）：

为了迎合节日气氛，稳定提升付费率和大盘流水（Why），在万圣节期间（When），针对等级高于10级的所有用户（Who），上线游戏内节日主题活动（What），呈现在常规付费活动页面首位，如下图所示（Where）。

整套活动包括每日任务和试炼活动（Battle Pass，BP）、玩法活动和兑换商城。

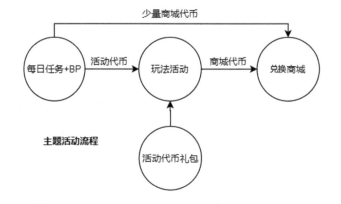

（1）每日任务和试炼活动。

● 目标：持续带动整体付费率的稳定提升。

● 目标人群：高级试炼奖励针对全付费人群，每日任务的"每日充值1次"设定针对中高端付费人群。

● 基本介绍：每天完成指定任务，即可获得试炼积分，积分达到指定档位即可领取对应奖励。购买解锁高级试炼奖励即可额外领取一份奖励。每日任务每天重置进度。

● 产出资源：该活动主要投放日常资源道具、玩法代币和少量商城代币。

（2）玩法活动 + 活动代币礼包。

● 目标：主题活动核心策略玩法，主要收入来源。

● 目标人群：全付费人群。

● 基本介绍：通过试炼活动或购买玩法代币礼包，获得玩法专有代币。使用玩法专有代币可参与一次玩法活动，获取普通道具、商城代币宝箱等。持续参与还可获得对应的成就奖励。该玩法为首次上线。

- 产出资源：该转盘主要产出大量商城代币随机宝箱，次要产出日常资源道具。

（3）兑换商城。

- 目标：辅助玩法活动，做整体关键资源输出。
- 目标人群：全付费人群，不同人群的预期定位不同。
- 基本介绍：使用商城代币可兑换稀有道具、日常道具、资源等奖励。商城代币只能通过转盘玩法获取。
- 产出资源：稀有道具、日常道具、资源等奖励。

现要求针对该节日主题活动进行效果分析。

2）数据分析流程

（1）明确问题。

① 从业务层面明确问题。

基于活动背景，与业务沟通后，明确了业务问题：评估该主题活动是否稳定提升了付费率，确认玩法活动对流水的帮助有多大。

② 从数据层面定义数据分析需求。

此阶段要做的就是基于上述定义的业务问题，先对整体活动效果进行分析，从而发现问题点。下一个分析原因阶段就可以针对这些问题点进行分析，逐一解决。

现在的问题是如何对整体活动效果进行分析。评价活动效果，需要借助对比分析方法（第 17 问：什么是对比分析），通过对比，比较出效果的好坏。接下来要做的事：选择对标的活动（用于对比分析），拉取和目的相关的关键指标，评估商业化活动对于总体数据的影响。

- 基于活动目的（稳定提升付费率和提升付费），选择关键指标为付费相关指标。
- 通过跟业务进行沟通，确定历史同期数据作为用于对比分析的标的。
- 确定按照逻辑拆解的方式进行整体分析。

③ 整体数据对比。

对比历史同期数据，我们发现虽然整体活跃基数略有下降，但本期活动的整体收入较往期明显提高。进一步地，借助细分分析方法（第 18 问：什么是细分分析？），把收入指标进行拆解：收入 $=ARPU \times DAU=$ 付费率 $\times ARPPU \times DAU$。

我们可以从下表看出，收入的提高主要来源于在 ARPPU 和 DAU 下降的前提下，整体付费率明显提升，带动了整体 ARPU 的稳定提升。

指标	付费金额（元）	DAU	ARPU	ARPPU	付费率（%）
上月同期	620000	70000	8.9	88.6	0.1
主题活动期间	740000	65000	11.4	82.2	0.1385
增幅（%）	0.19	−0.07	0.29	−0.07	0.38

④ 从时间维度，分析效果指标变化。

整体观测后，可以进一步按时间维度，继续从宏观上观察每日的关键指标变化是否符合预期，即活动是否能持续稳定地带来指标上的增长。

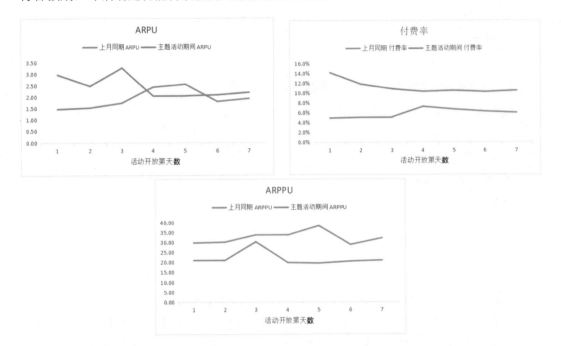

从上述图表明显看出：

- ARPU：活动开放前半周 ARPU 明显提升，后半周 ARPU 腰斩，但腰斩后仍和历史同期数据相差不大。主题活动结束后，用户的付费水平无明显波动（此处无数据）。
- 付费率：对比历史同期，每日付费率整体大幅提升。首日付费率最高，伴随活动持续开放，付费率逐渐衰减并稳定到较高水平。
- ARPPU：ARPPU 对比历史同期整体下降。

⑤ 从活动类型维度，进一步拆解每日数据。

宏观观察每日数据变化后，还要定位异常变动的具体模块，进一步明确主题活动的效果。此处我们先拆分活动类型，观察主题活动和非主题活动对每日数据变化的影响。

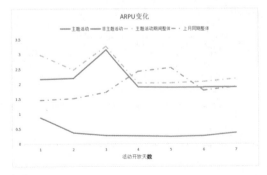
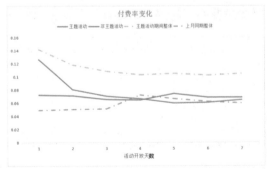

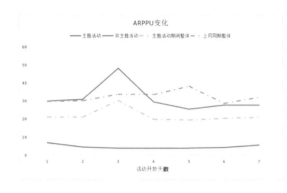

如上述图表所示，我们发现，对比历史同期，主题活动对于常规活动无明显挤压，即带来了额外的收入增长。相关指标的表现具体如下：

- ARPU：后半周 ARPU 的整体腰斩来源于主题活动和非主题活动的双重影响。其中主题活动为首日最高，后期基本稳定。可以考虑在活动中期增加适当的资源投放作为驱动，进一步拉升中期付费。
- 付费率：首日较高，经验来讲来源于主题活动中的 BP 活动的影响，此部分会在后续验证和解释。后续整体付费均相对稳定。
- ARPPU：非主题活动的 ARPPU 整体稳定，主题活动的 ARPPU 较低。

⑥ 阶段结论。

主题活动稳定提高整体付费率，但 ARPPU 较低。

主题活动整体效果：

稳定提升了整体的每日付费率（整体环比提升 38%），在活跃人数正常波动的前提下，带动了整体付费环比大幅提升（19%）。

主题活动对于常规活动无明显挤压，且活动结束后常规活动收入无明显变化。

主题活动个体表现：

首日付费率最高，后续基本稳定后同非主题活动水平相当。

ARPPU 对比非主题活动较低。

综合影响下，主题活动的 ARPU 较非主题活动整体较低。

总结如下：

主题活动带来了额外的收入增长。建议将主题活动作为一种固定活动方式进行周期性投放，提升整体流水；同时仍需要探究主题活动带来额外收入增长的原因。

需要进一步定位主题活动首日付费率较高的原因，尝试找到提升后续付费率的切入点。

需要定位主题活动 ARPPU 较低的原因，探究成长空间。

（2）分析原因。

在明确问题阶段，通过对整体的分析，我们得到"主题活动稳定提高整体付费率，但 ARPPU 较低"等基础结论。接下来，在分析原因阶段，则需要针对以上结论进一步挖掘原因，即进一步深挖付费率提升的驱动因素、ARPPU 降低的本质原因。更通俗地说，就是把此次活动效果提升的经验提炼出来，期望后续在其他活动复制该经验也能得到效果提升。

基于这样的目的，我们就需要借助归因分析方法，定位问题人群和原因。

① 归因分析。

归因指人们对他人或自己行为原因的推论过程。具体地说，就是观察者对他人的行为过程或自己的行为过程所进行的因果解释和推论。归因分析，从字面来看就是针对某件事或某个行为，通过分析来定位其本质原因，即到底是哪些原因导致了这些行为或事件表现。

本质上来讲，归因分析就是一种"剥洋葱"式的分析方法：针对某种问题，先通过模块拆解不断定位发生问题的子模块，然后针对关键子模块进行下钻，确定问题原因。

② 多维度拆解定位问题人群。

在定位指标异动的用户群体时，常用的方法有多维度拆解法、公式法、流程梳理法等。此处使用多维度拆解分析方法，将人群进行模块拆解，游戏用户分析中常用的拆解维度有 RFM、生命周期、地域等。因本期活动为全服首次上线，各地域用户看到的活动资源完全一致，猜测地域的表现整体上差异不大，反而不同付费能力的用户表现可能存在差异。

按照 R（Revenue）等级进行划分，查看不同用户分层在主题活动上的付费表现差异，如下图所示。

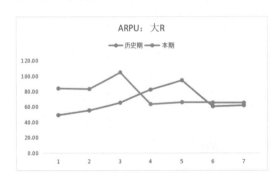
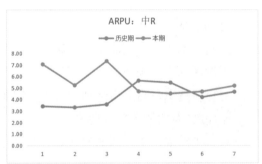
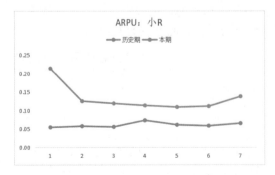
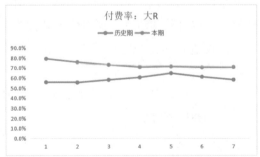

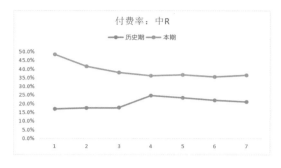

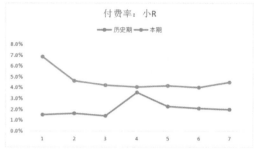

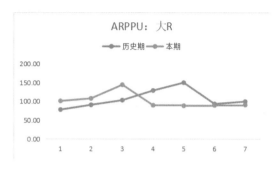

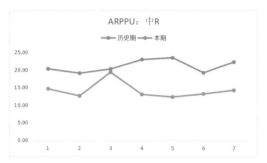

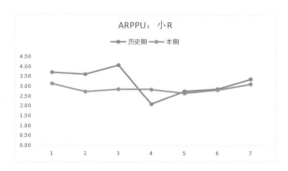

明显看出：

- ARPU：中 R、大 R 在上半周 ARPU 明显提升，小 R 整体 ARPU 提升明显。因大 R、小 R 的 ARPU 较低，对于整体的影响不大；中 R 人群基数较大，才是带来整体付费提升的关键。

- 付费率：各层级用户的付费率均有明显提升，但中 R、小 R 用户的付费率提升最为明显。

- ARPPU：大 R 的 ARPPU 在上半周略微提升，中 R 在活动周期内的 ARPPU 下降明显，小 R 整体波动不大。

- 由此我们定位主题活动对付费率的拉动主要在中 R、小 R，对于 ARPU 的拉动主要集中于上半周的中 R、大 R。其中中 R 因付费人群基数增加，ARPPU 降幅相对明显。

针对中 R 用户，还可以继续拆分生命周期、重点地域分布等进行深度下探。将会看到整体分布无明显的差异，即全用户分层均有提升，相关数据不再复述。

阶段结论：

主题活动对于整体的付费率拉动明显，对于 ARPPU 的影响集中于活动前期。其中中 R 付费率翻倍且因基数较大成为付费提升的主力。

③ 层层下钻定位问题原因。

基于活动背景，我们知道本期上新了特殊玩法活动用于投放关键稀有道具。注意此处两个变量，关键奖励和特殊活动形式，进一步控制变量进行分析，即可对比往期关键奖励投放数据，判断特殊活动形式带来的影响。通过与业务沟通，确定"历史上线的每日任务 + 关键奖励直投礼包"分别作为本期每日任务活动和玩法活动的对标活动，即业务角度的活动效果标杆。

先来评估节日 BP 对付费率的影响。

a. 节日 BP 的直接影响：直接付费数据。

因节日 BP 无档位调整，即仅对比付费率即可判定节日 BP 对于付费的直接影响。对比历史节日 BP，如下图所示，我们发现本期 BP 的付费率整体表现基本无明显变化，故本期节日 BP 基本达标，同历史表现，BP 对付费率的影响仅在首日明显。

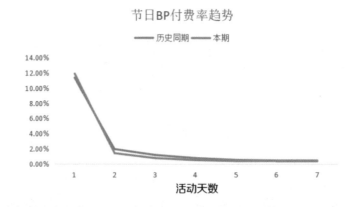

b. 节日 BP 的间接影响：累计付费天数分布。

通过对比本期 BP 和历史 BP，我们发现本期 BP 投放的基本奖励无明显变化，但新增加了玩法道具，且每日付费的任务增加了兑换代币随机宝箱（开启宝箱有概率获得 1 ～ 100 个兑换代币，1 个兑换代币价值 1 元），即每日任意付费即有概率抽到价值 100 元的兑换代币。由此我们推断节日 BP 对于驱动用户每日小额付费，即连续付费驱动效果明显。

统计分层用户在关键道具直投礼包和玩法活动上的累计付费天数分布，如下图所示，我们看到：玩法活动下，全层级用户均倾向于每日购买玩法活动相关礼包，中 R、大 R 连续 7 天付费的用户占均超过 15%，验证了"每日付费任务 + 玩法活动"的模式对于连续付费的正向拉动。

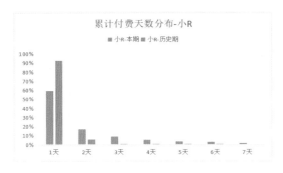

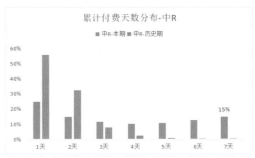

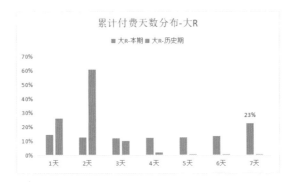

c. 用户连续付费礼包分布。

统计分层用户每日在玩法活动礼包各档位的表现，我们发现，中 R、大 R 用户均倾向于每日购买低档位高性价比礼包，持续参与。

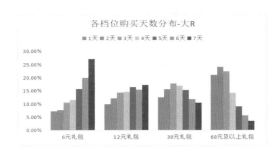

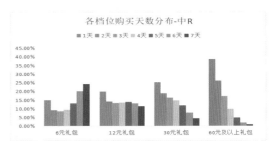

接着，评估玩法活动形式对付费的影响。

基于归因，我们知道特殊活动形式对整体的收入提升有绝对影响，且在投放关键奖励时的效果明显优秀。但还需要知道为什么会有这样的结果，进而才能将这种形式进行推广。于是此处需要进一步捞取特殊活动的相关表现数据，例如不同层级的用户表现、关键奖励的相关数据、活动详细数据等。

a. 玩法活动影响的用户群体。

对比关键奖励直投礼包，同样观测分层的付费率、ARPPU 等数据，得到如下数据。

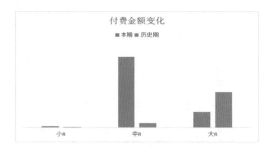

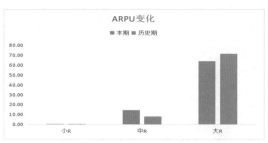

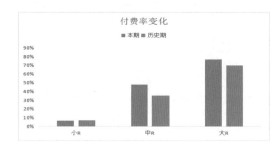

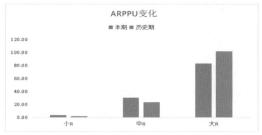

可以明显看出：

主题活动付费金额的提升来源于中 R 用户的付费金额骤增。

大 R 用户的付费金额出现明显下降，进一步关注顶部用户的付费发现，ARPPU 无明显降低（原 142，现 147）。

b. 获取关键道具的用户付费分布。

进一步，我们关注特殊奖励的获取情况。下图为获得关键道具的用户数和付费分布。可以明显看出，用户获取特殊奖励的用户量大幅提升。同时，用户获取关键道具的付费档位明显降低，且主要集中在 150 ～ 250 档位。这说明，主题活动拉动付费金额骤增的原因在于，玩法活动的形式一方面模糊了各类资源价值，另一方面借助随机机制降低了用户获得关键奖励的成本。

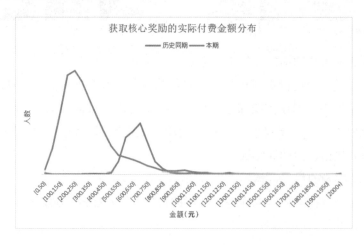

阶段结论：

"每日付费任务＋玩法活动"形式稳定提升了用户的每日付费率，对中 R 用户的提升最为明显。其作用方式在于，每日付费任务提供了高价值随机玩法代币宝箱，玩法活动相关礼包投放了低档位高性价比礼包，同时玩法活动形式的随机性玩法模糊了道具价值，为中层用户低成本获取核心道具提供了可能性。由此，中层用户的每日付费得到了持续且稳定的提升。

（3）落地建议。

经过上述分析过程，我们得到了如下结论和建议：

- 主题活动形式（玩法活动＋每日付费任务）对于付费的提升较为稳定，且活动后无明显的流水收缩，说明该形式对于付费的额外收益稳定。后续的其他主题活动均可以沿用该形式，以提升整体流水。
- 玩法活动形式因其随机性和高性价比低档位礼包的设定，为中层用户低价获取城堡带来了可能性，进而整体大幅提升了中层用户的付费。同时，玩法活动的成长性和成就奖励的设定给用户的体验带来了足够的目标感。但活动在中后期的付费拉动略显疲软，建议在活动中后期适当放出新的目标，带来新的刺激。

3. 项目分析复盘

本次分析的基本思路如下，通过明确问题—分析原因—落地建议的闭环分析，最终定位了主题活动带来数据增长的关键路径在于"每日充值任务的随机奖励设定＋价值模糊且投放核心奖励的玩法活动"对于中层用户的付费驱动，并给出了"通过阶段性放出成就任务或彩蛋任务，以提升用户在活动中后期的追求"的落地建议。

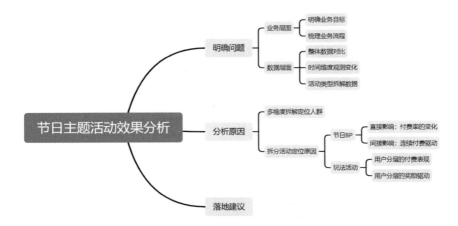

但在实际业务分析中，分析的主线并非一目了然。举例来说，游戏内的事件数据多以提前埋点的形式获取，这就要求我们在活动上线前就介入到业务中，提出埋点需求，并跟进测试，保证数据有效性和正确性。同时在实际业务中，我们通常会获得远超分析需求的打点数据，很容易眼花缭乱，觉得这也需要，那也不能少。此时就要回归初心，以终为始，围绕活动目的展开分析。始终铭记一件事：少即是多，能将一件事情分析透彻并产生落地建议也能有很大的价值。

第5章
展　望

🔢 第 72 问：数据分析师的前景及如何成长？

> 导读：数据分析要做好，综合要求非常高，因为大多数据分析是要向上级汇报的，资深的数据分析人员至少要具备业务、沟通、表达、分析、数据、技术及统计等综合能力。衡量一个数据分析人员是否优秀的标准，并不是看对各种 SQL、Python、R 等数据分析工具的掌握程度，而是看是否具备解构问题的思维方式，能否还原本质、找到规律，寻找提升业务的最优解。

1. 数据分析师的发展前景

选择一个职业，如何判断它的前景？按照点线面体思维，需要看经济"体"的发展趋势，而在中国，政府经济发展政策就代表了风向。各地政府纷纷发布数字经济发展战略，2022 年人社部发布了许多新职业，而这些新职业也反映了数字经济发展的需要，如"数据安全工程技术人员""数字化解决方案设计师""数据库运行管理员""商务数据分析师"等。

数字经济是下一个风口，而诸如元宇宙、VR、AR、新能源汽车等创新领域已然在不断发力。如何处理数据、如何从数据中挖掘价值等问题都将是这些创新业务发展的重点。

互联网将作为底层的基础建筑，各行各业逐步完成数字化转型，开始更多地扎根，且在未来的一段时间内，数据方面的人才需求预计还会保持每年 40% 的持续增长，甚至预计在未来数据人才缺口达到 300 万人左右。从各大招聘网站也可以看出来，数据分析相关岗位在薪资方面也是相当可观的，并且现在各个互联网的岗位都需要数据分析技能。因此，数据分析越来越成为数字时代的基础能力，前景可以说是一片向好。

2. 数据分析师的成长之路

在介绍数据分析基础认知的时候，我们拆解了数据分析的概念：数据分析 = 数据 + 分析，同时，全书其实也是在围绕着建设数据能力与分析思维来帮助读者补充基础的数据分析能力。在进阶之路上，同样也可以从这两方面入手做深入的学习与实践，从数据能力发展到技术、分析思维，再到业务，根据你的兴趣与资源做判断，是往技术方向发展，还是往业务方向发展。

数据分析更多是职业路径初期的入门阶段，要想升级，获得更好的待遇与前景则要在中期时跳到更广阔的平台。在第 6 问中，我们介绍了常见的数据分析相关的岗位，而这些岗位其实就代表了不同的进阶方向。

数据分析师主要有如下几个发展路径。

（1）数据分析+业务增长。

入职数据分析工作后，随着分析能力的提升，业务经验的积累，逐渐由单一的数据分析，转变为能够帮助业务成长，可以通过分析找到业务增长方向并实现价值落地的"业务专家"。

同时，这也是大部分人会选择的方向，毕竟了解业务本来就是数据分析师的必经之路，在逐渐熟悉业务之后，这样的转变也是水到渠成。另外，业务方向使分析工作更容易产生价值，从财务角度来说，就是由"成本"转为"利润中心"，收入自然也有所保障。

除了掌握数据分析工具、业务分析及模型能力（如杜邦分析、留存分析、RFM 模型、AARRR 漏斗模型等）外，既然是"业务专家"，顾名思义就得具备充足的业务经验：运营的思考逻辑及决策过程、众多业务部门之间的协作关系，以及数据分析结论、模型在业务侧的落地应用并持续产生价值，都是该方向必备的业务能力。

如下图所示是本书作者——饼干哥哥在业务中，利用 RFM 模型制作的落地策略，仅供参考。

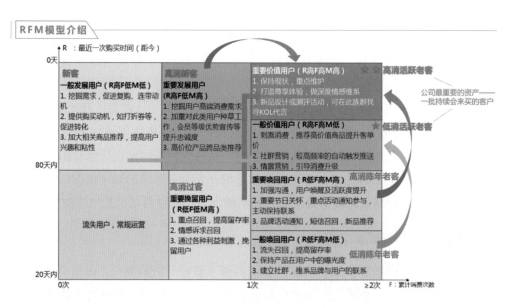

（2）数据分析+数据产品。

以本书作者——饼干哥哥入职时的情况为例，公司就已经在建设 CDP、BI 等 B 端数据产品，而饼干哥哥也负责数据分析指标体系、用户标签体系、运营监控报表设计等工作。因为对数据敏感度及分析方法的掌握比产品经理有更深层次的理解与运用，所以在这过程中，随着产品相关知识的补充（如流程图、原型、埋点文档等），可以转变为更具竞争力的"数据产品经理"。

除了需要掌握产品经理的基础能力，数据产品经理在数据分析应用、建模能力方面也需要具备一定知识，才能进阶搭建可供业务使用的分析框架。

如下图所示是本书作者——饼干哥哥负责的 CDP（用户数据中台）建设设计的框架草图，仅供参考。

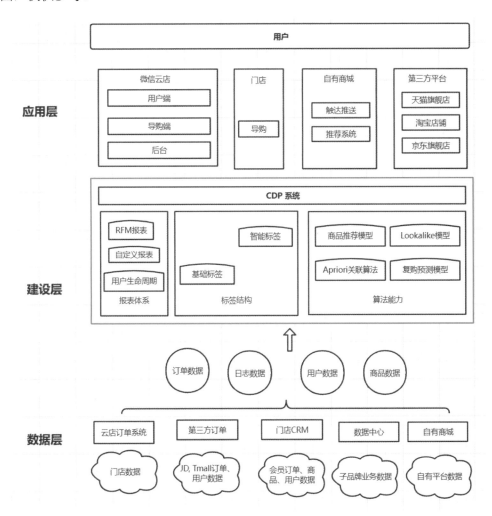

（3）数据分析 + 模型算法。

在大数据时代，商家之间比拼的是精细化运营能力。面对分析需求日益"刁钻"的业务，尤其是在电商、互联网等数据决策意识较强的行业，分析师入职后会接触到如复购预测、商品推荐、销售预测等需求，此时，可以从简单的逻辑回归算法开始，积累知识与实践经验，进而转变为人工智能时代的"算法工程师"。

实际上算法工程师的门槛很高，除了需要掌握统计学知识、线性代数、概率论等高数内容外，还需侧重锻造"工程"能力，就是从业务调研、建模到服务器搭建、模型部署落地等系统工程能力。当然很多人即使没掌握高数，通过"调参"也能很好地调用模型输出结果，但根据业务场景构建模型并部署落地的能力是绕不过去的。

如下图所示是本书作者——饼干哥哥在业务中帮助门店开发的选址算法模型及工具，仅供参考。

（4）数据分析+BI开发。

图表能降低受众的阅读门槛，提高决策效率，所以可视化的BI（Business Intelligence）越来越受欢迎。

BI可以自行搭建如Python的Superset，这样的好处是数据保密可控，缺点就是开发门槛较高最终效果也未必很好（例如卡顿），也可以用第三方提供的工具如PowerBI、Tableau等，优点除了门槛低外，还能搭建分析模型，而缺点就是管理层对数据不放心。

当下，笔者团队认为BI岗位有以下两个特点：

第一，BI工具是个见效快、升职快的岗位，因为与专职的数据分析师需要负责对分析结论落地以体现价值不同，BI体现价值的地方就在于报表或图表能满足业务分析即可。（当然每个岗位都有难处，在这我只是想说明两者之间价值体现不同。）

第二，决策前置趋势，即BI工具从展示型工具往决策型工具演变的趋势越来越明显，以往它可能只是展示经营数据让业务自行判断分析，而现在开始它还得能通过复杂的建模输出决策建议，例如通过关联性分析，就能直观给出商品组合建议；再如搭建RFM模型，输出价值顾客及策略建议等。

如下图所示是本书作者——饼干哥哥帮助业务做的产品关联分析，直观给出商品组合建议，仅供参考。

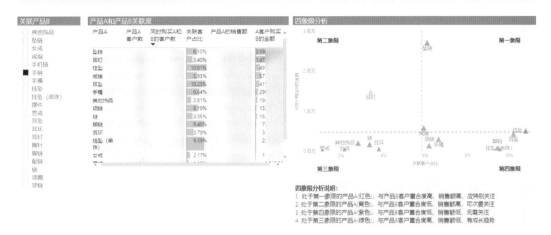

（5）数据分析＋大数据分析／开发。

经常有新人混淆数据分析师和大数据开发之间的关系，其实从名字上就可以看出些区别。"大数据"就是一台计算机难以计算的数据量，例如 TB 级别甚至 PB 级别的数据。此时解决方案是通过多台电脑组成分布式网络把算力加起来。所以该岗位更多是技术活，需要掌握 hadoop 家族产品，搭建大数据框架。面对的更多是行为日志等数据流。

数据分析师则侧重在分析能力，一张几百 KB 的表格可以分析，一个 GB 级的数据库也能分析。此时的解决方案就很多样，如 Excel、SQL、Python 等。所以该岗位更多的是业务分析能力，除了掌握必备工具外，还需要掌握分析模型的应用能力，如 RFM 模型、AARRR 模型等。

当然，有时候它们的界限并没有那么明显。数据分析师接触大数据任务多了，在掌握如 Spark、Hive 等工具及相应分析能力后，也能转为大数据分析师，乃至大数据开发。

3. 小结

随着人工智能时代的发展，"数据分析能力"已成为各行各业甚至各岗位的通用能力。正如"互联网＋""人工智能＋"正在颠覆传统行业，"数据分析＋"的价值也在于赋予传统思考逻辑以精细化、数据化的能力。